金属材料与热处理

刘劲松　蒲玉兴　主编

内容简介

本书共计9章，主要内容包括金属材料基础理论（金属的性能、金属的结构与结晶、金属的变形、铁碳合金相图）、钢的热处理（热处理原理、热处理工艺）、常用金属材料（碳素钢与铸铁、合金钢、有色金属及其合金、零件的选材与加工）三部分。各章之前均有学习指南（学习目的、教学重点），主要知识点后附有“工程应用典例”“释疑解难”“奇闻轶事”，各章之后附有小结和复习思考题。

本书适合高职高专机械类或近机类专业师生，也可作为机械制造与维修企业的上岗培训教材，还可供电视大学、职工大学师生和有关工程技术人员参考。

图书在版编目（CIP）数据

金属材料与热处理/刘劲松，蒲玉兴主编．—长沙：湖南大学出版社，2019.7

ISBN 978-7-5667-1547-0

Ⅰ.①金… Ⅱ.①刘… ②蒲… Ⅲ.①金属材料 ②热处理 Ⅳ.①TG14 ②TG15

中国版本图书馆CIP数据核字（2018）第117736号

金属材料与热处理

JINSHU CAILIAO YU RE CHULI

主　　编：刘劲松　蒲玉兴
责任编辑：王桂贞
特约编辑：陈为民　张志鹏
印　　装：长沙鸣翔印务有限公司
开　　本：787×1092　16开　　**印张**：14　**字数**：359千
版　　次：2019年7月第1版　**印次**：2019年7月第1次印刷
书　　号：ISBN 978-7-5667-1547-0
定　　价：50.00元

出 版 人：雷　鸣
出版发行：湖南大学出版社
社　　址：湖南·长沙·岳麓山　　　**邮　　编**：410082
电　　话：0731-88822559(发行部),88821174(编辑室),88821006(出版部)
传　　真：0731-88649312(发行部),88822264(总编室)
网　　址：http://www.hnupress.com
电子邮箱：wanguia@126.com

前　言

本书是以教育部最新要求为指导，从学科系统化和整体化改革的趋势出发，考虑到职业技术教育的特点，对传统的课程体系进行重组优化，并结合多年的教学实践经验及对课程改革的探索编写而成的。

本教材在以下三个方面进行了探索和尝试：

①优化课程内容，完善课程体系。在保证基础知识和基本理论的前提下，删除陈旧的知识，简化繁琐的内容，把“材料基础知识”“常用工程材料”和“钢的热处理”有机地融合在一起，并适当拓宽知识面，力图反映近年来在金属材料和制造工艺领域的最新成果。

②注重工程应用，培养学生的综合分析能力。抓住金属材料“服役条件—成分—组织—工艺—性能”的主线并贯穿始终，从理论和实践两个方面铺垫基础，加强选择材料及热处理工艺的训练，注重培养学生分析问题和解决问题的能力，以适应社会需要，突出职业教育特色。

③突出新颖性及易读性，图文结合、深入浅出，方便教学。各章之前均有指导学习的“学习目的”“教学重点”；各章之后附有“本章小结”和“复习思考题”；主要知识点后附有“奇闻轶事”“释疑解难”和“工程应用典例剖析”，并增加了材料的选用及典型零件加工剖析实例，具有较强的针对性与实用性。

本书由刘劲松、蒲玉兴主编，谭目发、陈儒军、邓岚任副主编。参加编写的人员有：空军维修技术学院刘劲松（编写第 5 章、第 9 章），湖南大学蒲玉兴（编写第 2 章），长沙航空职业技术学院陈儒军（编写第 1 章）、邓岚（编写第 3 章）、谭目发（编写第 7 章），肖弦（编写第 6 章），刘晓衡（编写第 4 章）、吕勤云（编写第 8 章）。全书由长沙学院夏卿坤教授审稿，刘劲松定稿。

我在编写本书的过程中得到了长沙航空职业技术学院、长沙学院等单位领导和同行的大力支持和帮助，在此一并表示衷心的感谢！由于水平有限，编写时间紧迫，书中难免存在不妥之处，恳请读者批评指正。

编　者

2019 年 4 月

目　次

绪　论

材料是人类文明发展的前提，每一种重要材料的发现和广泛使用都使人类社会的生产力出现大的飞跃，并给人们的生活带来巨大的变化。纵观石器时代、陶器时代、青铜器时代、铁器时代、以半导体硅为基础的信息时代，我们不难发现材料的应用与发展在社会进步中的巨大作用。

材料的种类繁多，按实用性大致可分为金属材料、非金属材料及复合材料。金属材料基本体系如图 0－1 所示：

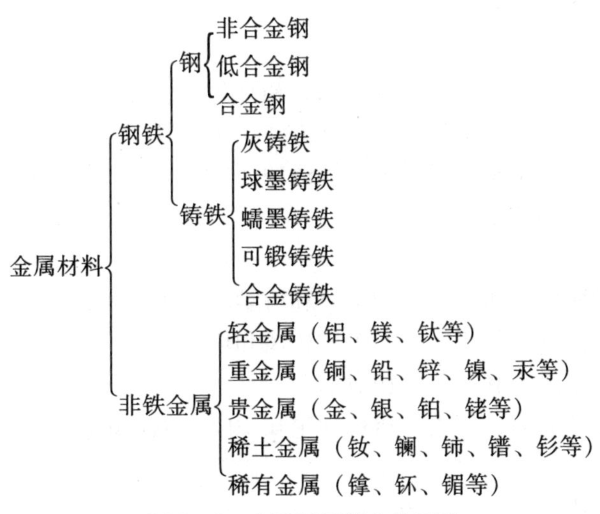

图 0－1　金属材料基本体系图

1. 课程的性质与主要内容

本课程是以金属材料与热处理工艺为主的技术性基础课，其任务是引导学生进入丰富多彩的金属材料世界，领略材料科学的无穷奥秘。学生通过学习本课程，掌握材料科学中基础和共性的知识，如机械工程材料的性能特点、热处理方法及其在零件加工工艺中的应用等，为专业课程的学习和毕业后从事生产技术工作打下坚实的理论基础。

本课程的主要内容如下：

①材料基础知识。概述了金属的性能、结构与结晶、塑性变形和再结晶、铁碳相图。

②热处理知识。介绍了热处理基本原理与基本工艺，重点介绍了热处理方法的实质、工艺特点及应用范围。

③常用金属材料知识。重点介绍了碳素钢、铸铁、有色金属的牌号、性能及用途，并选取典型案例对学员进行机械零件选材及工艺分析的基本技能训练。

本课程呈现出综合性强、信息量大、知识点覆盖面广的特点，是机械类各专业的入门课程，也是承上启下的课程，在专业课程体系中占有非常重要的位置。本课程着重培养学生的知识应用能力、工程实践能力和创新设计能力，使学生完成从对金属材料与热处理知识知之甚少到“业内人士”这种角色的转变。

2. 课程教学目标

（1）知识要求

①掌握材料的性能、结构、变形、铁碳相图等材料科学的基本知识；

②掌握常用金属材料的性能、结构、牌号和应用范围，了解常用非金属材料的组成、特性及应用；

③掌握热处理的基本原理，熟悉常用热处理方法及其应用范围；

④了解选择材料及加工方法的经济性，具有选择材料、设计毛坯和制定简单零件加工工艺规程的能力。

（2）能力要求

①初步掌握常用工程材料的性能与应用，初步具有合理选择材料的能力；

②初步具有正确选定一般零件的热处理方法及确定其工序位置的能力；

③通过实验，提高测量金属材料力学性能的能力，学会识别钢的基本组织和显微镜的基本操作，学会热处理的基本操作。

（3）素质要求

①培养学生热爱科学、实事求是的学风和科学的思维方法；

②培养学生严肃认真、勇于实践的工作作风和创新精神；

③培养学生的质量意识和职业道德意识；

④培养学生的动手能力，使之能运用理论知识解决工程中的实际问题。

3. 课程教学建议

金属材料与热处理是对工科大学生进行现代机械工程制造技术和综合工程素质教育的重要基础课程，本课程具有两大特点：一是课程内容的广泛性、综合性和多样性；二是很强的实验性。

本课程开始前，教师必须完成金工实习和机械制图课程的教学内容。在教学时要注意学生素质与综合分析能力的培养，特别注意贯彻启发式的教学方法。建议采取灵活多样的教学方式，并辅以现代化的教学手段。为了提高课程的实效，应坚持“贯穿主线、突出重点、强调实用”的原则。“贯穿主线”就是要在课堂教学中，以金属材料的成分、工艺、组织和性能之间的关系这条主线贯穿始终。课程讲授围绕这条主线展开，分合相济，有利于学生建立起完整体系的概念，变分散为集中、变模糊为清晰，保证教学内容的基础性和系统性。“突出重点”就是对教学内容采用“删繁就简、削枝保干”的方法进行调整，删减那些与核心理论无关的繁琐的数学推导，着重强调重点内容的物理意义，促使学生掌握重点内容，淡化那些与核心理论无关的内容。“强调实用”就是坚持实用性原则，对机械类及近机械类专业学生，重点培养其对不同材料的选用和制定零件加工工艺的能力，为后续课程打下良好的基础。

教学除以教师讲授为主外，还应配合课堂讨论、作业和作业讲评以及自学等不同方式。在学时锐减的情况下，不应面面俱到，而应对基本内容着重讲清思路，讲好重点，讲明难点，加强对学生的引导，培养学生的自学能力。对于学生在实践教学中未曾见过而又不易理解的内容，要尽可能组织学生到生产现场参观，安排必要的实验，或利用现代化教学手段如 CAI 课件和多媒体课件等，以提高教学质量和教学效果。对学生的成绩考核，除了采用开卷或闭卷方式外，还可以结合课堂讨论、提问、作业、报告和写小论文等多种方式综合评价。

第1章　金属的性能

【学习目的】

1. 掌握强度和塑性指标的符号、单位及意义；
2. 掌握布氏硬度和洛氏硬度的测定原理、方法、符号及应用；
3. 了解拉伸试验方法和拉伸曲线图；
4. 了解多次冲击试验和疲劳试验的概念。

【教学重点】

机械性能指标和零件失效的关系，拉伸试验、布氏与洛氏硬度试验、一次冲击试验的测试原理。

1.1　概　述

工程材料在现代工业、农业、国防及科学技术等部门之所以能获得广泛的应用，不仅由于其来源广，而且还由于其具有优良的性能。

材料的性能一般分为使用性能和工艺性能。使用性能是指材料制成零件或构件后，为保证其正常工作和一定的工作寿命所必须具备的性能，包括物理性能（如密度、磁性、导电性等）、化学性能（如耐腐蚀性、热稳定性等）、力学性能（如强度、塑性、韧性等）；工艺性能是指材料在冷、热加工过程中，为保证加工过程的顺利进行，材料所必须具备的性能，包括铸造、锻压、焊接、热处理和切削性能等。

所有机器结构零件或工具，在使用过程中往往会受到各种形式的外力作用。例如：起重机上的钢索受到悬吊物拉力的作用；一列满载的火车会给钢轨以很大的压力；柴油机上的连杆是用来传递动力的，在工作时不仅受拉压的作用，还要承受冲击力的作用。这些外力的作用对材料有一定的破坏性，使零件或工具不同程度地产生变形或断裂。

材料在外力的作用下抵抗变形或破坏的能力称为材料的力学性能。力学性能包括强度、塑性、硬度、韧性及疲劳强度等。为了便于学生们理解工程材料的力学性能，下面先简要介绍载荷的种类和工程材料变形的知识。

工程材料在加工及使用过程中所受的外力称为载荷。按载荷性质的不同，可以分为静载荷和动载荷两种。

①静载荷：指大小不变或变动很慢的载荷。例如：飞机停放时起落架支柱上受到的载荷便是静载荷。

②动载荷：主要有冲击载荷和交变载荷两种。冲击载荷指以很大速度作用在物体上的载荷，例如飞机着陆时起落架承受的冲击载荷。交变载荷指大小反复变化的载荷或大小与方向都反复变化的载荷，例如飞机上的单向活门中的弹簧受到的大小反复变化的交变载荷作用。

工程材料受力都会变形，即发生形状和尺寸的改变。当受力较小时，变形在外力去掉后会消失，这种在外力去掉后能够消失的变形称为弹性变形。当受力增大到一定程度，外力去掉后，其变形有一部分不能消失，这部分在外力去除后不能消失的变形称为塑性变形。如果外力继续增大，工程材料将会断裂。

工程材料受外力作用后，为保持其不变形，在材料内部作用着与外力相对抗的力称为内力。单位截面积上的内力称为应力。工程材料受拉伸载荷或压缩载荷作用时，其横截面积上的应力 σ 按下式计算：

$$\sigma = \frac{F}{S} \tag{1-1}$$

式中：F——外力（N）

S——横截面积（m^2）

σ——应力（Pa）

在机械设备及工具的设计、制造中选用工程材料时，大多以力学性能为主要依据，因此，熟悉和掌握材料力学性能是非常重要的。

1.2　静态力学性能

1.2.1　强度

材料在载荷作用下，抵抗变形和破坏的能力称为强度。由于载荷有拉伸、压缩、弯曲、剪切、扭转等不同形式，相应的强度也分为抗拉强度 σ_b、抗压强度 σ_{bc}、抗弯强度 σ_{bb}、抗剪强度 τ_b 和抗扭强度 τ_t 等。通常用金属的抗拉强度来表示金属的强度。

材料的抗拉强度是通过拉力试验测定的。进行拉力试验时，将制成一定形状的金属试样装在拉伸试验机上（图 1－1），然后逐渐增大拉力，直到将试样拉断为止。试样在外力作用下，开始只产生弹性变形；当拉力增大到一定程度时，就产生塑性变形；拉力继续增大，最终试样会被拉断。

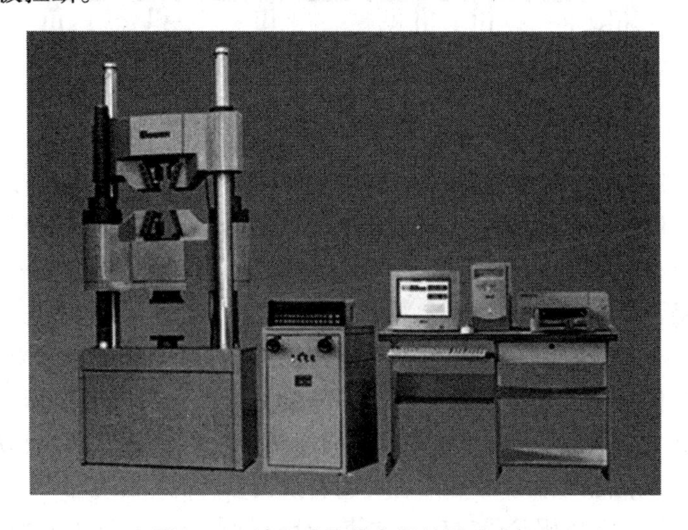

图 1－1　液压式万能电子材料试验机

试验前，将被测的金属材料制成一定形状和尺寸的标准试样。拉伸试样的形状一般有圆形和矩形两类，常用的试样截面为圆形。图 1－2 中 d_0 是试样的直径（mm），Lo 为标距长度(mm)。根据标距长度与直径之间的关系，试样可分为长试样（$Lo=10\ d_0$）和短试样（$L_0=5\ d_0$）。

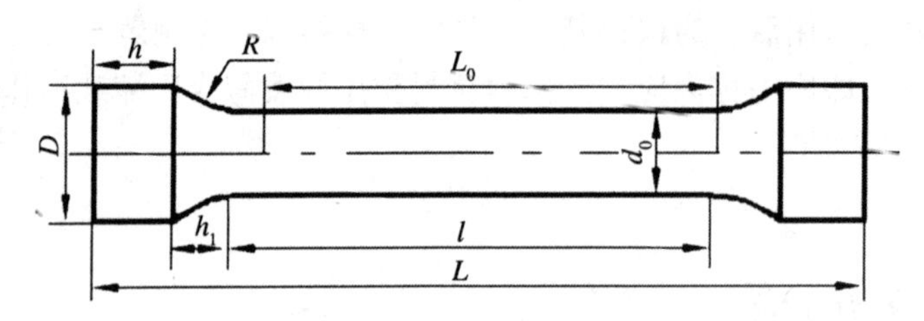

图 1－2　圆形拉伸试样

在试验过程中，把外加载荷与试样的相应变形量画在以载荷 F 为纵坐标、变形量 ΔL 为横坐标的图形上，就得到了力-伸长曲线，或称拉伸曲线。

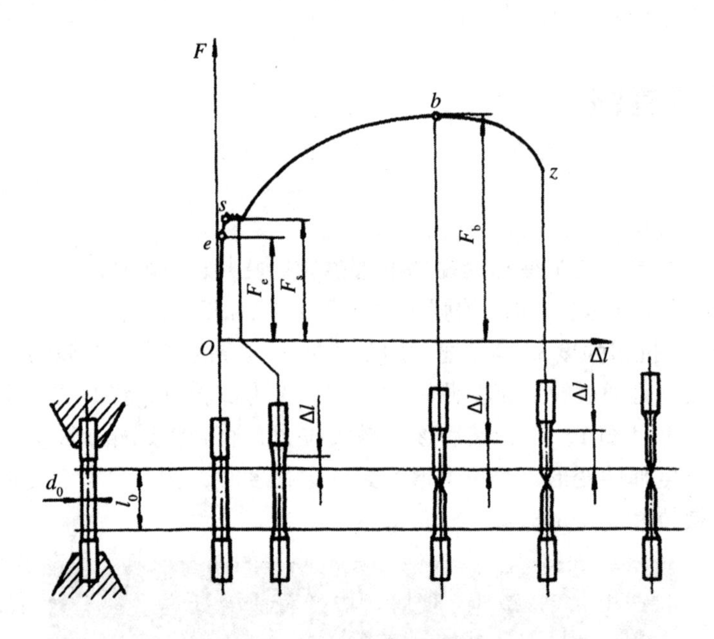

图 1－3　低碳钢的力-伸长曲线

图 1－3 是低碳钢的力-伸长曲线，图中明显表现出下面几个变形阶段：

oe——弹性变形阶段。试样在载荷作用下均匀伸长，伸长量与所加载荷成正比关系，试样发生的变形完全是弹性的，卸载后试样即恢复原状，没有残余变形。Fe 为能恢复原始形状和尺寸的最大拉伸力。

es——屈服阶段。当载荷超过 Fe 时，试样除产生弹性变形外，开始出现塑性变形。若卸载的话，试样伸长只能部分地恢复而保留一部分残余变形。当载荷增加到 Fe 时，图上出现水平线段（或锯齿状），即表示载荷不增加，变形继续增加，这种现象称为屈服。S 点叫屈服点，Fe 称为屈服载荷。屈服后，材料将残留较大的塑性变形。

sb——强化阶段。在屈服阶段以后，欲使试样继续伸长，必须不断加载。随着塑性变形增大，试样变形抗力也逐渐增加，这种现象称为形变强化（或加工硬化），F_b 为试样拉伸试验时的最大载荷。

bz——颈缩阶段。当载荷增加到最大达 F_b 时，变形显著地集中在材料最薄弱的部分，

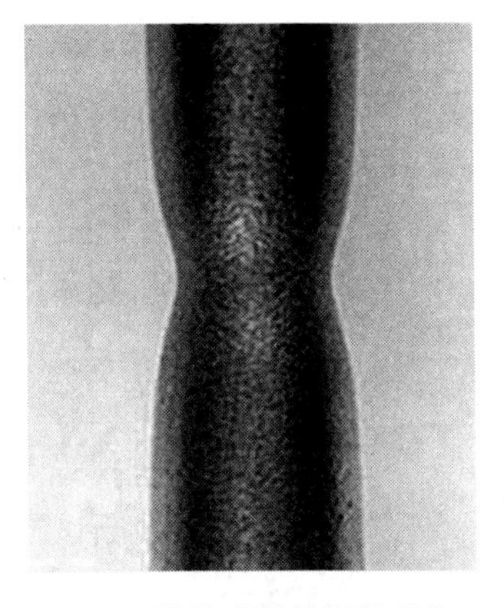
图1-4　拉伸试样的颈缩现象

试样出现局部直径变细，称为“颈缩”（图1-4），由于试样断面缩小，载荷也就逐渐降低，当达到z点时，试样就在颈缩处拉断。

金属材料的强度指标根据其变形特点分为三种。

1.2.1.1　弹性极限

材料能保持弹性变形的最大应力，用符号σ_e表示。

$$\sigma_e = \frac{Fe}{S_0} \tag{1-2}$$

式中：σ_e——弹性极限（MPa）

Fe——弹性极限载荷（N）

S_0——试样原始横截面积（mm^2）

材料在弹性范围内，应力σ（试样单位横截面上的拉力）与应变ε（试样单位长度的伸长量）的比值E称为弹性模量，即$E = \sigma/\varepsilon$。

材料弹性变形的能力称为刚度。弹性模量E相当于引起单位弹性变形时所需要的应力，金属材料的刚度常用它来衡量。弹性模量愈大，则表示在一定应力作用下能发生的弹性变形愈小，也就是材料的刚度愈大。

1.2.1.2　屈服点（或称屈服极限）

试样在试验过程中，力不增加即保持恒定仍能继续伸长时的应力称为屈服点或屈服极限，用符号σ_s表示。

$$\sigma_s = \frac{Fs}{S_0} \tag{1-3}$$

式中：σ_s——屈服极限（MPa）

Fs——试样屈服时载荷（N）

S_0——试样原始横截面积（mm^2）

由于许多工程材料（如铸铁、高碳钢）没有明显的屈服现象，测定很困难。工程技术上规定：试样标距长产生0.2%塑性变形时对应的载荷F所产生的应力为屈服极限，称为“条件屈服极限”，用$\sigma_{0.2}$表示。

$$\sigma_{0.2} = \frac{F_{0.2}}{S_0} \tag{1-4}$$

式中：$F_{0.2}$——试样产生永久变形0.2%的载荷（N）

一般机械零件不是在破断时才造成失效，而是在产生少量塑性变形后，零件精度降低或与其他零件的相对配合受到影响而造成失效。所以，σ_s和$\sigma_{0.2}$就成为零件设计时的主要依据，也是评定金属材料优劣的重要指标。例如：发动机气缸盖的螺栓受应力都不应高于σ_s；否则，因螺栓变形将使气缸盖松动漏气。

工程应用典例

国家体育场这个用钢铁编织成的“鸟巢”，最关键部位采用集刚性、柔韧于一体的高强度Q460E-Z35钢材，实现了“鸟巢”的抗震性、抗低温性、焊接性三效合一。钢板最大厚度达到110毫米，要求-40℃的冲击。令国人骄傲的是，这里的每一块钢都是由我国宽厚钢板科研生产基地舞阳钢铁有限责任公司自主创新研发生产。

1.2.1.3 抗拉强度

材料在拉断前所能承受的最大应力称为抗拉强度，用符号 σ_b 表示。

$$\sigma_b = \frac{Fb}{S_0} \tag{1-5}$$

式中：σ_b——抗拉强度（MPa）

F_b——拉断试样的最大载荷（N）

S_0——试样原始横截面积（mm^2）

σ_b 越大，表示材料抵抗断裂的能力越大，即强度越高。

屈服强度和抗拉强度在设计机械和选择、评定金属材料时有重要意义，因为金属材料不能在超过其 σ_s 的条件下工作，否则会引起机件的塑性变形；更不能在超过其 σ_b 的条件下工作，否则会导致机件的破坏。

金属材料的强度，不仅与材料本身的内在因素（如化学成分、晶粒大小等）有关，还会受外界因素如温度、加载强度、热处理状态等的影响而有所变化。要控制和调整材料的强度，可通过细化晶粒、合金化或热处理方法来达到，以最大限度地发挥材料内部的潜力，延长其使用寿命。σ_b 愈大，材料抵抗断裂的能力就愈大。

被用来拉起重物的链条破坏之后，我们检查其破坏的链扣，会发现有大量变形及颈缩现象。试举出几个可能的破坏原因。

答题要点：题意提示此链条的破坏是因单纯的拉伸载荷过大，并且是以延性方式破坏。有两个因素可能导致这种破坏。载荷超过链条的拉起能力，因此，由于载荷造成的应力大于链条的屈服强度，就发生破坏。将此载荷与原制造说明书做一比较，即会发现该链条不能负荷这么大的载荷，此错在使用者；该链条的成分错误或热处理不适当，结果屈服强度低于制造者原来的预定值，因而无法承受这个载荷，此错在制造者。

1.2.2 塑性

材料在静载荷作用下，产生塑性变形而不破坏的能力称为塑性。塑性用伸长率和断面收缩率来表示。塑性指标也是由拉伸试验测得的。

1.2.2.1 伸长率

试样拉断后，标距的伸长与原始标距长度的百分比称为伸长率，用符号 δ 表示。

$$\delta = \frac{\Delta L}{L_0} \times 100\% = \frac{L_1 - L_0}{L_0} \times 100\% \tag{1-6}$$

式中：δ——伸长率（%）

L_1——试样拉断后的标距（mm）

L_0——试样的原始标距（mm）

若采用的拉伸试样标准不同，测得的伸长率也不相同，长短试样的伸长率分别用符号 δ_{10} 和 δ_5 表示，短试样的伸长率大于长试样的伸长率即 $\delta_5>\delta_{10}$。习惯上，δ_{10} 也常写成 δ，但 δ_5 不能将右下角的“5”字省去。

通常 δ 小于 5% 的材料为脆性材料（用 δ 比较材料的塑性时，只能在相同规格的 δ 之间进行，即试棒应一样）。

1.2.2.2　**断面收缩率**

试样拉断处的横截面积减小量与试样原来横截面积之比为断面收缩率，用符号 Ψ 表示。

$$\Psi = \frac{\Delta S}{S_0} \times 100\% = \frac{S_0 - S_1}{S_0} \times 100\% \qquad (1-7)$$

式中：Ψ——断面收缩率（%）

S_0——试样的原始横截面积（mm^2）

S_1——试样拉断处的横截面积（mm^2）

在实践中，没有发现断面收缩率的数值与试样的尺寸有多大的关系，材料的收缩率和断面收缩率数值越大表示材料的塑性越好。塑性好的金属可以发生大量塑性变形而不破坏，便于通过塑性变形加工成形状复杂的零件。例如，工业纯铁的 δ 可达 50%、Ψ 达 80%，可以拉成细丝、轧薄板等。而铸铁的 δ 和 Ψ 几乎为零，所以不能进行塑性变形加工。塑性好的材料，在受力过大时，由于首先产生塑性变形而不致发生突然断裂，因此比较安全。

必须指出，材料的塑性高与低与使用外力的大小无关，这可从 δ、Ψ 的计算公式中得知。

某工厂买回一批材料（要求：$\sigma_s \geq 230MPa$；$\sigma_b \geq 410MPa$；$\delta_5 \geq 23\%$；$\Psi \geq 50\%$），做短试样（$10 = 5d_0$；$d_0 = 10mm$）拉伸试验，结果如下：$Fs = 19KN$，$F_b = 34.5KN$；$l_1 = 63.1mm$；$d_1 = 6.3mm$。问：买回的材料合格吗？

答题要点：

$\sigma_s = F_s / s_0 =（19\times1000）/（3.14\times52）= 242>230MPa$

$\sigma_b = F_b / s_0 =（34.5\times1000）/（3.14\times52）= 439.5 >410MPa$

$\delta_5 = [\Delta l / l_0] \times100\% = [(63.1-50)/50] \times100\% = 26.2\%>23\%$

$\Psi = [\Delta S / S_0] \times100\% = 60.31\%>50\%$

根据试验计算结果判断，材料的各项指标均合格，因此买回的材料合格。

1.2.3　硬度

工程材料表面上局部体积内抵抗其他更硬的物体压入其内的能力叫硬度。硬度是材料性能的一个综合的物理量，表示金属材料在一个小的体积范围内抵抗弹性变形、塑性变形或破断的能力。

硬度是材料的重要机械性能之一，测定硬度的方法有布氏硬度试验、洛氏硬度试验、维氏硬度试验等，各种硬度的压头形状、材料、载荷、应用范围等见表 1－1。

材料硬度的测定需要具备如下两个条件：

▲压头，即一个标准物体用于压入被测材料的表面；

▲载荷，即加在压头上的压力。

若压头相同、载荷也相同时，压痕越大或越深则表示被测材料的硬度越低。

表 1－1　各种硬度的压头形状、材料、载荷、应用范围

实验	压头	压头形状 侧视图	压痕形状 顶视图	硬度计算公式	备注
布氏硬度	10 mm 钢球或碳化钨球	D d	d	$HB=\frac{2P}{\pi D[D-\sqrt{D^2-d^2}]}$ （P 为载荷）	$0.25D<d<0.6D$ 有效
维氏（显微）硬度	金刚石棱锥	136°	d_1　d_1	$HV=1.854P/d_1^2$ （P 为载荷）	维氏硬度与显微硬度所用载荷不同
洛氏硬度	金刚石圆锥直径 $\frac{1}{15}$，$\frac{1}{8}$，$\frac{1}{4}$，$\frac{1}{2}$in.（HRA 或 HRC）	120° h		$HR=\frac{K-h}{0.002}$ （K 为常数）	应用范围 HRA 70~85 HRB 25~100 HRC 20~67
	钢球（HRB）	h			

硬度试验设备简单、操作方便迅速，硬度值可间接地反映工程材料的强度，又是非破坏性的试验，可做产品成品性能检验。因此它是热处理工件质量检验的主要指标，应用十分广泛。

1.2.3.1　布氏硬度

（1）测试原理

如图 1－5 所示，用一定直径 D 的球体（钢球或硬质合金球），在规定载荷 F 的作用下，压入被测试的工程材料表面，保持一定时间后卸除载荷，材料表面便留下一个压痕，用球面压痕单位表面积上所承受的平均压力作为布氏硬度值，用符号 HBS（当用钢球压头时）或 HBW（当用硬质合金球时）来表示。

$$HBS(W)=\frac{F}{S}=\frac{F}{\pi Dh}=0.102\frac{2F}{\pi D(D-\sqrt{D^2-d^2})} \qquad (1-8)$$

式中：F——试验力（N）

D——球体直径（mm）

S——压痕球面积（mm^2）

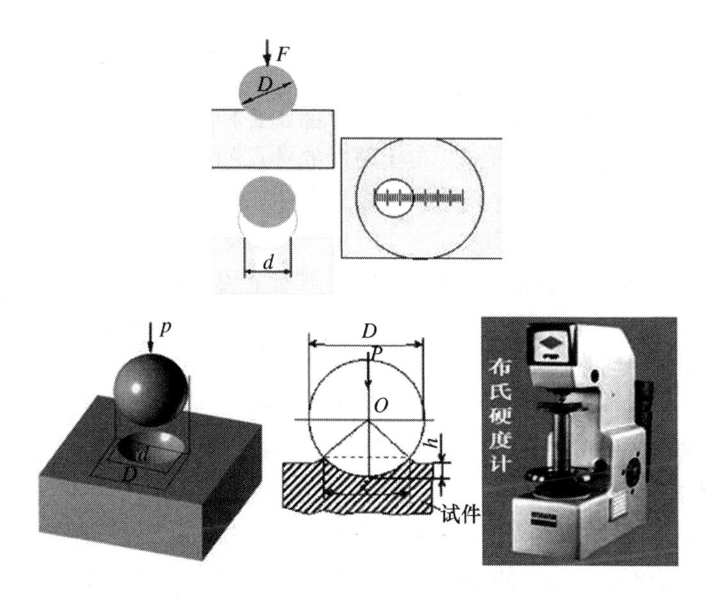

图1－5　布氏硬度测试示意图

h——压痕深度（mm）

d——压痕平均直径（mm）

从式中得知：当外载荷 F、压头球体直径 D 一定时，只有 d 是变数，布氏硬度值仅与压痕直径 d 的大小有关。d 越小，布氏硬度值越大，材料越硬；d 越大，布氏硬度值越小，硬度也越低，即材料越软。

在实际应用中，布氏硬度值既不标注单位，也不需要进行计算，而是用专用的刻度放大镜量出压痕直径 d，再根据压痕直径 d 和选定的压力 F 查布氏硬度表，从而得出相应的 *HBS*（*W*）值。

（2）试验规范的选择

当使用不同大小的载荷和不同直径的球体进行试验时，只要能满足 F/D^2 为一常数，那么对同一种金属材料当采用不同的 F、D 进行试验时，可保证得到相同的布氏硬度值。国标规定 F/D^2 的比值有30、15、10、5、2.5、1.25、1，共七种比值。布氏硬度试验时，根据被测材料的种类、工件硬度范围和厚度的不同，选择相应的压头球体直径 D、试验力 F 及试验力保持时间 t。

常用的压头球体直径 D 有1、2、2.5、5和10mm五种。试验力 F 为9.80KN(1kgf)～29.42 KN（3000 kgf）。试验力保持时间：一般黑色金属为10～15s；有色金属为30s，布氏硬度值小于35时为60s。

（3）布氏硬度的符号及表示方法

用淬火钢球压头测得的布氏硬度以 *HBS* 表示，用硬质合金球压头测得的布氏硬度以 *HBW* 表示。*HBS* 用于 *HB*<450 的材料，*HBW* 用于 *HB* 在450～650的材料。

布氏硬度的表示方法规定为：符号 *HBS* 或 *HBW* 之前的数字为硬度值；符号后面按以下顺序用数字表示试验条件：①球体直径，②试验力，③试验力保持的时间（10～15s不标注）。

例如：120HBS10/1000/30表示用直径10mm的钢球在1000kgf试验力作用下保持30s测得布氏硬度为120；500HBW5/750表示用直径5mm硬质合金球在750kgf试验力作用下

保持 10~15s 测得的布氏硬度值为 500。

（4）应用范围及特点

布氏硬度主要用于测定铸铁、有色金属及合金、各种退火及调质钢材的硬度，特别对于软金属，如铝、铅、锡等更为适宜。布氏硬度的特点如下：

①硬度值较精确，因为压痕直径大，能较真实地反映金属材料的平均性能，不会因组织不匀或表面略有不光洁而引起误差；

②可根据布氏硬度近似换算出金属的强度，因而工程上得到广泛应用；

③测量过程比较麻烦且压痕较大，不宜测量成品及薄件，只适合测量硬度不高的铸铁，有色金属、退火钢的半成品或毛坯；

④用钢球压头测量时，硬度值必须小于 450，用硬质合金球压头时，硬度值必须小于 650，否则球体本身会发生变形，致使测量结果不准确。

1.2.3.2 洛氏硬度

洛氏硬度试验是目前工厂中应用最广的试验方法。与布氏硬度试验一样，洛氏硬度试验也是一种压入硬度试验。两者的不同之处在于，洛氏硬度不是测量压痕的面积，而是测量压痕的深度，以深度的大小来表示材料的硬度值。

（1）测试原理

如图 1－6 所示，在压头（金刚石圆锥体或钢球）上施加初始试验力（$F_0=10$kgf），使金属很好地和压头接触，压入深度为 h_0，再加主试验力 F_1 于压头，则总试验力 F_0+F_1 施于被测工件表面上，经规定保持时间卸去主载荷 F_1 后，测量其压入深度 h_1。用 h_1 与 h_0 之差 h 来计算洛氏硬度值。h 越大，表示材料硬度越低，实际测量时硬度可直接从洛氏硬度计表盘上读得。根据压头的种类和总载荷的大小，洛氏硬度常用的表示方式有 HRA、HRB、HRC 三种。显然，h 越大，金属的硬度越低；反之，则越高。考虑到数值越大，表示金属的硬度越高的习惯，故采用一个常数 K 减去 h 来表示硬度的高低，并用每 0.002mm 的压痕深度为一个硬度单位，由此获得的硬度值称为洛氏硬度值。

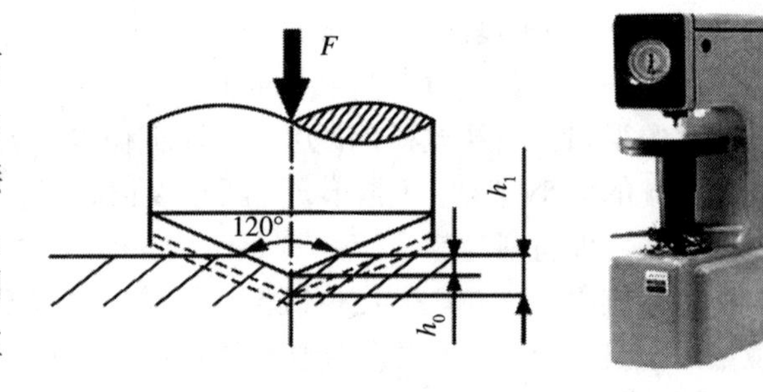

图 1－6 洛氏硬度测试示意图

$$HR=\frac{k-h}{0.002} \tag{1-9}$$

式中：k——常数（用金刚石圆锥体作压头时 $k=0.2$mm，用淬火钢球作压头时 $k=0.26$mm）

h——压入金属表面塑性变形的深度（mm）

所有的洛氏硬度值都没有单位，在试验时一般由硬度计的指示器上直接读出。

（2）常用洛氏硬度标尺及适用范围

为了扩大硬度计测定硬度的范围，以便测定不同金属材料从软到硬的各种硬度值，常采用以不同的压头和总载荷组成不同的洛氏硬度标尺来测定不同硬度的金属材料。常用的洛氏硬度标尺有 HRA、HRB、HRC 三种，其中 HRC 的应用最广泛。三种洛氏硬度标尺的试验条件和适用范围见表 1－2。

表 1-2　常用洛氏硬度标尺的试验条件和适用范围

硬度标尺	压头类型	试验载荷（N）		硬度值有效范围	应用举例
		P_0	P_1		
HRC	120°金刚石圆锥体	98	1373	20~67	一般淬火件
HRB	$\Phi''\frac{1}{10}$ 淬火钢球	98	883	25~100	软钢退火钢、铜合金
HRA	120°金刚石圆锥体	98	490	60~85	硬质合金、表面淬火钢

应注意：各种不同标尺的洛氏硬度值不能直接进行比较，但可用实验测定的换算表相互比较。

（3）特点

①测量硬度的范围大，可测从很软到很硬的金属材料。

②测量过程简单迅速，能直接从刻度盘上读出硬度值。

③压痕较小，可测成品及薄的工件。

④精确度不如布氏硬度高，当材料内部组织和硬度不均匀时，硬度数据波动较大，结果不够准确。通常需要在不同部位测量数次，取其平均值代表金属材料的硬度。

1.2.3.3　维氏硬度

上述两种硬度试验方法因载荷大和压痕深，所以不能用来测量很薄工件的硬度，而维氏硬度试验法可以解决这个问题。

（1）测试原理

维氏硬度试验原理基本上和布氏硬度试验相同，只是维氏硬度用的压头是相对面夹角为 136°的正四棱锥体金刚石压头，负荷较小（常用的载荷 F 有 5、10、20、30、100 和 120kgf 几种）。

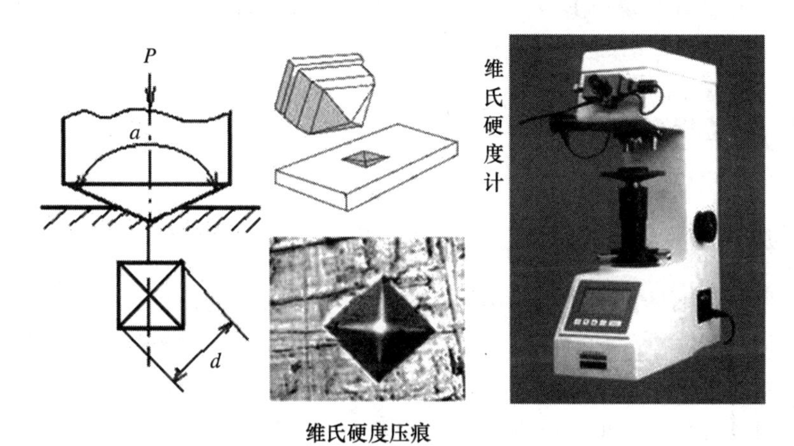

图 1-7　维氏硬度测试示意图

如图 1-7 所示，试验时，在规定载荷 F 作用下压入被测试的金属表面，保持一定时间后卸除载荷，然后再测量压痕投影的两对角线的平均长度 d，进而可以计算出压痕的表面积 S，最后求出压痕表面积上的平均压力，以此作为被测试金属的硬度值，称为维氏硬度，用符号 HV 表示。

$$HV = \frac{F}{S} = 0.1891\frac{F}{d^2} \tag{1-10}$$

式中：HV——维氏硬度

F——试验力（N）

d——压痕两对角线长度算术平均值（mm）

当所加载荷 F 选定，维氏硬度 HV 值只与压痕投影的两对角线的平均长度 d 有关，d 愈大，则 HV 值愈小；反之，HV 值愈大。

在实际工作中，维氏硬度值同布氏硬度值一样，不用计算，而是根据 d 的大小查表得所测的硬度值。

（2）特点及应用

维氏硬度可测定极软到极硬的各种材料。由于所加压力小、压入深度较浅，故可用于测量极薄零件表面硬化层及经化学热处理的表面层（如渗氮层）的硬度，但测量手续较繁。

用维氏硬度测量有如下特点：

①因压头 136°锥角很浅不致压穿试件，故可测量硬度高而薄的试件。

②因压痕的面积较浅而大，试件硬度的高低在压坑对角线的长度上很敏感，故维氏硬度测量值比较精确。

③测定过程较麻烦并且压痕小，对试件表面质量要求较高。

各种硬度试验法测得的硬度值不能直接进行比较，必须通过专门的硬度换算成同一种硬度值后才能比较其大小。

硬度是检验毛坯、成品、热处理工件的重要性能指标，零件图中都注有零件的硬度要求。

如一般刀具、量具等要求 HRC＝60～63，机器结构零件要求 HRC＝25～45，弹簧零件要求 HRC＝40～52，适宜切削加工的硬度 HRC＝18～35。

1.3 动态力学性能

1.3.1 韧性

许多机器零件和工具在工作过程中，往往受到冲击载荷的作用，如加工零件的突然吃刀，冲床的冲头、铆钉枪等。由于冲击载荷的加载速度高、作用时间短，它的破坏力比静载荷要大得多，故对承受冲击载荷的零件的性能要求高，仅具有高的强度和一定的硬度是不够的，还必须具有足够的抵抗冲击载荷的能力。

材料在冲击载荷作用下抵抗破坏的能力叫冲击韧性。冲击韧性通常是在冲击试验中测定的。

1.3.1.1 冲击试样

为了使试验结果可以互相比较，试样必须采用标准试样。常用的试样类型有 10×10×55mm 的 V 型缺口和 U 型缺口试样。

1.3.1.2 冲击试验的原理及方法

冲击试验利用了能量守恒原理：试样被冲断过程中吸收的能量等于摆锤冲击试样前后

的势能差。测定冲击韧性的步骤如图 1-8 所示：

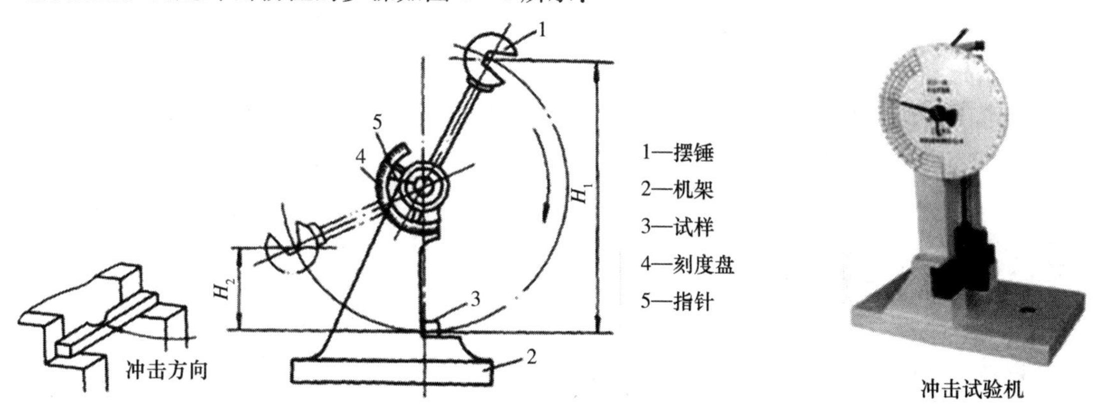

图 1-8　冲击试验示意图

①将标准规格的待测材料试件放置在冲击试验机的支座上，使试样缺口背向摆锤的冲击方向。

②将具有一定重力 G 的摆锤举起至一定高度 H_1。

③使摆锤自由落下，冲断试件，并向反向升起一定高度 H_2。

试样被冲断所吸收的能量即是摆锤冲击试样所做的功，称为冲击吸收功，用符号 A_k 表示。

$$A_k = GH_1 - GH_2 = G(H_1 - H_2) \tag{1-11}$$

式中：A_k——冲击吸收功（J）

G——摆锤的重力（N）

H_1——摆锤举起的高度（m）

H_2——冲断试样后，摆锤回升的高度（m）

实际上，冲击吸收功值可由冲击试验机的刻度盘直接读出，不需计算。

用冲击吸收功 A_k 除以试样缺口处的横截面积 So 即可得到材料的冲击韧性，用符号 a_k 表示，即

$$a_k = \frac{A_k}{S_0} \tag{1-12}$$

式中：a_k——冲击韧性（J/cm^2）

A_k——冲击吸收功（J）

S_0——试样缺口处横截面积（cm^2）

冲击韧性 a_k 值愈大，表明材料的韧性愈大。韧性大的金属，在冲击载荷作用下不易损坏。飞机上承受冲击和震动的机件，如起落架等，就需选择韧性较好的材料。

必须说明的是，使用不同类型的试样（U 型缺口或初 V 型缺口）进行试验时，其冲击吸收功应分别称为 A_{ku} 或 A_{kv}，冲击韧性则标为 a_{ku} 和 a_{kv}。

我国东北的冬季时间长达 5~6 个月，挖掘机在-35℃~50℃温度下工作，其斗柄、齿轮齿条、主轴、连接筒等零件以及推土机的转向离合器等经常发生低温断裂失效。这是由于冲击韧性随温度的降低而下降。应注意：低温条件下使用的钢材，碳素结构钢韧脆转变温度为-20℃。

1.3.1.3 小能量多次冲击试验

工程上许多承受冲击载荷的零件很少有因一次大能量冲击而被破坏的，而是要经过千百万次小能量多次冲击才发生断裂，如凿岩机风镐上的活塞、冲模的冲头等。它们的破坏是由于多次冲击损伤的积累，导致裂纹的产生与发展的结果，其破坏的形式与大能量一次冲击载荷下的破坏过程不同。

工程应用典例

模锻锤锤杆，用 40Cr 制造，当热处理后 HRC＝20～23、a_k＝ 130J/cm^2 时，其使用寿命只有一个月；而当热处理后 HRC＝45，a_k＝ 40J/cm^2 时，其使用寿命长达 9 个月。所以不能用 a_k 值来衡量材料抵抗冲击的能力，应采用小能量多次冲击抗力来衡量。

小能量多次冲击试验是在落锤式试验机上进行的，多次冲击抗力指标一般以某种冲击吸收功作用下，开始出现裂纹和最后断裂的冲击次数来表示的。

实践证明，金属材料受大能量的冲击载荷作用时，其冲击抗力主要取决于冲击韧度 A_k 的大小，而在小能量多次冲击条件下，其冲击抗力主要取决于材料的强度和塑性。只凭材料的强度大小或塑性高低不能说明韧性的优劣。材料的韧性较高说明材料兼有较高的强度和塑性，因而不易发生断裂。

冲击韧度一般只作为选材的参考，有不少机器零件，如冲床连杆、冲头、锻模、锤头、火车挂钩、汽车变速齿轮等，工作时还要承受冲击载荷的作用，如果仅用强度来计算，就不能保证这些零件工作时的安全可靠性，这就要考虑韧性。

1.3.2 疲劳强度

许多机械零件，如曲轴、齿轮、弹簧等，在工作过程中受到大小、方向随时间呈周期性变化的交变应力的作用。这些零件发生断裂时的应力远小于该材料的 σ_b，有的甚至低于 σ_s，这种现象称为疲劳或疲劳断裂。

疲劳破坏是机械零件失效的主要原因之一。据统计，有 80% 以上的机械零件失效属于疲劳破坏。疲劳断裂与静载荷作用下的断裂不同，无论是脆性材料还是韧性材料，疲劳断裂都是突然发生的，事先没有明显的塑性变形，很难事先观察到，因此具有很大的危险性。

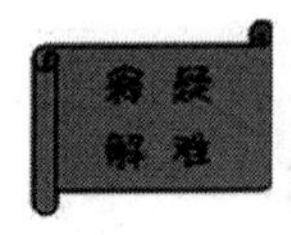

某一钢丝绳是由许多细的钢丝所组成，它穿挂在一直径 2 英寸的滑轮上。数月之后，该钢丝绳断了，使得悬挂的重物跌落在地上。请提出一个可能的破坏原因。

答题要点：在破坏发生前该钢丝绳已使用了一段时间，这提示我们“疲劳最有嫌疑”。每次当钢丝绳通过滑轮时，外侧的钢丝就经受到一高应力。这个应力可能超过钢丝的耐久限。在使用很长时间之后，钢丝开始因疲劳而破坏。这样一来会造成其他钢丝中的应力增大，加速它们的破坏，直到钢丝绳不堪载荷而断裂为止。采用直径较大的滑轮可使其外侧钢丝的应力低于其耐久限，而能使该钢丝绳不致发生破坏。

1.3.2.1　零件产生疲劳断裂的原因

通过对断口的总结与分析得知，由于材料表面或内部存在缺陷，如夹杂、划痕、夹角等，工作时这些地方容易产生应力集中，往往使零件局部造成大于 σ_s 甚至 σ_b 的应力而使零件产生局部塑性变形以致裂痕，这种裂痕随反复交变应力次数的增加而逐渐扩大，导致未裂有效的截面积大大减小，最终因承受不了所加的载荷而突然断裂。

1.3.2.2　疲劳破坏的特点

①疲劳断裂时并没有明显的宏观塑性变形，断裂前没有预兆，而是突然破坏。

②引起疲劳断裂的应力很低，常常低于材料的屈服点。

③疲劳破坏的宏观断口由两部分组成，即疲劳裂纹的策源地及扩展区（光滑部分）和最后断裂区（毛糙部分），如图 1－9 所示。

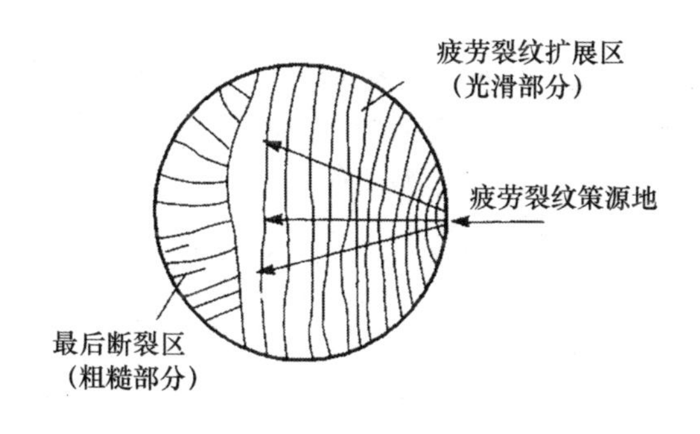

图 1－9　疲劳断口

1.3.2.3　疲劳曲线和疲劳极限

疲劳曲线（图 1－10）是指交变应力与循环次数的关系曲线。曲线表明，当承受的交变应力 σ 越大，断裂前应力循环的周次就越小。应力循环周次随承受的交变应力下降而增加，当交变应力低于某一值时，应力循环周次可达无限多次而不发生疲劳断裂。所谓疲劳极限是指金属材料在无限多次交变载荷作用下，而不致发生断裂的最大应力，又称为疲劳强度，用 σ_{-1} 表示。实际上，材料不可能作无限次交变载荷试验。对于黑色金属，一般规定应力循环 10^7 周次而不断裂的最大应力称为疲劳极限。有色金属、不锈钢等为 10^8 周次。

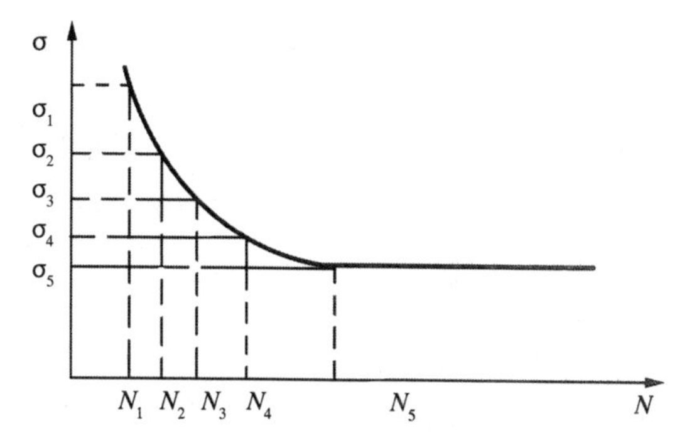

图 1－10　疲劳曲线示意图

奇闻轶事：历史上发生的疲劳断裂事故

在历史上，曾多次发生过因疲劳断裂造成的重大事故。1995 年 12 月 8 日，日本敦贺市一台运转中的高速核反应堆，由于二次冷却系统热电偶装置的不锈钢板在高温下发生金属疲劳，导致作为核反应堆冷却剂的钠泄漏并引发火灾。1998 年 6 月 3 日，德国的高速列车“伦琴”号在埃舍德脱轨颠覆，一百多人遇难，现场惨不忍睹。事后，经周密调查，发现事故原因是一个车轮轮箍发生“疲劳断裂”。1954年，英国有两架新型喷气式客机“彗星号”先后在地中海上空爆炸，原因就是机舱疲劳裂纹扩展而解体。我国台湾“华航”一架波音747-200客机在台湾海峡空域突然解体，据美国联邦航空局调查团初步确定，事故是“金属疲劳”引起的。

那么，金属为什么会“疲劳”呢？早在一百多年以前，人们就发现了金属疲劳给各个方面带来的损害。但由于技术的落后，还不能查明疲劳破坏的原因。直到显微镜和电子显微镜相继问世之后，人类在揭开金属疲劳秘密的研究中不断取得新的成果，并且有了巧妙的办法来对付这个“大敌”。金属疲劳所产生的裂纹既给人类带来灾难，也有另外的妙用之处。现在，利用金属疲劳断裂特性制造的应力断料机已经诞生。我们可以对各种性能的金属和非金属在某一切口产生疲劳断裂进行加工，这个过程只需要1~2秒钟的时间。而且，越是难以切削的材料，越容易通过这种加工来满足人们的需要。

材料的疲劳强度值大小受许多因素的影响，如工作条件、表面质量状态、材料的本质以及内部残余内应力等。所以，降低零件表面的粗糙度，避免断面形状上出现应力集中，采取各种表面强化方法（表面喷丸、表面渗氮、表面淬火、表面冷轧等），使零件表面产生残余压应力，均可有效地提高零件的疲劳强度。

1.4 高温力学性能

很多机件是在高温下运转，如航空发动机、高压蒸汽锅炉、汽轮机、化工炼油设备等。“高温”或“低温”是相对该金属的熔点而言，常采用约比温度即T/Tm（T为试验或工作温度，Tm为金属熔点，均为热力学温度），当约比温度大于0.5时为高温，反之为低温。

由于随温度增加，原子的扩散加快，因此高温对材料的力学性能有很大影响。一般随温度的升高，金属材料的强度和弹性模量降低而塑性增加。但当高温长时负载时，金属材料的塑性却显著降低，往往出现脆性断裂现象。由此可见，对于高温材料的力学性能，不能使用常温下短时拉伸的应力-应变曲线来评定，还必须加入温度与时间两个因素。

1.4.1 蠕变极限

蠕变是高温下金属力学行为的一个重要特点，当材料在高于一定温度下受到应力作用时，即使应力小于屈服强度，但随着时间的延长也会缓慢地产生塑性变形的现象称为蠕变，这种变形最后导致的材料断裂称为蠕变断裂。对于不同的材料发生蠕变的温度不同，高分子材料通常在室温下就存在蠕变现象，金属材料产生蠕变的温度要高一些。

金属材料的蠕变过程可用蠕变曲线表示。蠕变曲线是材料在一定温度和应力作用下，伸长率随时间变化的曲线，典型的金属蠕变曲线可分为三个阶段，如图1-11所示。

ab 部分——蠕变减速阶段。包括瞬时变形 *oa* 和蠕变变形 *ab*，*ab* 部分称蠕变起始阶段，这部分的蠕变速度是逐渐减小的。

bc 部分——恒速蠕变阶段。这部分的蠕变变形与时间成线性关系，在整个蠕变过程中，这部分的蠕变速度最小并维持恒定。一般指的蠕变速率就是这一阶段曲线的斜率。

cd 部分——加速蠕变阶段。由于试样出现颈缩或材料内部产生空洞、裂纹等，使蠕变速率急剧增加，直至 *d* 点材料断裂。

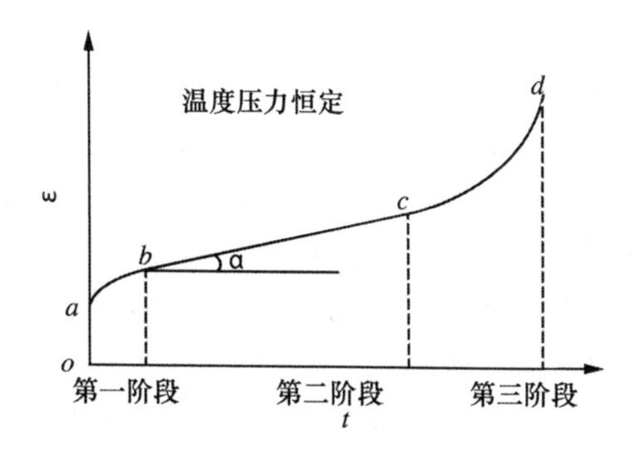

图 1－11　典型的蠕变曲线

同一材料蠕变曲线形状与温度高低、应力大小有很大关系。显然，温度高、应力大，蠕变速率增加，蠕变第三阶段提前。

蠕变极限是指在高温长期负荷作用下，材料抵抗塑性变形的能力，一般采用以下两种表示方法：

①在给定温度和规定时间内达到规定的变形量的蠕变极限，以 $\sigma^{t}_{\delta/\tau}$ 表示，单位为 MPa。其中，*t* 为温度（℃），δ 为变形量（%），τ 为持续时间（h）。如 $\sigma^{800}_{0.2/1000}=60\text{MPa}$，表示试件在800℃的工作、试验条件下，经过 1000h，产生 0.2% 的变形量的应力为 60MPa。这种蠕变极限的表示方法一般用于需要提供总蠕变变形量的构件设计。

②在给定温度下，恒定蠕变速度达到规定值时的蠕变极限，以 σ^{t}_{v} 表示，单位为 MPa。其中，*t* 为温度（℃），v 为恒定蠕变速度，也是蠕变速度最小的阶段，即稳态蠕变阶段的蠕变速度（%/h）。如 $\sigma^{600}_{1\times10^{-5}}=60\text{MPa}$，表示试件在 600℃ 条件下，恒定蠕变速度为 1×10^{-5}%/h 时的蠕变应力为 60MPa。这种蠕变极限一般用于受蠕变变形控制的运行时间较长的构件设计。

1.4.2　持久强度

材料在高温下的变形抗力和断裂抗力是两种不同的性能指标。持久强度是指材料在高温长时载荷作用下抵抗断裂的能力，用在给定温度下材料经过规定时间发生断裂的应力值 σ^{t}_{τ} 来表示。这里所指规定时间是以机组的设计寿命为依据的，锅炉、汽轮机等机组的设计寿命为数万至数十万小时，而航空喷气发动机的寿命则为一千或几百小时。例如某材料在700℃条件下承受 30MPa 的应力作用，经 1 000h 后断裂，则称这种材料在 700℃、1 000h 的持久强度为 30MPa，写成 $\sigma^{700}_{1000}=30\text{MPa}$。

对于设计某些在高温运转过程中不考虑变形量大小，而只考虑在承受给定应力下使用寿命的零件来说，金属材料的持久强度是极其重要的性能指标。

对于持久断裂的试样，还可进一步测量试样在断裂后的延伸率 δ% 和断面收缩率 ψ%，以反映材料的持久塑性。持久塑性也是耐热材料的一个重要性能指标，过低的持久塑性会使材料在设计使用期间发生脆性断裂，对于制造汽轮机、燃气轮机紧固件用的低合金钢，一般希望 $\delta\geqslant3\sim5\%$。

1.4.3　松弛稳定性

高温下，在具有恒定总变形的零件中，随着时间的延长而应力减低的现象称为应力松弛。例如，当用螺栓把两个零件紧固在一起时，需转动螺帽使螺杆产生一定的弹性变形，这样相应地在螺杆中产生了拉应力，而螺杆作用于螺帽的力就使两个零件连为一体了。但在高温下，经过一段时间后，虽然螺杆总变形没变，但这种拉应力逐渐自行减小。这是由于随时间延长，弹性变形会不断地转变为塑性变形，使得弹性应变不断减小。根据虎克定律可知，应力会相应降低。

材料的应力松弛过程可通过松弛曲线来描述，松弛曲线是在给定温度 T℃和给定初应力 σ_0（MPa）条件下，应力随时间而变化的曲线，如图 1－12 所示。整个曲线可分为两个阶段：第一阶段持续时间较短，应力随时间急剧降低；第二阶段持续时间很长，应力下降逐渐缓慢，并趋于恒定。

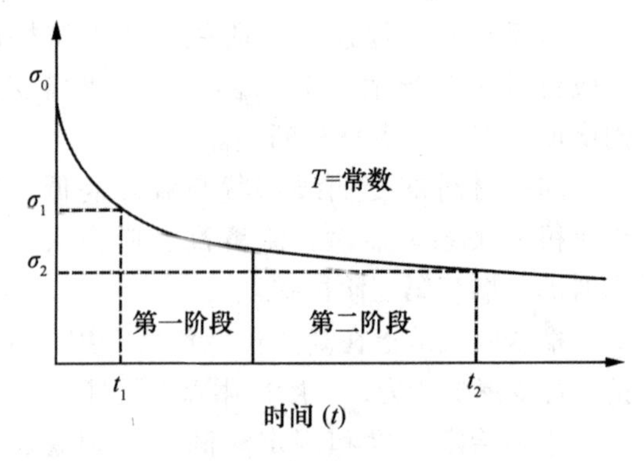

图 1－12　松弛曲线

材料抵抗松弛的性能称为松弛稳定性。松弛稳定性评价指标有多种，其中常用的是以在一定温度和一定初应力作用下，经过 t 时间后的“残余应力”σ 来表示。对不同材料，在相同 T℃和 σ_0 条件下，残余应力值越高的材料松弛稳定性越好。

1.5　金属的理化性能

1.5.1　物理性能

金属材料的物理性能是指金属固有的属性，包括密度、导电性、熔点、导热性、热膨胀性和磁性等。常用金属材料的物理性能如表 1－3 所示。

表 1－3　常用金属材料的物理性能

金属名称	符号	密度（20℃）/kg/m³	熔点/℃	热导率 λ /W/m·K	线胀系数 a_1 /10^{-6}/℃（0～100℃）	电阻率 ρ /10^{-6}Ω·cm
银	Ag	10.49×10^3	960.8	418.6	19.7	1.5
铜	Cu	8.96×10^3	1083	393.5	17	1.67～1.68（20℃）
铝	Al	2.7×10^3	660	221.9	23.6	2.655
镁	Mg	1.74×10^3	650	153.7	24.3	4.47
钨	W	19.3×10^3	3380	166.2	4.6（20℃）	5.1
镍	Ni	4.5×10^3	1453	92.1	13.4	6.84
铁	Fe	7.87×10^3	1538	75.4	11.76	9.7
锡	Sn	7.3×10^3	231.9	62.8	2.3	11.5
铬	Cr	7.19×10^3	1903	67	6.2	12.9
钛	Ti	4.508×10^3	1677	15.1	8.2	42.1～47.8
锰	Mn	7.43×10^3	1244	4.98（－192℃）	37	185（20℃）

1.5.1.1　密度

密度是物体的质量与其体积之比值。密度的表达式如下：

$$\rho = \frac{m}{V} \tag{1-13}$$

式中：ρ——物质的密度（kg/m³）

m——物质的质量（kg）

v——物质的体积（m³）

根据密度大小，可将金属分为轻金属和重金属。一般将密度小于 4.5g/cm^3 的金属称为轻金属，而把密度大于 4.5g/cm^3 的金属称为重金属。材料的密度直接关系到由它所制成设备的自重和效能，航空工业为了减轻飞行器的自重，应尽量采用密度小的材料来制造，如钛及钛合金在航空工业中应用很广泛。

抗拉强度与相对密度之比称为比强度，弹性模量与相对密度之比称为比弹性模量。这两者也是考虑某些零件材料性能的重要指标，如飞机和宇宙飞船上使用的结构材料对比强度的要求特别高。

1.5.1.2　熔点

熔点是指材料从固态转变为液态的转变温度。工业上一般把熔点低于 700℃ 的金属或合金称为易熔金属或易熔合金，把熔点高于 700℃ 的金属或合金称为难熔金属或难熔合金。高温下工作的零件，应选用熔点高的金属来制作，而焊锡、保险丝等则应选用熔点低的金属制作。

纯金属都有固定的熔点，合金的熔点取决于它的成分。例如钢和生铁虽然都是铁和碳的合金，但由于含碳量不同，熔点也不同。熔点对于金属和合金的冶炼、铸造、焊接是重要的工艺参数。通常，材料的熔点越高，高温性能就越好。陶瓷熔点一般都显著高于金属及合金的熔点，所以陶瓷材料的高温性能普遍比金属材料好。由于玻璃不是晶体，所以没有固定熔点，而高分子材料一般也不是完全晶体，所以也没有固定熔点。

1.5.1.3　导电性

导电性是指工程材料传导电流的能力。衡量材料导电性能的指标是电阻率 ρ，ρ 越小，工程材料的导电性越好。纯金属中，银的导电性最好，其次是铜、铝。合金的导电性比纯金属差。导电性好的金属如纯铜、纯铝，适宜作导电材料。导电性差的某些合金，如 Ni-Cr 合金、Fe-Cr-Al 合金，可作电热元件。

1.5.1.4　导热性

导热性是指工程材料传导热量的能力。导热性的大小用热导率 λ 来衡量，λ 越大，工程材料的导热性越好。金属中银的导热性好，铜、铝次之。纯金属的导热性又比合金好。金属的导热性与导电性之间有密切的联系，凡是导电性好的金属其导热性也好。

材料导热性的好坏直接影响着材料的使用性能，如果零件材料的导热性太差，则零件在加热或冷却时，由于表面和内部产生温差，膨胀不同，就会产生变形或断裂。一般导热性好的材料（如铜、铝等）常用来制造热交换器等传热设备的零部件。维护工作中应注意防止导热性差的物质如油垢、尘土等粘附在这些零件的表面，以免造成散热不良。

1.5.1.5　热膨胀性

热膨胀性是指工程材料的体积随受热而膨胀增大、冷却而收缩减小的特性。工程材料的热膨胀性的大小可用线胀系数 α 来衡量。线胀系数计算公式如下：

$$\alpha = \frac{l_2 - l_1}{l_1 \Delta t} \tag{1-14}$$

式中：α——线胀系数（1/k 或 1/℃）

l_1——膨胀前长度（m）

l_2——膨胀后长度（m）

Δt——温度变化量 $\Delta t = t_2 - t_1$（k 或℃）

在实际工作中应考虑材料的热膨胀性的影响。工业上常用热膨胀性来紧密配合组合件，如热压铜套筒就是利用加温时孔经扩大而压入衬套，待冷却后孔径收缩，使衬套在孔中固定；铺设钢轨时，在两根钢轨衔接处应留有一定的间隙，以便使钢轨在长度方向有膨胀的余地。

但热膨胀性对精密零件不利，因为切削热、摩擦热等都会改变零件的形状和尺寸，有的造成测量误差。精密仪器或精密机床常需要在标准温度（20℃）或规定温度下加工或测量就是这个原因。

1.5.1.6 磁性

磁性是指工程材料能否被铁吸引和被磁化的性质。

磁性材料分为软磁性材料和硬磁性材料两种。软磁性材料（如电工用纯铁、硅钢片等）容易被磁化，导磁性能良好，但外加磁场去掉后，磁性基本消失。硬磁性材料（如淬火的钴钢、稀土钴等）在去磁后仍然能保持磁场，磁性也不易消失。

许多金属材料如铁、镍、钴等均具有较高的磁性，而另一些金属材料如铜、铝、铅等则是无磁性的。非金属材料一般无磁性。磁性不仅与材料自身的性质有关，而且与材料的晶体结构有关。比如铁，在处于铁素体状态时具有较高磁性，而在奥氏体状态时是无磁性的。

1.5.2 化学性能

化学性能指金属抵抗周围介质侵蚀的能力，包括耐腐蚀性和热稳定性。

1.5.2.1 耐腐蚀性

耐腐蚀性是指工程材料在常温下，抵抗氧、水蒸气及其他化学介质腐蚀破坏作用的能力。

腐蚀作用对材料危害极大，因此，提高工程材料的耐腐蚀性能，对于节约工程材料、延长工程材料的使用寿命，具有现实的经济意义。

船舶上所用的钢材须具有抗海水腐蚀的能力，贮藏及运输酸类用的容器、管道应有较高的耐酸性能。

1.5.2.2 热稳定性

热稳定性是指工程材料在高温下抵抗氧化的能力。

在高温条件下工作的设备，如锅炉、加热设备、喷气发动机上的部件需要选择热稳定性好的材料制造。

1.6 金属的工艺性能

工艺性能是指工程材料接受各种工艺方法加工的能力，包括铸造性、锻造性、焊接性、切削加工性等。材料工艺性能的好坏，直接影响到制造零件的工艺方法和质量以及制造成本。所以，选材时必须充分考虑工艺性能（图 1－13）。

1.6.1 铸造性

将熔化的金属浇注到铸型内，待其冷却后获得所需毛坯或零件的形状和尺寸的工艺方法称为铸造，材料是否适合于铸造的性质叫铸造性。

对金属材料而言，铸造性主要包括流动性、收缩率、偏析倾向等指标。熔点低、流动性好、收缩率小、偏析倾向小的材料其铸造性也好，铸件组织紧密，成分均匀。各种铸铁、黄铜、青铜、铸铝等都具有良好的铸造性。对某些工程塑料而言，在其成型工艺方法中，要求有较好的流动性和小的收缩率。

（炮塔前半部分由铸造而成，后半部分为焊接结构）

图 1－13　“维克斯”3 坦克原型车

1.6.2　锻压性

使工程材料在外力作用下产生塑性变形而得到所需要的形状和尺寸的工艺方法称为压力加工。工程材料是否适合于压力加工的性质叫锻压性。塑性良好、变形抗力低的工程材料其锻压性就好。锻压性包括锻造性和冲压性。

低碳钢、纯铝、纯铜具有很好的锻压性，适宜压力加工。热塑性塑料可经过挤压和压塑成型。

1.6.3　焊接性

把工程材料局部快速加热，使接缝部分迅速呈熔化或半熔化状态（需加压力），从而使接缝牢固地结合成一体的工艺方法称为焊接。工程材料是否易于焊接的性质叫焊接性。在焊接熔化时容易氧化、吸气，导熟性过高或过低，热胀冷缩严重、塑性差，以及在焊接加热时焊缝附近金属容易引起组织、性能改变的金属材料，焊接性都较差。

低碳钢、低碳合金钢的焊接性较好，而铸铁、铝合金焊接较困难。某些工程塑料也有良好的可焊性，但与金属的焊接机制及工艺方法并不相同。

1.6.4　切削加工性

工程材料是否易于用刀具（车刀、刨刀、铣刀、钻头等）进行切削加工的性质称为切削加工性。在切削加工时（图 1－14），切削刀具不易磨损，切削力较小，切削后零件表面光滑，这种材料的切削加工性就比较好。铸铁、青铜、铝合金有较好的切削加工性能。

一般认为材料具有适当硬度（HBS170～230）和足够的脆性时较易切削。所以铸铁比钢切削加工性能好，一般碳钢比高合金钢切削加工性能好。改变钢的化学成分和进行适当的热处理，是改善切削加工性的重要途径。

图 1－14　切削加工

本章小结

主要介绍了工程材料的性能指标意义及其影响因素，重点阐述了金属五大力学性能指标即强度、塑性、硬度、韧性和疲劳强度的概念、测试方法和应用。力学性能的基本指标及其含义小结于表 1-4。

表 1-4　力学性能的基本指标及其含义

力学性能	性能指标			含　义
	符　号	名　称	单　位	
强　度	σ_b σ_s $\sigma_{0.2}$	抗拉强度 屈服点 规定残余伸长应力	MPa (N/mm^2)	试样拉断前所能承受的最大标称拉应力 拉伸过程中，力不增加（保持恒定）仍能继续伸长（变形）时的应力 规定残余伸长率达 0.2% 时的应力
塑　性	δ Ψ	伸长率 断面收缩率	(%) (%)	标距的伸长与原始标距的百分比 缩颈处横截面积的最大缩减量与原始横截面积的百分比
硬　度	HBS（W）	布氏硬度值		球形压痕单位表面积上所承受的平均压力
	HRC HRB HRA	C 标 R 洛氏硬度值 B 标 R 洛氏硬度值 A 标 R 洛氏硬度值		用洛氏硬度相应标尺内刻度满量程与残余压痕深度增量（e）之差计算的硬度值 HRC＝100－e HRB＝130－e HRA＝100－e
	HV	维氏硬度值		正四棱锥形压痕单位表面积上所承受的平均压力
韧 性	α_k	冲击韧度	J/cm^2	冲击试样缺口处单位横截面积上的冲击吸收功
抗疲劳性	σ_{-1}	疲劳极限	MPa	对称循环时，在指定循环基数（例 10^7）下的中值疲劳强度

复习思考题（一）

一、填空题

1. 机械设计时常用________和________两种强度指标。

2. 材料主要的工艺性能有________、________、________和________。

3. 低碳钢拉伸应力-应变图中，$\sigma-\varepsilon$ 曲线上对应的最大应力值称为________，材料开始发生塑性变形的应力值叫材料的________。

4. 测量淬火钢件及某些表面硬化件的硬度时，一般应用________。

5. 圆钢的 $\sigma_s=360$MPa，$\sigma_b=600$MPa，横截面积为 $50mm^2$，当拉伸力达到________ N 时，圆钢出现屈服现象，当拉伸力达到________ N 时，圆钢出现缩颈并断裂。

二、判断题

1. 因为 $\sigma_b=K$HB，所以一切材料的硬度越高，其强度也越高。（　）

2. 退火工件常用 HRC 标尺标出其硬度。　（　）

3. 材料硬度越低，其切削加工性能就越好。（　）

三、简答题

1. δ 与 Ψ 这两个指标，哪个更准确地表达了材料的塑性？为什么？

2. 常用的测量硬度方法有几种？其应用范围如何？

3. 某低碳钢拉伸试样，直径为 10mm，标长为 50mm，屈服时应力为 18840N，断裂前的最大拉力 35320N，拉断后将试样接起来，标距之间的长度为 73mm，断口处截面直径为 6.7mm。问该低碳钢的 σ_s、σ_b、δ、Ψ 各是多少？

4. 疲劳破坏是怎样形成的？提高零件疲劳寿命的方法有哪些？

5. 举例说明机器设备选材中物理性能、化学性能、工艺性能的重要性？

第2章　金属的结构与结晶

【学习目的】

1. 掌握金属晶体的三种常见晶格类型，掌握实际金属点、线、面缺陷与金属性能的关系；

2. 掌握过冷度与晶粒大小对性能的影响及细化晶粒的措施，纯铁的同素异构转变；

3. 理解固溶体与金属间化合物的本质区别及性能特点。

【教学重点】

典型金属材料的晶体结构，各类晶体缺陷对结构及性能的影响，合金相结构，同素异构转变。

2.1　概　述

不同的材料具有不同的力学性能，即使是同一种材料，在不同的条件下其力学性能也是不同的。材料力学性能的这些差异，从本质上来说，是由其内部结构所决定的。因此，掌握材料的内部结构及其对材料性能的影响，对于选用和加工工程材料具有非常重要的意义。

在外界条件固定时，材料的性能取决于材料内部的构造。金属材料的结合键主要是金属键。由于自由电子的存在，当金属受到外加电场作用时，其内部的自由电子将沿电场方向做定向运动，形成电子流，所以金属具有良好的导电性；金属除依靠正离子的振动传递热能外，自由电子的运动也能传递热能，所以金属的导热性好；随着金属温度的升高，正离子的热振动加剧，使自由电子的定向运动阻力增加，电阻升高，所以金属具有正的电阻温度系数；当金属的两部分发生相对位移时，金属的正离子仍然保持金属键，所以具有良好的变形能力；自由电子可以吸收光的能量，因而金属不透明；而所吸收的能量在电子回复到原来状态时产生辐射，使金属具有光泽。金属中也有共价键（如灰锡）和离子键（如金属间化合物 Mg_3Sb_2）。

一般而论，若固态下原子或分子在空间呈有序排列，则称之为晶体；反之，则为非晶体。晶体具有以下特点：

①原子在空间呈有序、有规则排列；

②具有固定的熔点；

③性能表现呈各向异性。

除此之外，金属晶体还具有金属光泽、可塑性，并有正的温度系数，即金属随温度的升高，其电阻值也增大。

非晶体的结构是原子无序排列，这一点与液体的结构很相似，所以非晶体往往被称为过冷液体。典型的非晶体材料是玻璃，所以非晶体也被称为玻璃体。虽然非晶体在整体上是无序的，但在很小的范围内观察，还是有一定的规律性，所以在结构上称为短程有序。

非晶体具有如下特点：

①结构无序；

②物理性质表现为各向同性；

③没有固定熔点；

④导热率和热膨胀性小；

⑤塑性形变大；

⑥组成的范围变化大。

非晶体结构是短程有序，即在很小的尺寸范围内存在着有序性，而晶体内部也有缺陷，在很小的尺寸范围内也存在着无序性，所以两者之间也有共同特点。而物质在不同条件下，既可形成晶体结构，也可形成非晶体结构。比如，金属液体在高速冷却条件下可以得到非晶态金属，即所谓的金属玻璃；而玻璃经过适当处理，也可形成晶态玻璃。有些物质可以看成是有序和无序的中间状态，如塑料、液晶、准晶态等。

工程应用典例

1960 年，美国科学家杜维茨首先发现某液态金属合金以薄带或细丝的形式以每秒 100 万℃的冷却速度急速冷却时，由于冷却速度过快，使金属原子来不及整齐排列成晶体，结果得到一种非晶态的无定形固体，人们称它为非晶态金属或金属玻璃。非晶态金属具有许多优异的性能，用途相当广泛。首先，非晶态材料的硬度和强度卓越。例如，拉丝后纤维化的非晶态铁钽硅硼合金线材，拉伸强度高达 4000MPa，为钢琴丝的 1.4 倍，为一般钢丝的 10 倍，并且非晶态金属具有很高的韧性，其金属丝即使弯曲到接近 180°也不会断裂破损。因此，可用非晶态金属作为一些结构加强材料，如制作高强度控制电缆、橡胶轮胎的增强带和高强火箭壳件等。其次，非晶态金属具有良好的软磁性，即在外磁场作用下易磁化，当外磁场消失后，磁性很快消失；并且磁阻很小，只有常用磁材料硅钢片的 1/10～1/3。因此，用非晶态金属代替电器设备中的硅钢片，可以大大减小电器设备中铁心发热所造成的电能损耗。另外，大多数非晶态金属的耐腐蚀性能比最好的不锈钢还要高一百多倍。要是其中含有一定量的铬和磷，抗腐蚀能力就更强。因此，非晶态金属可作为刀具、电极、表面保持等材料。

2.2　纯金属的晶体结构与结晶

2.2.1　纯金属的晶体结构

2.2.1.1　基本概念

（1）晶格和晶胞

晶体内部原子是按一定的几何规律排列的。为了便于理解，把原子看成是一个小球，则金属晶体就是由这些小球有规律地堆积而成的物体，如图 2－1a）所示。

将原子简化成一个点，用假想的线将这些点连接起来，就构成了有明显规律性的空间格子。这种表示原子在晶体中排列规律的空间格架叫晶格，如图 2－1b）所示。

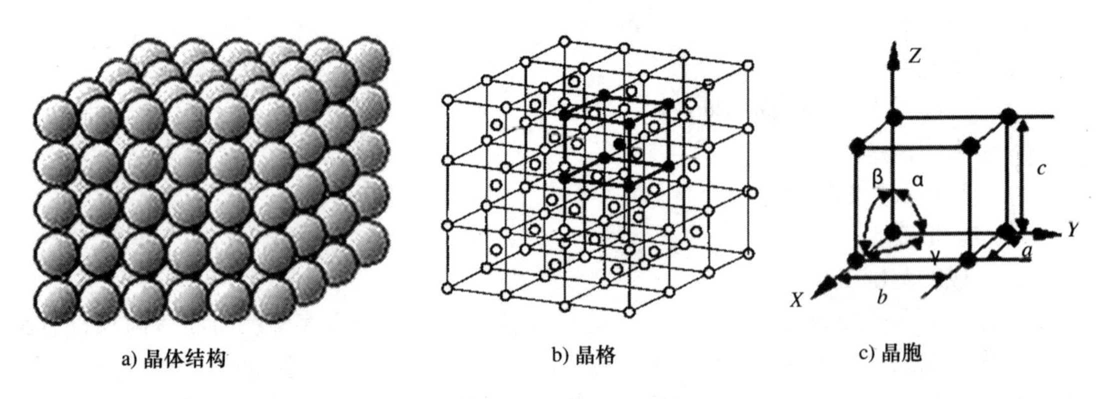

a) 晶体结构　　b) 晶格　　c) 晶胞

图 2－1　晶体结构、晶格与晶胞示意图

由图 2-1b）可见，晶格是由许多形状、大小相同的最小几何单元重复堆积而成的。能够完整地反映晶格特征的最小几何单元叫晶胞，如图 2－1c）所示。

原子在晶格结点上并不是固定不动的，而是以结点为中心做高频率振动。随着温度升高，原子振动的幅度也增大。

（2）晶格常数

不同元素的原子半径大小不同，在组成晶胞后，晶胞大小是不相同的，晶胞的大小和形状可用棱边长度 a、b、c 及棱边夹角 α、β、γ 表示。晶胞的棱边长度称为晶格常数，晶格常数的单位为Å（埃，1 Å $=10^{-10}$m）。

（3）晶面和晶向

金属晶体中通过原子中心的平面称为晶面。通过原子中心的直线，可代表晶格空间的一定方向，称为晶向。由于在同一晶格的不同晶面和晶向上原子排列的疏密程度不同，因此原子结合力也就不同，从而在不同的晶面和晶向上显示出不同的性能，这就是晶体具有各向异性的原因。

2.2.2.2　金属晶格的类型

金属的晶格类型很多，但绝大多数（占 85%）金属属于下面三种晶格之一。

（1）体心立方晶格

体心立方晶胞是一个立方体，其晶格常数 $a=b=c$，$\alpha=\beta=\gamma=90°$。在体心立方晶胞中，原子位于立方体的八个顶角上和立方体的中心，如图 2－2 所示。属于这种晶格类型的金属有 α-铁（α-Fe）及铬（Cr）、钒（V）、钨（W）、钼（Mo）等金属。

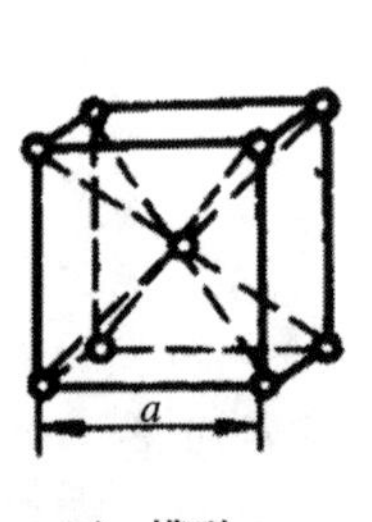

a） 模型

b） 晶胞

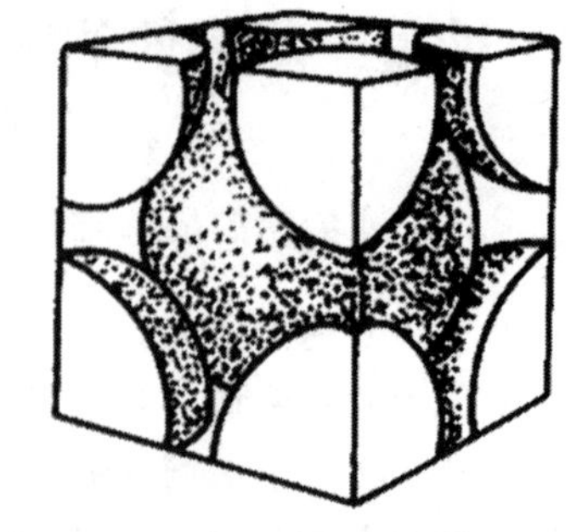

c） 晶胞原子数

图 2－2　体心立方晶格

（2）面心立方晶格

面心立方晶胞也是一个立方体，原子位于立方体的八个顶角上和立方体六个面的中心，如图 2－3 所示。属于这种晶格类型的金属有 γ-铁（γ-Fe）及铝（Al）、铜（Cu）、铅（Pb）、镍（Ni）等金属。

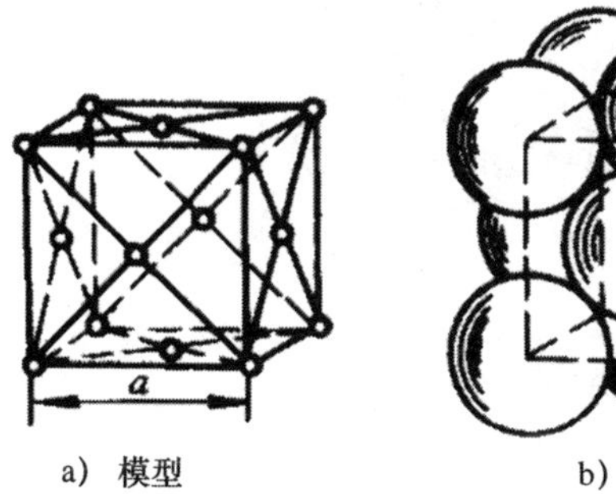

a）模型

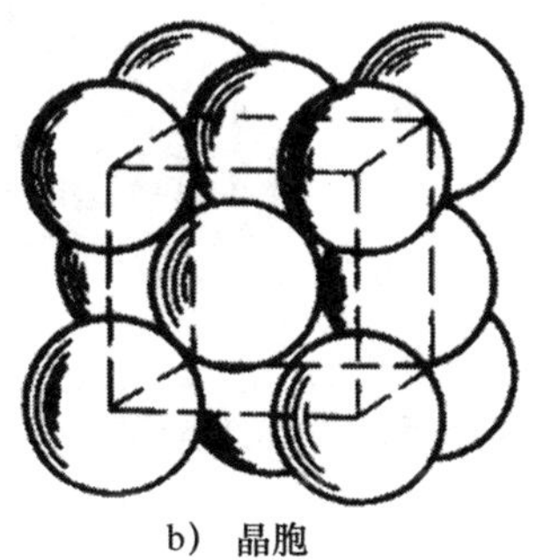

b）晶胞

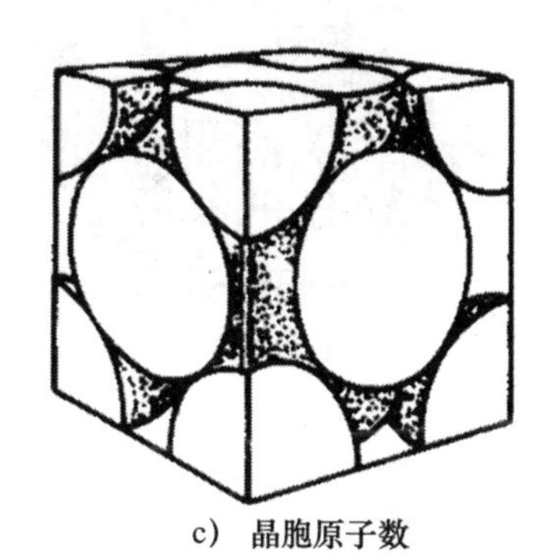

c）晶胞原子数

图 2－3　面心立方晶格

（3）密排六方晶格

密排六方晶胞是一个正六方柱体，原子排列在柱体的每个角顶上和上、下底面的中心，另外三个原子排列在柱体内，如图 2－4 所示。属于这种晶格类型的金属有镁（Mg）、铍（Be）、镉（Cd）及锌（Zn）等金属。

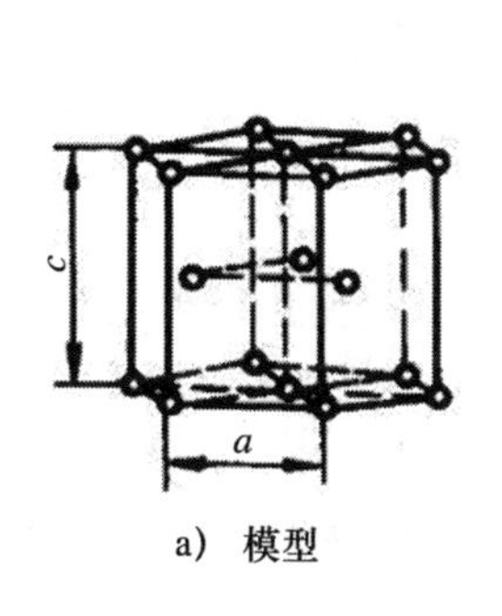

a）模型

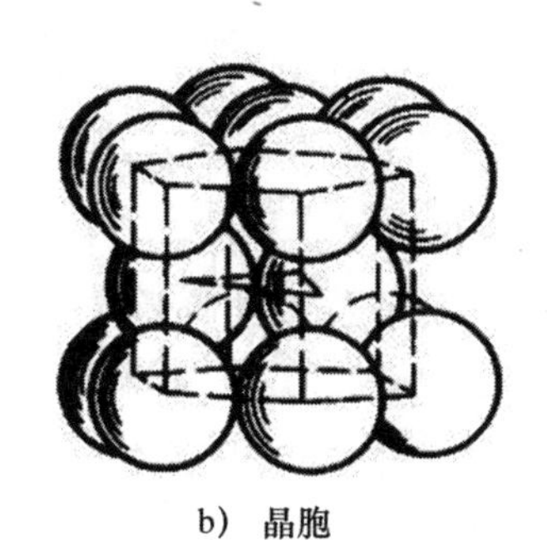

b）晶胞

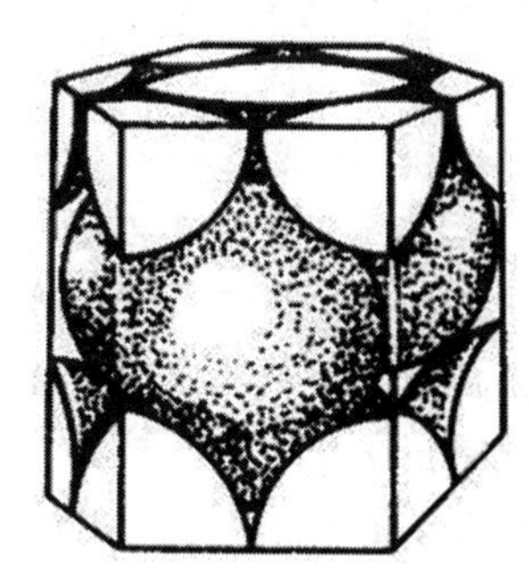

c）晶胞原子数

图 2－4　密排六方晶格

不同元素组成的金属晶体因晶格形式及晶格常数的不同而表现出不同的物理、化学和力学性能。有些金属虽然具有相同的晶格类型，但由于原子直径的大小及晶格常数不相同，各原子所包含的电子数不同，其性能仍有很大的区别。金属的晶体结构可用 X 射线结构分析技术进行测定。

2.2.1.3　实际晶体结构

（1）单晶体与多晶体

通常使用的金属都是由很多小晶体组成的，这些小晶体内部的晶格位向是均匀一致的，而它们之间晶格位向却彼此不同，这些外形不规则的颗粒状小晶体称为晶粒。每一个晶粒相当于一个单晶体（图 2－5 a）。这种由许多晶粒组成的晶体称为多晶体，晶粒与晶粒之间的界面称为晶界（图 2－5 b）。多晶体的性能在各个方向基本上是一致的，这是由于多晶体中，虽然每个晶粒都是各向异性的，但由于多晶体内各晶粒的晶格位向互不一致，它们自身的各向异性彼此抵消，故显示出各向同性，称为“伪无向性”。

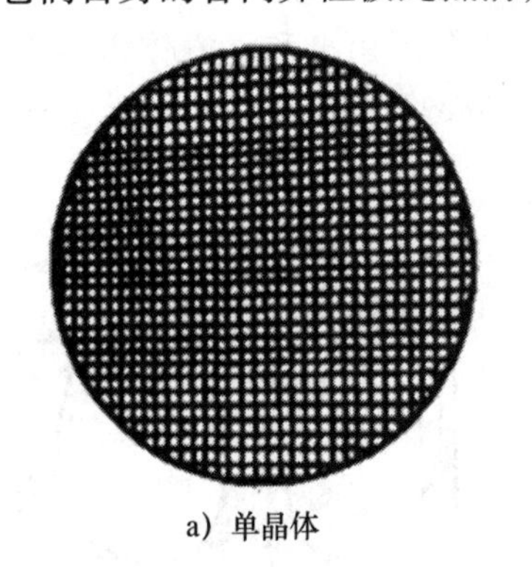

a) 单晶体

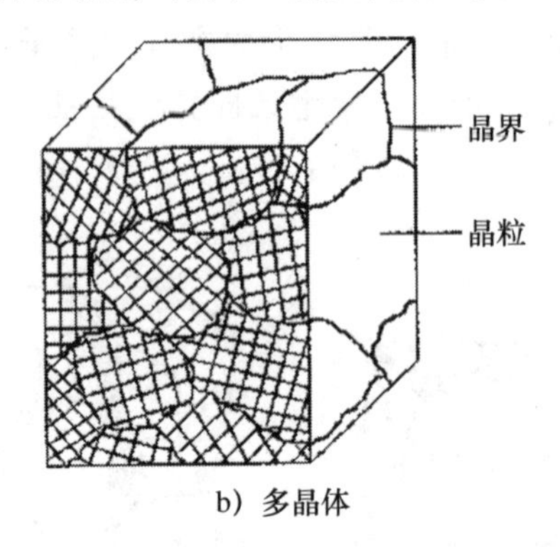

b) 多晶体

图 2-5 单晶体和多晶体结构示意图

奇闻轶事：神奇的金属晶须

1945 年的一天，美国贝尔电话研究所的专家们在检查电话系统出现的障碍时发现蓄电池电极板表面长出一些针状的晶体。这些晶体和极板虽属于同种金属，但强度大、弹性好。在显微镜下观察其形状，犹如动物的胡须，古取名为“晶须”，也称“须晶”。经过现代 X 光衍射技术显示，晶须内部的原子完全按照同样的方向和部位排列，构成了一种完全没有任何缺陷的理想晶体，因此具有很高的抗拉强度。目前，人们已经利用三十多种单质体材料和几十种化合物制出了晶须，其中包括铁、铜、镍等金属和碳化硅、氮化硅、三氧化二铝等化合物以及石墨等非金属单质，直径一般从几微米到几十微米。晶须的发现，为金属材料的应用开拓了一条新的途径。

提高金属材料强度实验证实，金属晶须的抗拉强度令人惊讶。一种直径为 1.6μm 的铁晶须抗拉强度可以达到工业纯铁抗拉强度的 70 倍以上，比经过特殊处理的超高强度钢还要高出 4~10 倍。如果用这样的铁晶须编织成直径为 2mm 的钢丝绳，足可以吊起一辆 4t 重的载重汽车。现已能制造出的金属晶须，主要用来和其他材料一起编织成较大的线材，或让晶须作为增强材料与其他材料组成复合材料，这些均已在人类生产和生活中加以应用。纤细的金属晶须，显示了进一步提高金属强度的可能性，为人类科学技术的发展提出了一系列新的课题。

（2）晶体缺陷

在实际应用的金属材料中，由于金属材料加进了其他种类的外来原子以及材料在冶炼后的凝固过程中受到各种因素的影响，使本来该有规律的原子堆积方式受到干扰，总是不可避免地存在着一些原子偏离规则排列的不完整性区域，这就是晶体缺陷。金属晶体中位置偏离很大的原子数目至多占原子总数的千分之一。因此，从总体来看，其结构还是接近完整的。尽管如此，这些晶体缺陷不但对金属及合金的性能有重大影响，而且还在扩散、相变、塑性变形和再结晶等过程中扮演重要角色。常见的晶体缺陷有以下几种：

①空位和间隙原子。晶格中某个原子脱离了平衡位置，形成空结点，称为空位。某个晶格间隙挤进了原子，称为间隙原子。材料中总存在着一些其他元素的杂质，它们可以形

成间隙原子，也可能取代原来原子的位置，成为置换原子，图 2－6 为空位、间隙原子及置换原子的示意图。

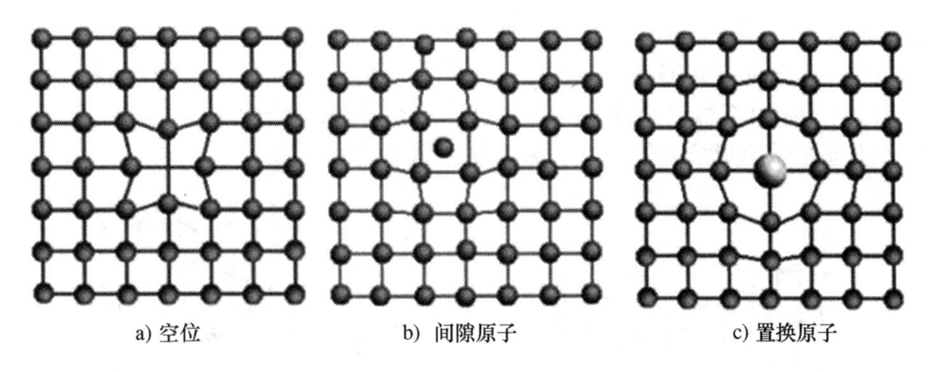

图 2－6　点缺陷示意图

空位附近的原子受张力而使晶格常数略有增加，间隙原子所产生的效果是使周围原子受到挤压而使晶格常数略有缩小。以上这些缺陷都使晶格产生变形，这种现象称为晶格畸变。点缺陷造成局部晶格畸变，使金属的电阻率、屈服强度增加，降低了材料的塑性和韧性，密度发生变化。

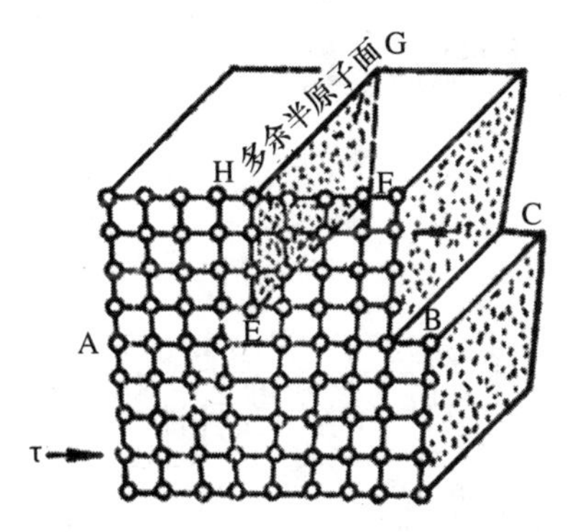

图 2－7　刃型位错示意图

②位错。晶体中最普通的线缺陷就是位错，体中某处有一列或若干列原子发生有规律的错排现象叫位错。这种错排现象是晶体内部局部滑移造成的。根据局部滑移的方式不同，可以形成不同类型的位错，图 2－7 所示为常见的一种刃型位错。由图可见，在这个晶体的某一水平面（ABCD）的上方，多出一个半原子面（EFGH），它中断于 ABCD 面上的 EF 处，这个半原子面如同刀刃一样插入晶体，故称“刃型位错”。在位错的附近区域，晶格发生了畸变。位错的特点之一是很容易在晶体中移动，金属材料的塑性变形便是通过位错运动来实现的。

位错的存在对金属的强度有着重要的影响。如图 2－8 所示，当金属为理想晶体或仅含极少量位错时，金属的屈服强度 σ_s 很高；当含有一定量的位错时，强度降低；当进行形变加工时，位错密度增加，σ_s 将会增高。由于没有缺陷的晶体很难得到，所以生产中一般依靠增加位错密度来提高金属强度，但塑性随之降低。

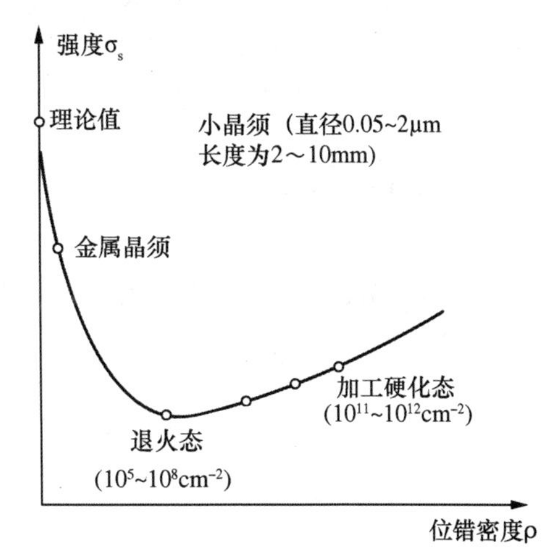

图 2－8　位错对金属强度的影响

③晶界和亚晶界。面缺陷包括晶界和亚晶界。晶粒与晶粒之间的接触界面称为“晶界”，由于晶界原子需要同时适应相邻两个晶粒的位向，因此必须从一种晶粒位向逐步过渡到另一种晶粒位向，成为不同晶粒之间的过渡层，因而晶界上的原子多处于无规则状态或两种晶粒

位向的折中位置上（图 2 - 9）。另外，晶粒内部也不是理想晶体，而是由位向差很小的称为嵌镶块的小块所组成，称为“亚晶粒”，亚晶粒的交界称为亚晶界（图 2 - 10）。亚晶界处的原子排列与晶界相似，也是不规则的。

面缺陷能提高金属材料的强度和塑性，细化晶粒是改善金属机械性能的有效手段。

晶体中由于存在了空位、间隙原子、位错、亚晶界及晶界等结构缺陷，这些都会造成晶格畸变，引起塑性变形抗力的增大，因而使金属的强度提高。

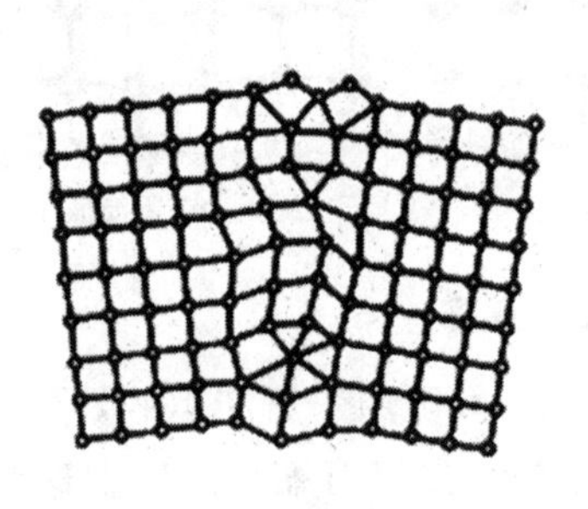

图 2 - 9　晶界的过渡结构示意图

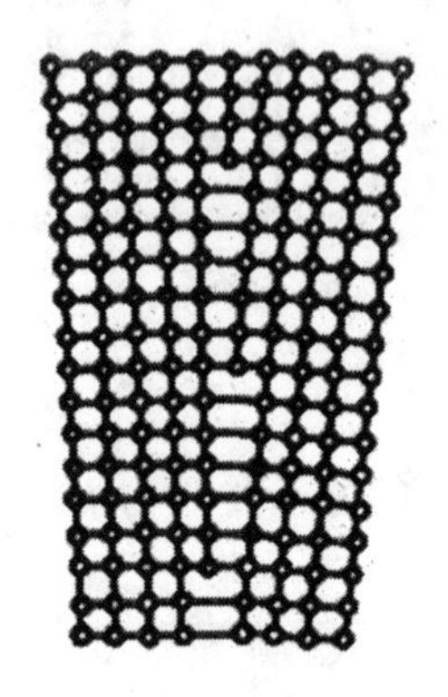

图 2 - 10　亚晶界示意图

2.2.2　纯金属的结晶

金属材料通常都需要经过冶炼和铸造，由液态变成固态，这是一个从不完整、无规则的原子群向有规则的完整晶体的转变过程。不同的结晶过程，晶体的结构和性能也不相同。了解金属结晶的过程及规律，对于控制材料内部的组织和性能是十分重要的。为了揭示结晶的基本规律，下面从结晶的宏观现象入手去研究结晶过程的微观本质。

2.2.2.1　纯金属的结晶过程

液态金属结构的特点是“远程无序、近程有序”。即在液态金属中的微小范围内，存在着紧密接触、规则排列的原子集团，称为“近程有序”。但在大范围内原子是无序分布的，称为“远程无序”。这些小范围存在的近程有序的原子集团随着原子的热运动不断地消失，又不断地产生，此起彼伏，变化不定，这种不断变化着的近程有序原子集团称为“结构起伏”，或称为“相起伏”，这是金属结晶重要的结构条件。

（1）金属结晶的宏观现象

金属的结晶过程可以通过热分析法进行研究。将纯金属加热熔化成液体，然后缓慢地冷却下来。测定液体金属冷却时温度和时间的变化关系，作出冷却曲线，通过分析其变化，就可以了解结晶过程的基本规律。图 2 - 11 所示为纯金属冷却曲线的绘制过程。

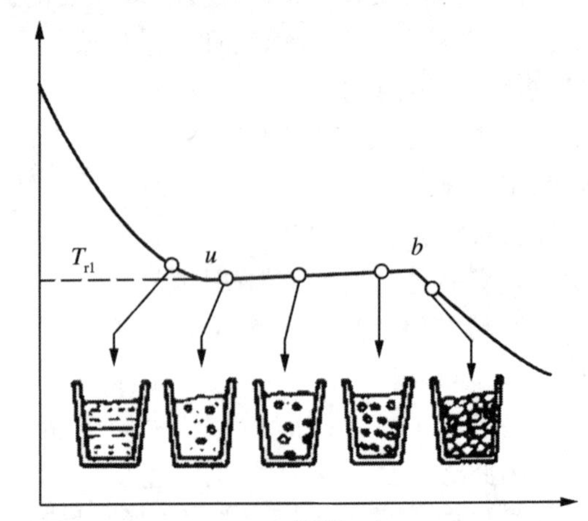

图 2 - 11　纯金属冷却曲线的绘制过程

1 摩尔物质从一个相转变为另一个相时，伴随着放出或吸收的热量称为相变潜热。金属熔化时从固相转变为液相要吸收热量，而结晶时从液相转变为固相要放出热量，前者称为“熔化潜热”，后者称为“结晶潜热”。由冷却曲线可见，液体金属随着冷却时间的延长，所含的热量不断向外散失，温度也不断下降。当冷却到 a 点时，液体金属开始结晶。由于结晶过程中释放出来的结晶潜热补偿了散失在空气中的热量，因而温度并不随时间的延长而下降，直到 b 点结晶终了时才继续下降。a、b 两点之间的水平线段即为结晶阶段，它所对应的温度就是纯金属的结晶温度。理论上，金属冷却时的结晶温度（凝固点）与加热时的熔化温度二者应在同一温度，即金属的理论结晶温度（T_0）。

实际上液态金属总是冷却到理论结晶温度（T_0）以下才开始结晶，实际结晶温度（T_1）低于理论结晶温度（T_0）这一现象称为“过冷现象”。理论结晶温度和实际结晶温度之差称为“过冷度”（$\Delta T=T_0-T_1$）。金属结晶时过冷度的大小与冷却速度有关，冷却速度越快，金属的实际结晶温度越低，过冷度也就越大。

（2）金属结晶的微观过程

从微观的角度看，金属结晶是由晶核的形成和长大这两个基本过程组成。图 2－12 是金属的结晶过程示意图。

①晶核的形成。液态金属的结晶是在一定过冷度的条件下，从液体中首先形成一些微小而稳定的固体质点开始的，这些固体质点称为“晶核”。

②晶核的长大。微小晶核形成后不断长大成为晶体，直到它们互相接触，液体完全消失为止。晶核长大的实质就是原子由液体向固体表面的转移。

晶核向着不同位向按树枝生长方式长大，当成长的枝晶与相邻晶体的枝晶互相接触时，晶体就向着尚未凝固的部位生长，直到枝晶间的金属液全部凝固、液态金属完全消失为止，最后得到由许多形状、大小和晶格位向都不相同的小晶粒组成的多晶体。

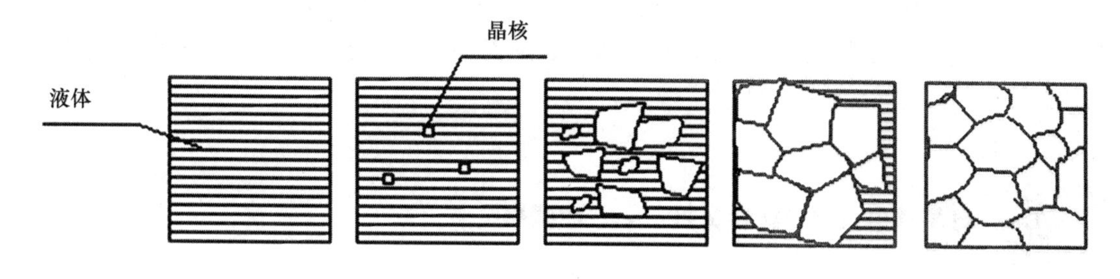

图 2－12　金属的结晶过程示意图

2.2.2.2　晶粒大小对力学性能的影响

工业上通常采用晶粒度等级来表示晶粒大小。晶粒度是表示晶粒大小的指标，可用晶粒的平均面积或平均直径来表示。标准晶粒度分为八级，一级最粗，八级最细。

一般地说，在室温下，细晶粒金属具有较高的强度和韧度，所以细化金属晶粒是提高其常温性能的最佳手段之一。在高温下工作的金属材料，晶粒过大或过小都不好，但对于制造电动机和变压器的硅钢片来说，其晶粒越大性能越好。图 2－13 是退火态黄铜的硬度与晶粒

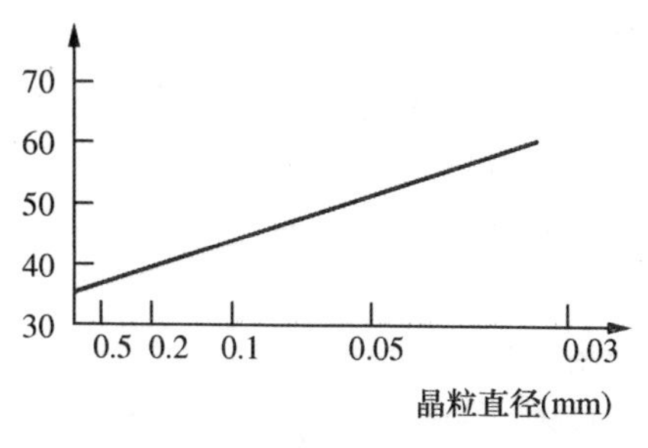

图 2－13　黄铜晶粒尺寸与硬度的关系

尺寸的关系。从图中可以看出，晶粒大小对硬度影响很大，晶粒越细，硬度越高。

分析结晶过程可知，每个晶核都长大形成一个晶粒，所以在长大速度相同的情况下，形核越多，晶粒越细。金属晶粒大小取决于结晶时的形核率 N（即单位时间、单位体积内所形成的晶核数目）与晶核的长大速度 v（即单位时间内生长的长度），其比值 N/v 越大，晶粒越细小。因此，细化晶粒的根本途径是控制形核率。常用的细化晶粒方法有以下几种：

（1）增加过冷度

如图 2－14 所示，形核率和长大速度都随过冷度△T 增长而增大，但在很大的范围内形核率比晶核长大速度增长更快。因此，增加过冷度总能使晶粒细化，但这种方法只适用中、小型铸件，对于大型零件则需要用其他方法使晶粒细化。

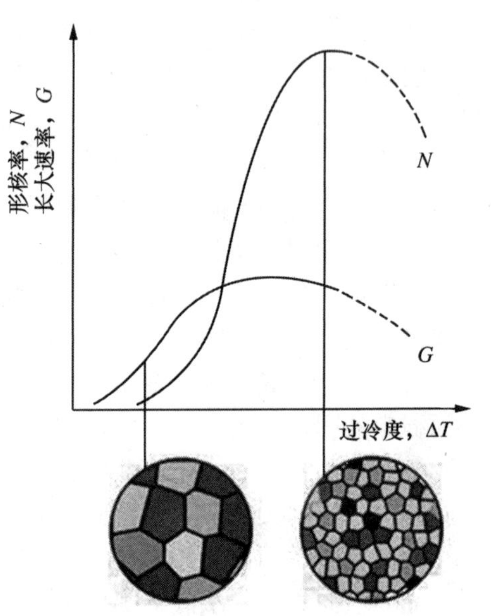

图 2－14　形核率 N 和长大速度 v 与过冷度的关系示意图

（2）变质处理

在液态金属结晶前加入一些细小的形核剂（又称“变质剂”或“孕育剂”），使它分散在金属液中作为人工晶核，可使晶粒显著增加，这种细化晶粒方法称为变质处理。钢中加入钛、硼、铝等，铸铁中加入硅铁、硅钙等，都能起到细化晶粒的作用。

（3）振动处理

在结晶时，对金属液采取机械振动、超声波振动和电磁振动等措施，把生长中的枝晶破碎，从而提供了更多的结晶核心，也可达到细化晶粒的目的。

奇闻轶事：纳米材料鼻祖——“中国墨”

1 纳米仅为十亿分之一米，肉眼根本看不见。用尺寸只有几个纳米或几十个纳米的极微小的颗粒组成的材料具有许多特异性能，因此科学家又把它们称为“超微粒材料”和“21 世纪的新材料”。用金属制成的纳米材料硬度会提高数倍，而且会变成不导电的绝缘体；纳米陶瓷很有韧性，可以重击而不碎；纳米材料的熔点会大大降低，金的熔点是 1063℃，制成纳米材料后熔点会降为 330℃；纳米铁的抗断裂应力比普通铁提高 12 倍；纳米药粉可以直接用于血液注射……

纳米材料并不是最近才出现的。最原始的纳米材料早在公元前 12 世纪就在我国出现了，那就是中国的文房四宝之一：墨。墨中的重要成分是烟，而烟其实就是许多超微粒炭黑形成的。烟是那么轻，那么细，能在空气中袅袅升起，又可以在空气中消散。我们的祖先就是把桐油或优质松油在密闭不透风的情况下，使其不完全燃烧气化，然后冷凝成烟，再拌以牛皮胶等黏结剂和其他添加剂制成墨的。例如，1978 年在安徽祁门出土的一枚北宋时代的墨锭，虽然在墓穴的水中浸泡了八百多年，其质地和外形都没有发生明显变化，这就是徽墨。徽墨质量如此之好，是由于对制墨工艺进行了重大改革，主要是用桐油炼制的烟炱取代了用松油炼制的烟炱，并严格控制炼烟的火候、出入风口，掌握收烟时间，以保证烟炱的黑度、细度、油分和灰分符合要求。这种工艺和现代制造纳米粒子的工艺有异曲同工之妙。当然，墨的质量除了烟炱的质量要好外，还要求连接料（如牛皮胶之类）的配比恰当和制作精细等。

2.2.3　同素异构转变

有些金属在固态下，存在着两种以上的晶格形式。这类金属在冷却或加热过程中，随着温度的变化，其晶格形式也发生变化。这种在固态下随温度的变化由一种晶格转变为另一种晶格的现象称为“同素异构转变”。

具有同素异构转变的金属有铁、钴、钛、锡、锰等。以不同晶格形式存在的同一金属元素的晶体称为该金属的“同素异晶体”，同一金属的同素异晶体按其稳定存在的温度，由低温到高温依次用希腊字母 α、β、γ、δ 等表示。图 2 - 15 为纯铁的冷却曲线。

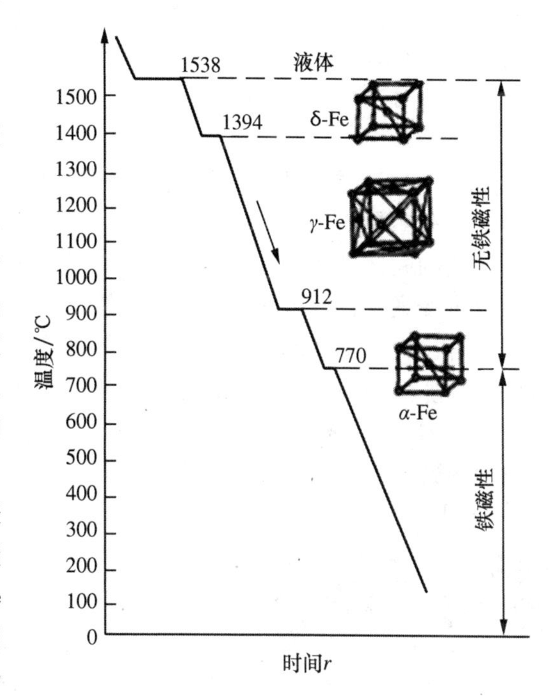

图 2 - 15　纯铁的冷却曲线图

由图 2-15 可见，液态纯铁在 1538℃ 进行结晶，得到具有体心立方晶格的 δ-Fe，继续冷却到 1394℃ 时发生同素异构转变，δ-Fe 转变为面心立方晶格的 γ-Fe，再冷却到 912℃ 时又发生同素异构转变，γ-Fe 转变为体心立方晶格的 α-Fe。如再继续冷却到室温，晶格的类型不再发生变化。这些转变可以用下式表示：

$$\delta\text{-Fe} \xleftrightarrow{1394℃} \gamma\text{-Fe} \xleftrightarrow{912℃} \alpha\text{-Fe}$$

（体心立方晶格）　　（面心立方晶格）　　（体心立方晶格）

奇闻轶事：军衣纽扣失踪之谜

1867 年冬天，俄国彼得堡军用仓库中运出棉衣向俄军发放冬装。奇怪的是这次发放的军大衣全都没有扣子，官兵们非常不满，逐级上告到沙皇那里。沙皇听了大发雷霆，要严厉处罚监制军衣的大臣。大臣恳求沙皇宽限几天，以对此事进行调查。大臣到军用仓库查看，翻遍整个仓库，发现确实每件大衣都没有扣子。但据部下汇报，这些军衣入库时都钉有锡质扣子。扣子哪里去了呢？大家迷惑不解。后来，有位科学家用锡的性质解开了这个谜。他说，这是由于天气奇冷，锡扣子变成粉末脱掉了！军部大臣们不相信，于是科学家做了这样一个实验：他拿了一把锡壶放到花园的一个石凳上。几天后，科学家请军部大臣们一起到花园去看，锡壶仍放在那里，从表面粗粗一看，同原来没有什么两样，但用手指轻轻一捅，奇迹发生了…锡壶顷刻变成粉末。大臣们看得目瞪口呆，后经科学家说明原因，才恍然大悟。原来，锡具有两种同素异晶体性质，当温度在-13.2℃以下时，其晶体结构改变，密度由7.298g/cm^{3}一下子减少到5.846 g/cm^3，也就是说它变松了，体积增加20%左右。由于体积的急剧膨胀，产生了很大的内应力，最后被“炸”成粉末；温度到-33℃时，这种变化速度就会大大加快。那年冬天，俄国彼得堡地区气温下降到-33℃以下，所以，军大衣上银光闪闪的扣子不见了，只在钉纽扣的地方留下一些粉末。

锡“怕冷”的毛病有没有办法治好呢？有的，那就是打“预防针”，这里所谓的“预防针”，是指在制造锡用具时，先在里头加上5‰的金属铋。铋这种金属能使锡在低温下保持稳定，再冷的天也不会得“锡疫”。

控制冷却速度，可以改变同素异构转变后的晶粒大小，从而改变金属的性能，这种方法具有极其重要的意义。

金属的同素异构转变与液态金属的结晶过程有许多相似之处：有一定的转变温度；转变时有过冷现象；放出和吸收潜热；转变过程也是一个形核和晶核长大的过程，新晶格的晶核最容易在原子活动能力较高的晶界处形成。但同素异构转变属于固态相变，又具有本身的特点。例如转变需要较大的过冷度，晶格的变化伴随着金属体积的变化，转变时会产生较大的内应力：当γ-Fe转变为α-Fe时，铁的体积会膨胀约1%，这是钢在淬火时引起的应力导致工件变形和开裂的重要原因。

如果其他条件相同，试比较在下列铸造条件下铸件晶粒的大小：①金属型浇注与砂模浇注；②变质处理与不变质处理；③铸成薄件与铸成厚件；④浇注时采用震动与不采用震动。

答题要点：①金属型浇注铸件晶粒小，金属铸型导热性好，增大冷却速度；②变质处理晶粒小，增加形核数目；③铸成薄件晶粒小，薄件的冷却速度快；④浇注时采用振动晶粒小，破碎的晶块也能到晶核作用。

2.3 合金的结构与结晶

2.3.1 合金的结构

纯金属虽然得到一定的应用，但它的强度、硬度一般都较低，而且冶炼困难，价格较高，在使用上受到很大的限制。合金的强度、硬度、耐磨性等机械性能比纯金属高许多，某些合金还具有特殊的电、磁、耐热、耐蚀等物理、化学性能，因此合金的应用比纯金属广泛得多。

在工业生产中广泛使用的是合金，合金是一种金属元素与其他金属元素或非金属元素，通过熔炼或其他方法结合而成的具有金属特性的物质。例如：普通黄铜是由铜和锌两种金属元素组成的合金；碳素钢是由铁和碳组成的合金。与组成合金的纯金属相比，合金除具有更好的力学性能外，还可以调整组成元素之间的比例，以获得一系列性能各不相同的合金，从而满足工业生产上对不同性能的合金的要求。

组成合金的最基本的独立物质称为“组元”，简称“元”。组元可以是金属元素、非金属元素或稳定的化合物。根据合金中组元数目的多少，合金可分为二元合金、三元合金和多元合金。例如：普通黄铜就是由铜和锌两个组元组成的二元合金；硬铝是由铝、铜和镁组成的三元合金。

在合金中，具有相同的物理和化学性能并与其他部分以界面分开的一种物质部分称为相。液态物质称为液相，固态物质称为固相。在固态下，物质可以是单相的，也可以是多相的。由数量、形态、大小和分布方式不同的各种相构成了合金的组织。

在液态时，大多数合金的组元都能相互溶解，形成一个均匀的液溶体。在结晶时，由于各个组元之间相互作用的不同，在固态时合金中可能出现固溶体、金属化合物或混合物。固态合金中有两类基本相，即固溶体和金属化合物。若相的晶体结构与某一组成元素的晶体结构相同，这种固相称为固溶体；若相的晶体结构与组成合金元素的晶体结构均不相同，这种固相称为金属化合物。

2.3.1.1　固溶体

固溶体是合金中一组元溶解其他组元，或组元之间相互溶解而形成的一种均匀固相。其所溶解的物质，即使在显微镜下也不能区别开来。合金中与固溶体晶格相同的组元为溶剂，在合金中含量较多；另一组元为溶质，含量较少。

根据溶质原子在溶剂晶格中所处的位置不同，固溶体可分为间隙固溶体和置换固溶体两类。

（1）间隙固溶体

溶质原子分布于溶剂晶格间隙之中而形成的固溶体称为“间隙固溶体”。图 2 - 16 a）是间隙固溶体结构示意图。由于溶剂晶格的空隙尺寸很小，故能够形成间隙固溶体的溶质原子，通常都是一些原子半径小于 1 Å的非金属元素。例如碳、氮、硼等非金属元素溶入铁中形成的固溶体就属于这种类型。由于溶剂晶格的空隙有限，所以间隙固溶体能溶解的溶质原子数量也是有限的。

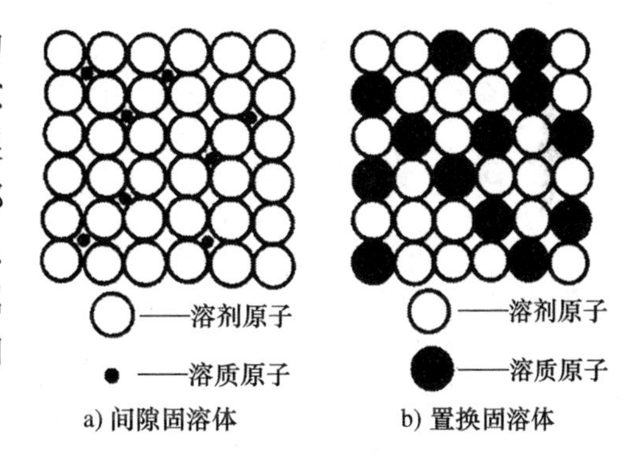

图 2 - 16　固溶体结构示意图

（2）置换固溶体

溶质原子置换了溶剂晶格中某些结点位置上的溶剂原子而形成的固溶体称为置换固溶体。图 2 - 16 b）是置换固溶体结构示意图。

溶质原子溶入固溶体中的数量称为“固溶体的浓度”，在一定条件下的极限浓度称为溶解度。一般来说，若两者原子半径差别较小，周期表中位置相近，晶格类型相同，则这些组元能以任何比例互相溶解；反之，则溶质在溶剂中的溶解度是有限的。有限固溶体的溶解度与温度有密切关系。一般来说，温度越高，溶解度越大。固溶体中，溶质的含量即固溶体的浓度，用质量百分数或原子百分数来表示。

无论是置换固溶体还是间隙固溶体，由于溶质原子尺寸与溶剂原子不同，其晶格都会

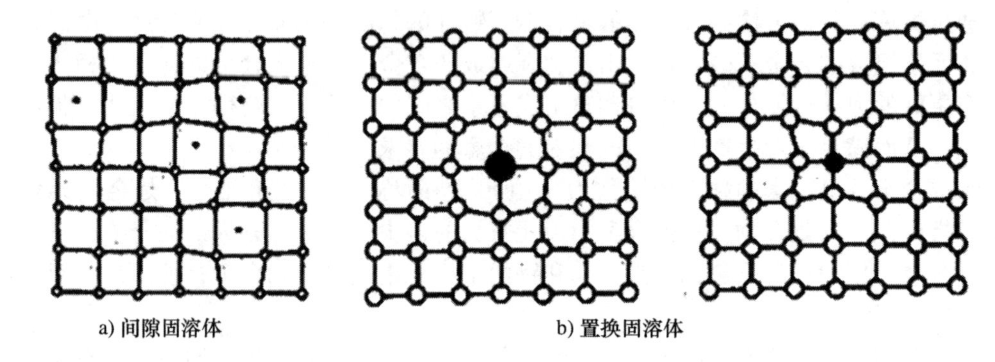

a) 间隙固溶体　　b) 置换固溶体

图 2－17　晶格畸变

产生畸变，如图 2－17 所示。由于晶格畸变增加了位错移动的阻力，使晶格间的滑移变得困难，从而提高了合金抵抗塑性变形的能力，使金属材料的强度、硬度升高而塑性下降。这种通过溶入某种溶质元素来形成固溶体而使金属的强度、硬度提高的现象称为固溶强化，它是提高金属材料力学性能的重要途径之一。

2.3.1.2　金属化合物

合金组元间发生相互作用而形成一种具有金属特性的物质称为金属化合物。金属化合物的组成一般可用化学分子式来表示，金属化合物也可以溶入其他元素的原子，形成以金属化合物为基础的固溶体。

金属化合物是许多合金的重要组成相，一般有较高的熔点、较高的硬度和较大的脆性。合金中含有金属化合物后，其强度、硬度和耐磨性有所提高，而塑性和韧性降低。

2.3.1.3　混合物

两种或两种以上的相按一定质量百分数组成的物质称为混合物。混合物中各组成部分可以是纯金属、固溶体或化合物各自的混合，也可以是它们之间的混合。混合物中各组成部分仍保持自己原来的晶格。在显微镜下，可以明显辨别出各组成部分的形貌。

混合物的性能取决于各组成相的性能以及它们分布的形态、数量及大小。

2.3.2　合金的结晶

合金的组织比纯金属复杂：同一个合金系，因成分的变化，组织也不同；另外，同一成分的合金，其组织随温度的不同而变化。因此，为了掌握合金的组织与性能之间的关系，必须了解合金的结晶过程，了解合金中各组织的形成及变化的规律。相图就是研究这些问题的一种工具。

2.3.2.1　相图的建立

相图是通过实验方法建立起来的，目前测绘相图的方法很多，最常用的是热分析法。图 2－18 是用热分析法建立 Cu－Ni 合金相图的示意图。

现以 Cu-Ni 二元合金为例，说明绘制合金相图的方法及步骤：

①配制一系列不同成分的 Cu-Ni 合金（100% Ni、20% Cu＋80% Ni、40% Cu＋60% Ni、60% Cu+40% Ni、80% Cu+20% Ni、100% Cu）；

②用热分析法测定做出各组合金的冷却曲线；

③找出各冷却曲线上的相变点（合金的结晶开始及终了温度）；

④将找出的相变点标于成分、温度坐标系的坐标图上，将开始结晶的各相变点连起来

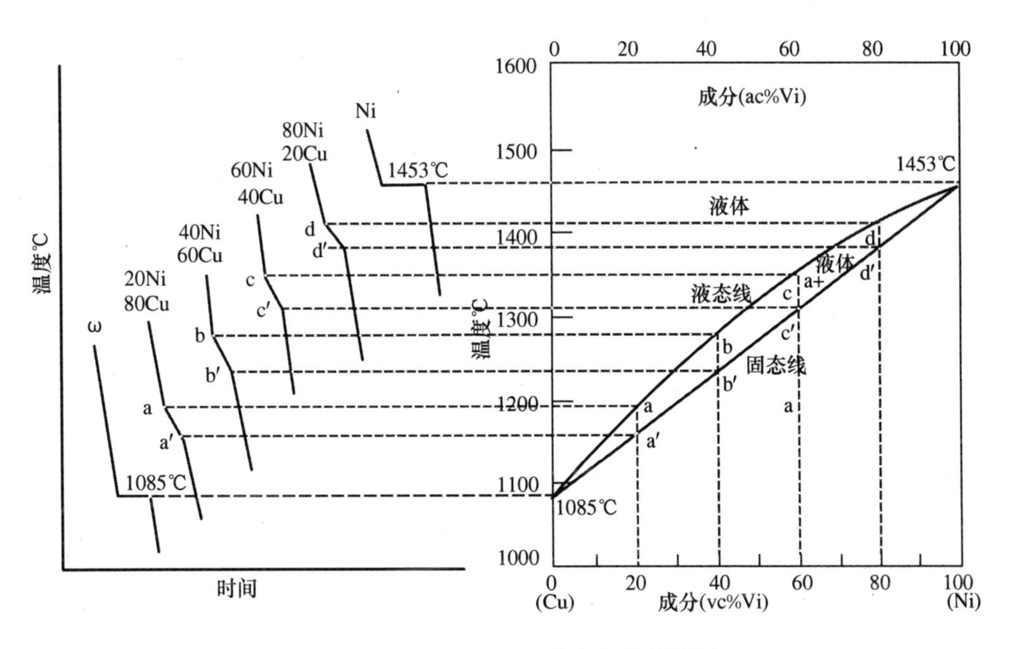

图 2－18　Cu－Ni 二元合金相图的绘制

成为液相线，将结晶终了的各相变点连起来成为固相线，即绘成了 Cu-Ni 二元合金相图。

2.3.2.2　二元相图的基本类型

（1）匀晶相图

匀晶相图中两组元在液态、固态下都能无限互溶，具有这类相图的二元合金系有 Cu-Ni、Cu-Au、Au-Ag、Fe-Ni、W-Mo、Cr-Mo 等。

（2）共晶相图

两组元在液态无限互溶，固态有限互溶或完全不互溶，且冷却过程中发生共晶反应的相图称为共晶相图。属于这类相图的有 Pb-Sn、Cu-Ag、Al-Ag、Al-Si、Pb-Bi 等。

2.3.2.3　合金的结晶过程

现以 Pb-Sb 合金为例，对共晶相图及其合金的结晶过程进行分析。在图 2－19 铅锑二元合金的相图中：

ACB 线——合金液体开始结晶温度的连线，称为液相线，在此线以上的合金全部为液相。

DCE 线——合金液体结晶终止温度的连线，称为固相线，在此线以下的合金全部为固相。

A 点——铅的熔点（327℃）。

B 点——锑的熔点（631℃）。

C 点——共晶点，此点的成分是 Sb 11%+Pb 89%，温度是 252℃。

共晶点 C 具有特殊含义：当含 Sb 11% 的铅锑合金液体冷却到 252℃时，在恒温下从一个液相中同时结晶出铅和锑两个固相，这种反应称为“共晶反应”。共晶反应的产物称为“共晶体”（Pb+Sb）。

C 点这一成分的合金称为共晶合金，如图 2－19 中的合金 I；凡是成分在 C 点以左（Sb<ll%）的合金称为亚共晶合金，如图 2－19 中的合金Ⅱ；合金成分在 C 点以右（Sb>11%）的合金称为过共晶合金，如图 2－19 中的合金Ⅲ。

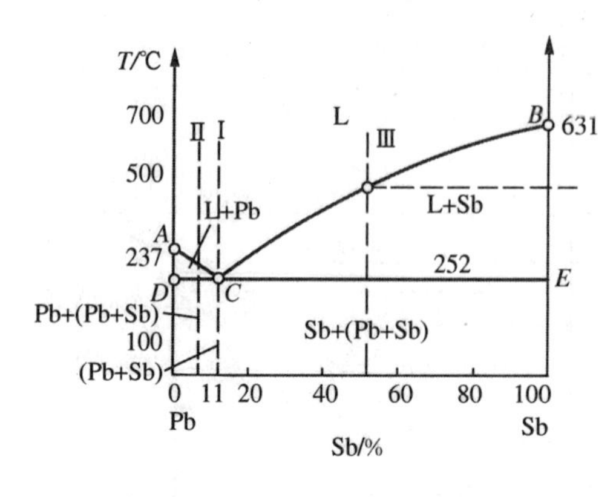

图 2－19　Pb－Sb 合金相图

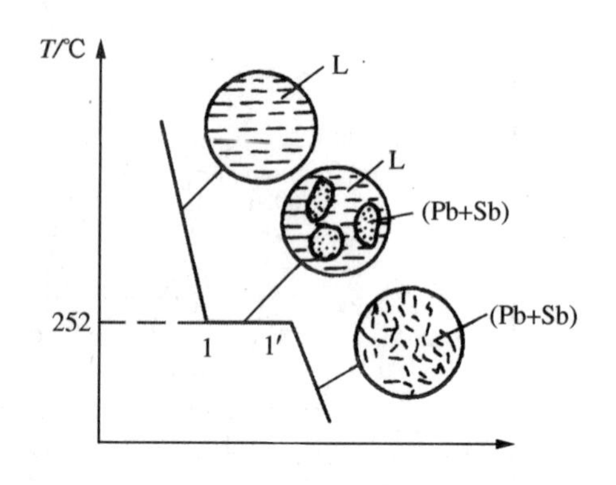

图 2－20　Pb－Sb 合金Ⅰ的结晶过程示意图

（1）合金Ⅰ（共晶合金：Sb 11%＋Pb 89%）的结晶过程

如图 2－20 所示，在 C 点以上，合金处于液体状态，当缓慢冷却到 C 点时，在恒温下从液相中同时结晶出 Pb 和 Sb 两种固相的混合物（共晶体）。继续冷却，共晶体不再发生变化，可用下式表示：

$$L_C \xrightarrow{252℃} (Pb+Sb)$$

（2）合金Ⅱ（亚共晶合金）和合金Ⅲ（过共晶合金）的结晶过程

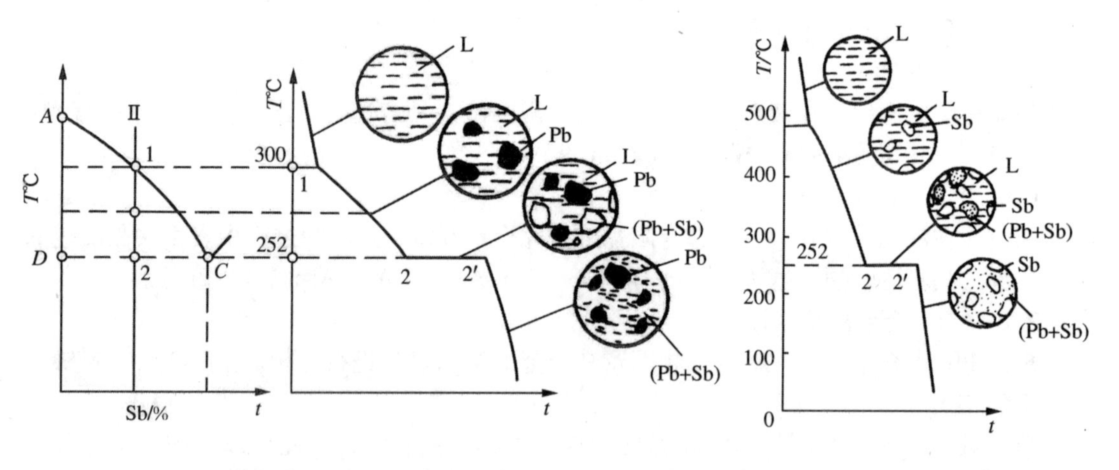

图 2－21　Pb－Sb 合金Ⅱ的结晶过程示意图

图 2－22　Pb－Sb 合金Ⅲ的结晶过程示意图

与共晶合金的结晶过程不同的是：从液相线到共晶转变温度之间，亚共晶合金要先结晶出 Pb 晶体，过共晶合金要先结晶出 Sb 晶体，因而它们的室温组织分别为 Pb+（Pb +Sb）和 Sb+（Pb+Sb）。

合金Ⅱ、Ⅲ的冷却曲线和组织转变过程如图 2－21 和图 2－22 所示。

本章小结

本章在建立金属晶体的理想模型之后，揭示了金属的实际晶体结构，并依次介绍了点缺陷、线缺陷和面缺陷，分析了其对金属晶体性能的影响，讨论金属结晶的基本概念和基本过程，阐明实际的结晶组织及其控制。

复习思考题（二）

一、选择题

1. 晶体中的位错属于________。

A. 体缺陷　　B. 点缺陷　　C. 面缺陷　　D. 线缺陷

2. 纯铁在 912℃以下叫 α-Fe，它的晶格类型是________。

A. 体心立方晶格　　B. 面心立方晶格　　C. 密排六方晶格　　D. 简单立方晶格

3. 金属结晶时，冷却速度越快，其实际结晶温度________。

A. 越高　　B. 越低　　C. 越接近理论结晶温度　　D. 不受影响

4. 过冷度越大，则________。

A. N 增大、v 减少，所以晶粒细小　　B. N 增大、v 增大，所以晶粒细小

C. N 增大、v 增大，所以晶粒粗大　　D. N 减少、v 减少，所以晶粒细小

二、简答题

1. 什么叫过冷度？为什么金属结晶时必须过冷？

2. 合金组织有哪几种类型？它们的结构和性能有何特点？何谓固溶强化？

3. 实际金属晶体中存在哪些晶体缺陷？它们对金属的性能有什么影响？

4. 试从过冷度对金属结晶时基本过程的影响，分析细化晶粒、提高金属材料常温机械性能的措施。

5. 何谓同素异构现象？试以 Fe 为例阐述之。

第3章　金属的变形

【学习目的】

1. 了解滑移、位错在塑性变形中的作用，能够用位错理论解释晶体的滑移过程；

2. 掌握金属常温下塑性变形时组织性能的变化、回复及再结晶对金属组织与性能的影响；

3. 了解冷加工、热加工的概念。

【教学重点】

塑性变形的机理，塑性变形对组织与性能的影响，回复与再结晶。

3.1　概　述

金属在承受塑性加工时，产生了塑性变形。塑性变形不仅改变了金属的外形，把金属材料加工成各种形状和尺寸的制品，而且还使其内部组织与性能发生一系列的变化。一般金属材料在较大的塑性变形后，变形部位的强度、硬度增大，导电性下降，抗腐蚀能力降低，例如钢板或铁丝、铜丝经弯折多次后，弯折部位的硬度明显提高，使继续弯曲困难。因此，研究金属的塑性变形，对于选择金属材料的加工工艺、提高生产率、改善产品质量、合理使用材料等方面都有重要的意义。

在工业生产中，金属材料通过冶炼、铸造，获得铸锭后，可通过轧制、挤压、冷拔、锻造、冲压等压力加工方法（图3－1），获得具有一定形状、尺寸和机械性能的型材、板材、管材或线材以及零件毛坯或零件。

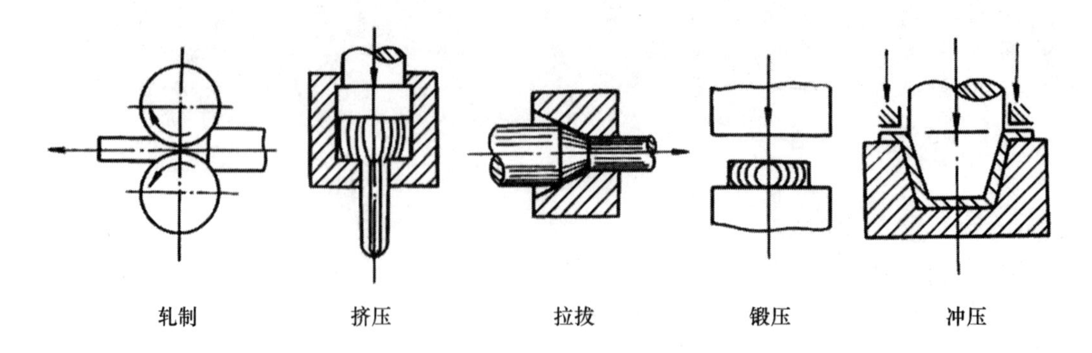

图3－1　压力加工方法示意图

各种材料的变形特性有很大的不同，在力学性能上的差别主要取决于结合键和晶体或非晶体结构。一般地说，金属材料有良好的塑性变形能力，具有较高的强度，因此被制备加工成各种形状的产品零件；高分子材料在玻璃化温度Tg以下是脆性的，在Tg以上可以加工成形，但其强度很低；而陶瓷材料很脆，很难加工成形，虽然陶瓷材料有很高的强度、耐磨性能和抗腐蚀性能，但陶瓷材料的脆性是阻碍其应用的主要原因。

奇闻轶事：古代冷锻技术

公元 1041 年，北宋李焘在《续资治通鉴长编》中记载了青堂羌族（古代居住在青海西宁一带的民族）人利用冷锻加工硬化锻造铁甲的先进技术。沈括的《梦溪笔谈》中也有冷锻技术的记载，他说这种铁甲“去之五十步，强弩射之不能入”。

3.2 塑变对金属组织和性能的影响

金属在承受塑性加工时产生塑性变形，这对金属的组织结构和性能会产生重要的影响。

3.2.1 塑性变形的基本规律

金属塑性变形最基本的方式是滑移。多晶体的塑性变形过程比较复杂，为了说明塑性变形的基本规律，有必要先了解单晶体的塑性变形。

3.2.1.1 单晶体的塑性变形

晶体的塑性变形主要是以滑移的方式进行的。所谓滑移，是指晶体在切应力的作用下，晶体的一部分沿一定的晶面（滑移面）上的一定方向（滑移方向）相对于另一部分发生滑动。当原子滑移到新的平衡位置时，晶体就产生了微量的塑性变形，许多晶面滑移的总和就产生了宏观的塑性变形。图 3－2 表示单晶体在切应力（τ）的作用下发生滑移产生变形的过程。

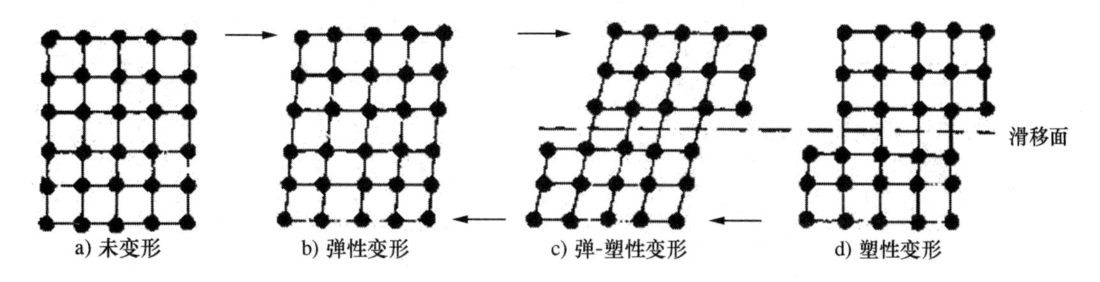

图 3－2　单晶体在切应力作用下的变形

滑移变形具有以下特点：

①滑移在切应力作用下产生，不同金属产生滑移的最小切应力（称“滑移临界切应力”）大小不同。钨、钼、铁的滑移临界切应力比铜、铝的要大。

②滑移总是沿着晶体中原子密度最大的晶面（滑移面）和其上密度最大的晶向（滑移方向）进行，这是由于密排面之间、密排方向之间的间距最大，结合力最弱。

③滑移时两部分晶体的相对位移是原子间距的整数倍。

④滑移时晶体发生转动。

⑤滑移是通过位错在滑移面上的运动来实现的。晶体滑移时，并不是整个滑移面上的全部原子一起移动的，因为那么多原子同时移动，需要克服的滑移阻力十分巨大（据计算，比实际大千倍），实际上滑移是借助位错的移动来实现的，如图 3－3 所示。大量位错移出晶体表面，就产生了宏观的塑性变形。

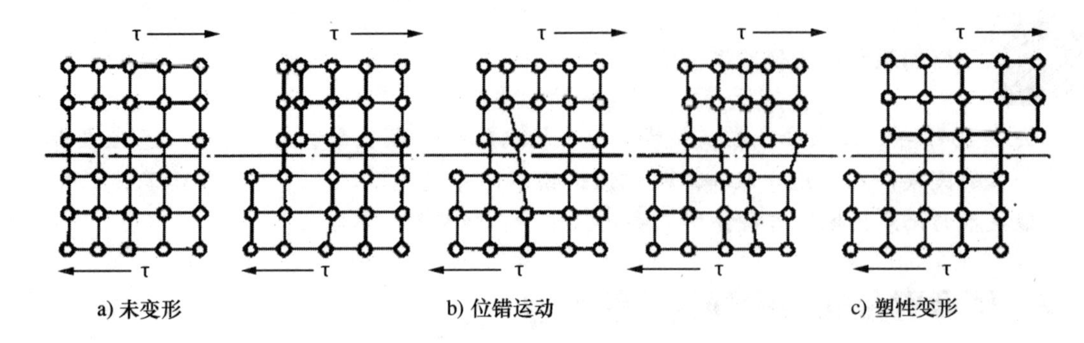

图 3－3　位错的运动

3.2.1.2　多晶体的塑性变形

多晶体金属的塑性变形与单晶体比较并无本质上的区别，即每个晶粒的塑性变形仍然以滑移等方式进行。但由于晶界的存在和每个晶粒中晶格位向不同，故多晶体的塑性变形（图 3－4）比单晶体的复杂得多。

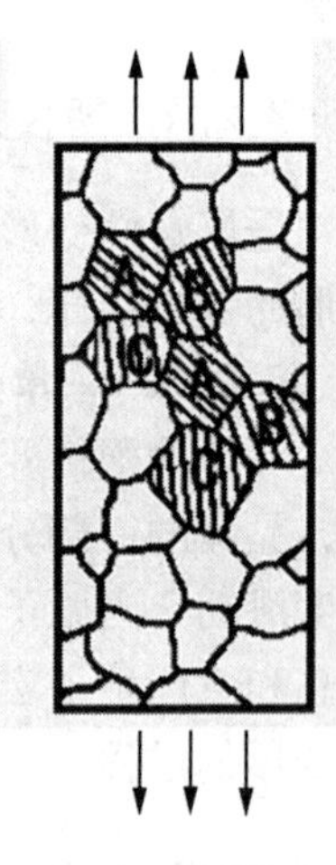

图 3－4　多晶体的塑性变形

（1）多晶体塑性变形过程

多晶体由位向不同的许多小晶粒组成，在外加应力作用下，有的晶粒处于有利于滑移的位置，有的晶粒处于不利位置，只有处在有利位向的晶粒中的那些取向因子最大的滑移系才能首先开动。当有晶粒塑变时，就意味着其滑移面上的位错源将不断产生位错，大量位错将沿滑移面不断运动，必然受到周围位向不同的其他晶粒的约束，使滑移的阻力增加。由于晶界上原子排列比较紊乱，阻碍了滑移，运动着的位错不能越过晶界，从而提高了塑性变形的抗力。

（2）晶粒大小对塑性变形的影响

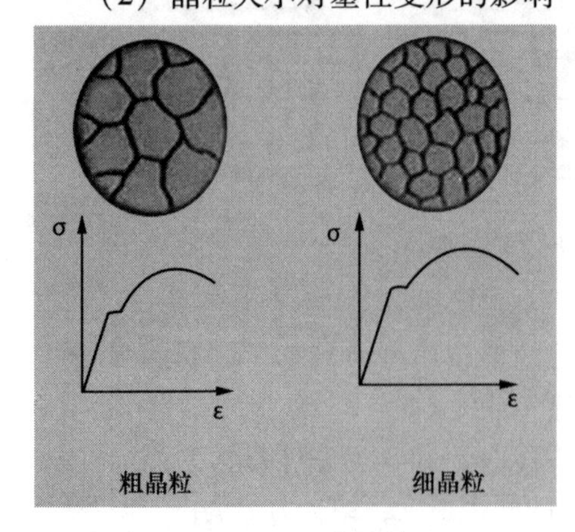

图 3－5　细晶强化

晶粒越细，单位体积所包含的晶界越多，并且不同位向的晶粒也越多，因而塑性变形抗力也越大，其强化效果越好，这种用细化晶粒提高金属强度的方法叫细晶强化（图 3－5）。细晶强化是金属的一种很重要的强韧化手段。由于细晶粒金属具有较好的强度、塑性与韧性，故生产中都尽一切努力细化晶粒。

细晶粒的多晶体不仅强度较高，而且塑性和韧性也较好。因为晶粒越细，金属的变形越分散，减少了应力集中，推迟裂纹的形成和发展，金属在断裂前可发生较大的塑性变形，塑性提高。又因晶粒越细，晶界就越多越曲折，故不利于裂纹的传播，从而在其断裂前能承受较大的塑性变形，需要消耗较多的功，因而韧性也较好。

3.2.2　塑性变形对金属组织结构的影响

金属塑性变形时，在外形变化的同时，晶粒内部组织也发生了一系列的变化，即晶格畸变严重，位错密度增加，晶粒碎化，并因金属各部分变形不均匀引起金属内部残留内应力，这都使金属处于不稳定状态。

3.2.2.1　晶粒发生变形

金属发生塑性变形后，晶粒沿变形方向被压扁或拉长（图 3－6）；晶格与晶粒均发生扭曲，晶格畸变较严重，产生内应力。

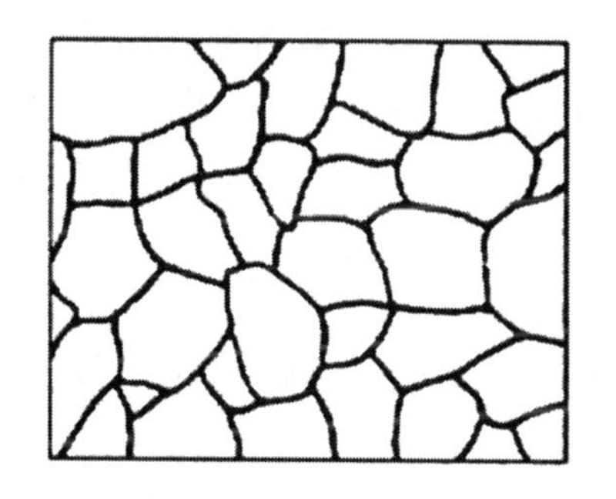

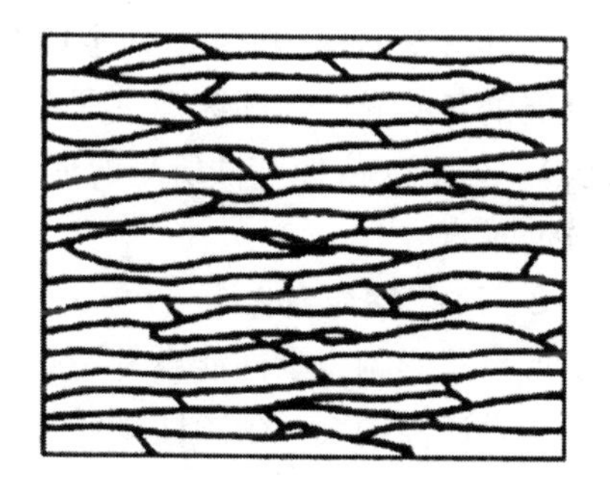

图 3－6　塑性变形前后晶粒形状变化示意图

3.2.2.2　形成纤维组织

当变形量很大时，晶粒和金属中的夹杂物将被拉长形成纤维组织，晶界变得模糊不清。此时，金属的性能具有明显的方向性。

3.2.2.3　亚结构形成

金属经大的塑性变形时，由于位错的密度增大和发生交互作用，大量位错堆积在局部地区，并相互缠结，形成不均匀的分布，使晶体内部嵌镶块尺寸细碎化，分化成许多位向略有不同的小晶块，而在晶粒内产生亚晶粒。

3.2.3　塑性变形对金属性能的影响

3.2.3.1　加工硬化

塑性变形对金属性能的主要影响是造成加工硬化，随着变形程度的增加，金属的强度、硬度提高，而塑性、韧性下降，这一现象称为加工硬化或形变强化。图 3－7表示了低碳钢的强度和塑性随变形程度增加而变化的情况。

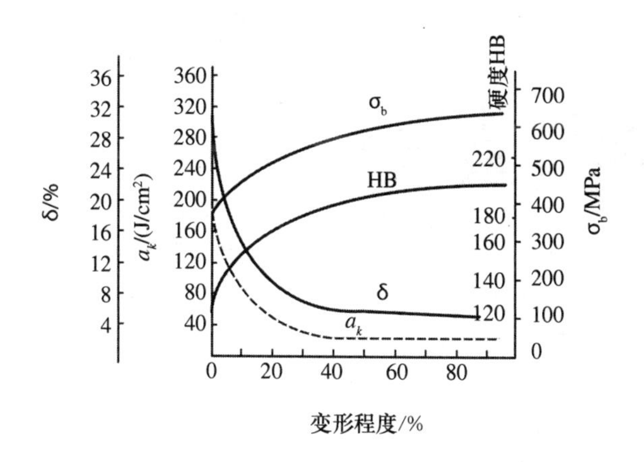

图 3－7　常温下塑性变形对低碳钢力学性能的影响

金属发生塑性变形时，位错密度增加，位错间的交互作用增强，相互缠结，一方面造成位错运动阻力的增大，引起塑性变形抗力提高；另一方面，由于晶粒破碎细化，使强度提高。

形变强化在生产中具有很重要的意义，在生产中可通过冷轧、冷拔提高金属的强度，尤其对于那些不能热处理强化的金属材料显得更为重要。例如 18－8 型奥氏体不锈钢，变形前强度不高（$\sigma_{0.2}=196\text{N/mm}^2$），但经 40% 轧制变形后，屈服强度提高了三四倍（$\sigma_{0.2}=784\sim980\text{N/mm}^2$），抗拉强度也提高了一倍。但由于材料塑性的降低，形变强化给金属材料进一步冷塑性变形带来困难。为了使金属材料能继续变形加工，必须进行中间热处理，以消除形变强化。这就增加了生产成本，降低了生产率。

3.2.3.2 各向异性

纤维组织和形变结构的形成，使金属的性能产生各向异性，纤维组织的存在造成了锻压件力学性能的各向异性，即纵向（平行于纤维方向）上的塑性、韧性高于横向（垂直于纤维方向）。因此，应使零件所受的最大拉应力方向与纤维方向一致，而最大切应力方向与纤维方向垂直。

3.2.3.3 理化性能变化

塑性变形除了影响力学性能以外，也会使金属的某些物理、化学性能发生变化，如：电阻增加、化学活性增大、耐蚀性降低等。

工程应用典例

测硬度时，压头压过以后，压坑部位材料变得致密，局部产生加工硬化，使材料的强度硬度提高，如果两个测量点靠得太近，还可能使后一次测量时压头滑落到前一次测量造成的压坑中，导致影响测量的精确度，因此要求两个压痕之间有一定的距离。

3.2.3.4 残余内应力

由于金属在发生塑性变形时，金属内部变形不均匀，位错、空位等晶体缺陷增多，金属内部会产生残余内应力。

残余内应力会使金属的耐腐蚀性能降低，严重时可导致零件变形或开裂。但齿轮等零件，如果表面通过喷丸处理，则可产生较大的残余压应力，提高了疲劳强度。

用手来回弯折一根铁丝时，开始感觉省劲，后来逐渐感到有些费劲，最后铁丝被弯断。试解释过程演变的原因。

答题要点：弯折一根铁丝时，开始感觉省劲，后来逐渐感到有些费劲，是由于在外力的作用下，铁丝随着外形的变化，其内部组织也发生了变化，晶粒破碎和位错密度增加，使金属的强度和硬度提高，塑性和韧性下降，产生了所谓加工硬化（或冷作硬化）现象。金属的加工硬化给进一步加工带来困难，所以后来逐渐感到有些费劲。再进一步变形时，由于金属的强度和硬度提高，塑性和韧性下降，很快铁丝就因为疲劳而发生断裂。

3.3　回复与再结晶

金属材料在冷变形加工以后处于不稳定的状态，具有恢复稳定状态的趋势。常温下原子活动能力弱，恢复过程很难进行。如果对其加热，则原子活动能力增强，会产生一系列组织与性能的变化。

将冷塑性变形的金属材料加热到 $0.5T_{熔}$ 温度附近，随时间的延长进行保温。第一阶段显微组织无变化，晶粒仍是冷变形后的纤维状，称为回复阶段。第二阶段完全变成新的等轴晶粒，称为再结晶阶段。第三阶段称为晶粒长大阶段。回复、再结晶与晶粒长大是冷变形金属加热过程中要经历的基本过程，如图 3－8 所示。

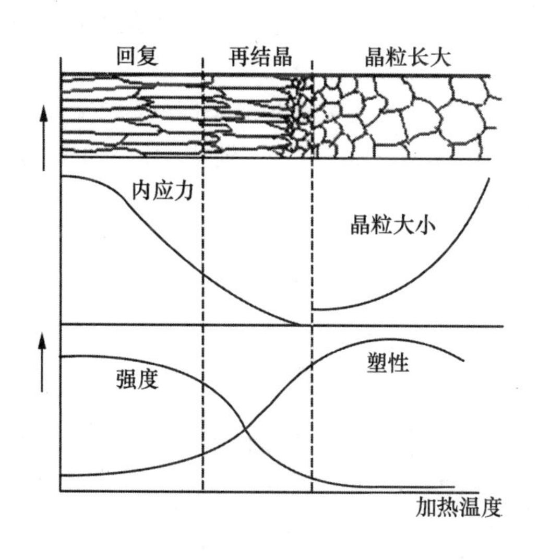

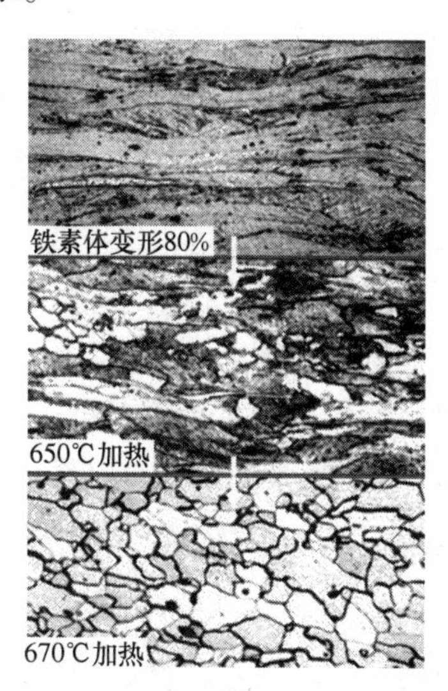

图 3－8　加热温度对冷塑性变形金属组织和性能的影响

3.3.1.1　回复

变形后的金属在较低温度进行加热，原子活动能力有所增加，原子已能作短距离的运动，故晶格畸变程度大为减轻，从而使内应力有所降低，这个阶段称为回复。产生回复的温度 $T_{回}$ 为：

$$T_{回} = (0.25 \sim 0.3)T_{熔} \tag{3-1}$$

式中：$T_{熔}$ 表示该金属的熔点，单位为绝对温度（K）。

在回复阶段，原子的活动能力还不是很强，因而金属的显微组织无明显的变化，晶粒仍保持变形后的形态。金属的力学性能也无明显的改变，强度和硬度只略有降低，塑性有增高，但残余应力大大降低。

工业上利用回复过程对变形金属进行去应力退火以降低残余内应力，保留加工硬化效果。例如：冷拔钢丝弹簧加热到 250～300℃、青铜丝弹簧加热到 120～150℃，就是进行回复处理，其目的是使弹簧的弹性增强，同时消除加工时带来的内应力。

3.3.2.2　再结晶

冷变形金属加热到一定温度后，由于原子扩散能力增大，被拉长（或压扁）、破碎的晶粒通过重新生核、长大变成新的均匀、细小的等轴晶，其力学性能也发生了明显的变化，并恢复到完全软化状态，这个过程称为再结晶。

再结晶首先在晶粒碎化最严重的地方产生新晶粒的核心，然后晶核吞并旧晶粒而长大，直到旧晶粒完全被新晶粒代替为止。再结晶后的晶粒内部晶格畸变消失，位错密度下降，因而金属的强度、硬度显著下降，而塑性则显著上升，使变形金属的组织和性能基本上恢复到冷塑性变形前的状态。

金属的再结晶过程是在一定的温度范围内进行的，能进行再结晶的最低温度称为再结晶温度（$T_{再}$）。最低再结晶温度与该金属的熔点有如下关系：

$$T_{再} = (0.35 \sim 0.4)T_{熔} \tag{3-2}$$

式中：$T_{再}$——金属的再结晶温度（K）

$T_{熔}$——金属的熔点（K）

实验证明，再结晶温度与金属的变形程度有关，变形程度越大，再结晶温度越低。

经形变后的金属加热到再结晶温度以上，保持适当时间，使形变晶粒重新结晶为均匀的等轴晶粒，以消除形变强化和残余应力的退火，称为再结晶退火。

生产中，对于深冲压、多次拉丝、冷轧等工艺，必须在多次变形工序之间安排再结晶退火工序，以恢复塑性继续加工。例如生产铁铬铝电阻丝时，在冷拔到一定的变形度后，要进行氢气保护再结晶退火，以继续冷拔获得更细的丝材。

3.3.3.3 晶粒长大

再结晶刚刚完成，一般得到细小的无畸变等轴晶粒。如果继续升高温度或延长保温时间，再结晶后的晶粒之间便会相互吞并而长大，最后得到粗大晶粒的组织，使金属的强度、硬度、塑性、韧性等机械性能都显著降低，这一阶段称为晶粒长大。

580℃保温8秒钟后的组织　　580℃保温15分钟后的组织　　700℃保温10分钟后的组织

图 3-9　黄铜再结晶后晶粒的长大

黄铜再结晶后晶粒的长大如图 3-9 所示，这种使晶粒长大而导致晶粒粗化、力学性能变坏的情况应当避免。

某厂对高锰钢制碎石机鄂板进行固溶处理时，经过1100℃加热后，用冷拔钢丝吊挂，由起重吊车送往淬火水槽，行至途中钢丝突然断裂。此钢丝是新的，试分析钢丝绳断裂的原因。

答题要点：冷拔钢丝由于有加工硬化，故其强度较高，承载能力较强，当其被红热的鄂板加热时，当温度上升到再结晶温度以上，会发生再结晶，使得强度下降，不能承受鄂板重量，故会发生断裂。

3.4　金属的热加工与冷加工

金属塑性变形的加工方法有热加工和冷加工两种。从金属学的角度来看，热加工是指在再结晶温度以上的加工过程，而在再结晶温度以下的加工过程称为冷加工。例如钨的最低再结晶温度为 1200℃，对钨来说，在低于 1200℃ 的高温下加工仍属于冷加工；而锡的最低再结晶温度约为-7℃，锡在室温下进行加工，已属热加工了。

3.4.1　金属热加工

热加工时，温度处于再结晶温度以上，金属材料发生塑性变形后，随即发生再结晶（图 3-10）。塑性变形引起的加工硬化随即消除，使材料保持良好的塑性状态，因此其塑性变形要比低温时容易得多。

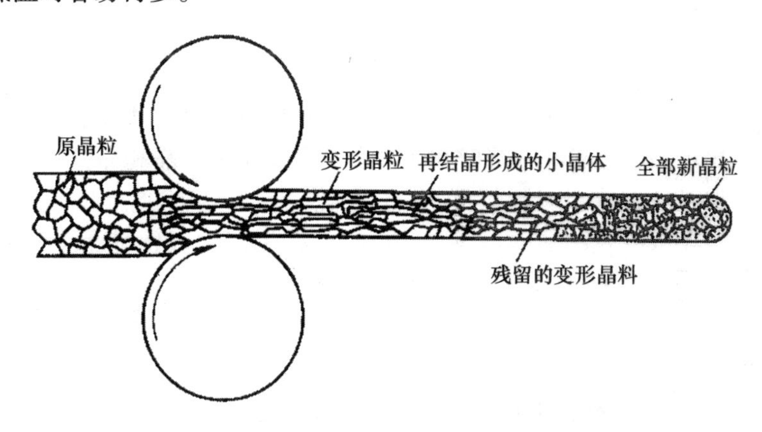

图 3-10　金属在热轧时变形和再结晶的示意图

热加工过程中，在金属内部同时进行着加工硬化与回复再结晶软化两个相反的过程。热加工虽然不致引起加工硬化，但也会使金属的组织和性能发生很大的变化。

（1）消除铸态金属的组织缺陷

热加工能使铸态金属中的气孔、疏松、微裂纹焊合，提高金属的致密度，减轻甚至消除树枝晶偏析和改善夹杂物、第二相的分布等，因此，金属的力学性能得到提高。

（2）细化晶粒

热加工能打碎铸态金属中的粗大树枝晶和柱状晶，并通过再结晶获得等轴细晶粒，因而可以提高金属的力学性能。

（3）形成带状组织

如果钢在铸态组织中存在比较严重的偏析，或热加工时终锻（终轧）温度过低时，钢内会出现与热形变加工方向大致平行的诸条带所组成的偏析组织，这种组织形态称为带状组织。带状组织也是一种缺陷，它会引起钢材力学性能的各向异性。带状组织一般可用热处理方法加以消除。

（4）形成锻造流线

在热加工过程中，由于铸态组织中残存的枝晶偏析、可变形夹杂物和第二相沿金属流动方向被拉长，形成锻造流线（又称纤维组织）。

由于锻造流线的出现，使金属的机械性能具有明显的方向性。通常沿流线的方向，其抗拉强度及韧性高，而抗剪强度低；在垂直于流线方向上，抗剪强度较高，而抗拉强度较低。因此，热加工时应力求工件流线分布合理，以保证金属材料的力学性能。

由于热加工可使金属的组织和性能得到显著改善，所以受力复杂、载荷较大的重要工件，一般都采用热加工方法来制造。

3.4.2 冷加工

低碳钢的冷轧、冷拔、冷冲等均属于冷加工，由于加工温度处于再结晶温度以下，金属材料发生塑性变形时不会伴随再结晶过程。因此，冷加工对金属组织和性能的影响即是前面的所述塑性变形的影响规律，与冷加工前相比，金属材料的强度和硬度升高，塑性和韧性下降，产生加工硬化的现象。

本章小结

本章阐述了塑性变形的本质，研究了塑性变形对材料的组织和性能的影响。依照组织和性能的变化，揭示形变金属在加热时大体经历了回复、再结晶和晶粒长大三个阶段，并阐明热加工与冷加工的本质区别。

复习思考题（三）

一、判断题

1. 在室温下，金属的晶粒越细，则其强度愈高和塑性愈低。(　　)
2. 金属的热加工是指在室温以上的塑性变形过程。(　　)
3. 在 800℃对纯钨进行塑性变形的加工属于热加工，钨的熔点为 3380℃。(　　)
4. 在冷拔钢丝时，如果总变形量很大，中间需安排几次退火工序。(　　)

二、简答题

1. 何谓加工硬化？有何利弊？如何消除形变强化？

2. 当钛加热到 500℃及铅在室温下进行加工，试问：它们各属于冷加工还是热加工？(钛的熔点为 1677℃，铅的熔点为 327℃。)

3. 热加工对金属的组织与性能有何影响？

第4章　铁碳合金相图

【学习目的】

1. 牢固掌握铁碳合金的基本组织（铁素体、奥氏体、渗碳体、珠光体）的定义、结构、形成条件和性能特点；

2. 牢固掌握简化的铁碳合金状态图，熟练分析不同成分的铁碳合金的结晶过程；

3. 掌握铁碳合金成分、组织和性能的关系以及铁碳合金状态图的实际应用。

【教学重点】

铁碳合金的基本组织，铁碳合金相图的分析和应用。

4.1　概　述

一切客观事物都是互相联系和具有内在规律性的。人们在长期的生产实践和科学实验过程中，发现合金在不同的成分和不同的温度下，有不同的组织，亦即成分、温度和组织之间有着一定的关系。

钢铁即铁碳合金是由铁和碳两元素组成的。由于成分不同、组织不同，因此力学性能也不同。例如纯铁的硬度约为 80HBS，加入 0.8% 的碳组成铁碳合金后，硬度约为 270HBS；含碳 0.45% 的铁碳合金硬度约为 220HBS，而含碳 1.2% 的铁碳合金硬度可达 300HBS；若在铁中加入 18% 的铬和 9% 的镍组成合金，就成为不锈钢，可抗酸、抗碱、耐腐蚀，并具有较好的力学性能，工艺性能也很好。由此可见，金属材料的力学性能与成分及组织有着十分密切的关系。

钢和铁是发展工农业不可缺少的物质，钢铁的产量和使用量已经成为一个国家工农业发展水平的重要标志。在建设工厂、矿井、水坝、发电站、铁路、桥梁和港湾时，都离不开建筑用钢。工厂里的机器、农田里的收割机、油田中的钻井机、铁路上的机车、海洋中的轮船，都要用钢制造。另外，化工设备、医疗器械、科学仪器需要不锈钢，电力工业需要硅钢。制造枪筒、炮筒要用耐高温的钨钢，坦克的外壳要用强度很高和防弹能力强的铬锰硅钢。

4.2　铁碳合金的基本组织

在固态铁碳合金中，铁和碳的相互作用有两种：一是碳原子溶解到铁的晶格中形成固溶体，如铁素体与奥氏体；二是铁和碳原子按一定的比例相互作用形成金属化合物，如渗碳体。

4.2.1　铁素体（F）

碳溶解在 α-Fe 中形成的间隙固溶体称为铁素体，用符号 F 来表示，其晶胞如图 4－1所示。由于 α-Fe 是体心立方晶格，晶格间隙较小，所以碳在 α-Fe 中的溶解度较低。在727℃时，α-Fe 中的最大溶碳量仅为0.0218%，随着温度的降低，α-Fe 中的溶碳量逐渐减少，在室温时碳的溶解度降低到0.0008%。由于铁素体的含碳量低，所以铁素体的性能与纯铁相似，即具有良好的塑性和韧性，强度和硬度却较低。图4－2为铁素体的显微组织。

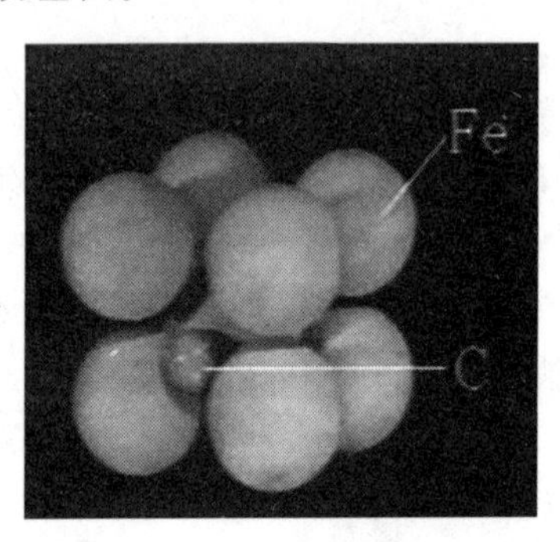

图4－1　铁素体晶胞示意图

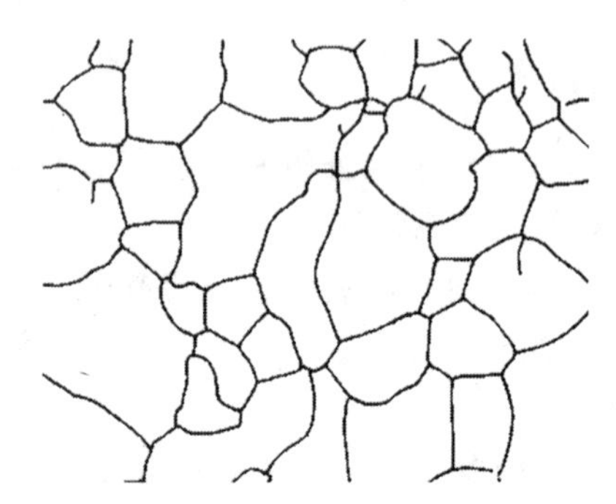
图4－2　铁素体的显微组织

4.2.2　奥氏体（A）

碳溶解在 γ-Fe 中所形成的间隙固溶体，称为奥氏体，常用符号A来表示。图4－3为奥氏体的晶胞示意图。由于 γ-Fe 是面心立方晶格，晶格的间隙较大，故奥氏体的溶碳能力较强。在1148℃时溶碳量可达2.11%，随着温度的下降，溶解度逐渐减小，在727℃时溶碳量为0.77%。

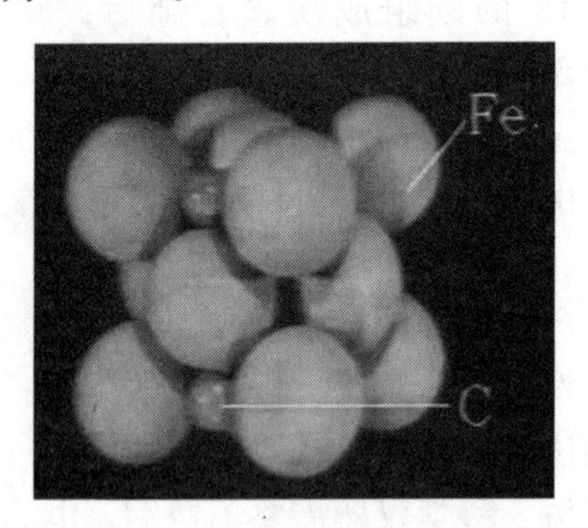

图4－3　奥氏体的晶胞示意图

图4－4　奥氏体的显微组织

奥氏体的强度和硬度不高，但具有良好的塑性，是绝大多数钢在高温进行锻造和轧制时所要求的组织。图4－4是奥氏体的显微组织。

4.2.3　渗碳体（FeC）

渗碳体是含碳量为6.69%的铁与碳的金属化合物，其分子式为 Fe_3C。渗碳体具有复杂的斜方晶体结构（图4－5）。渗碳体与铁和碳的晶体结构完全不同，其熔点应为1227℃。渗碳体的硬度很高，塑性很差，是一个硬而脆的组织。

渗碳体常以片、球、粒、网状等不同形态出现在钢的组织中，其形态、大小、数量和分布对钢的力学性能有很大的影响。

渗碳体在适当条件下（如高温长期停留或缓慢冷却过程），能按下式分解为铁和石墨：

$Fe_3C \rightarrow 3Fe + C$（石墨）

这一过程对研究铸铁有重要意义。

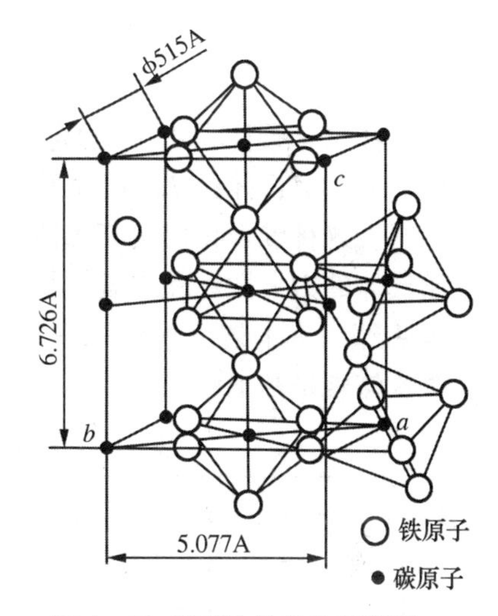

图 4－5　渗碳体的晶胞示意图

4.2.4　珠光体（p）

珠光体是铁素体和渗碳体的混合物，用符号 P 来表示。它是渗碳体和铁素体片层相间、交替排列而成的混合物。图 4－6 是珠光体显微组织。

在缓慢冷却条件下，珠光体的含碳量为 0.77%。由于珠光体是由硬的渗碳体和软的铁素体组成的混合物，所以其力学性能决定于铁素体和渗碳体的性质以及它们各自的特点。大体是两者性能的平均值，故珠光体的强度较高，硬度适中，具有一定的塑性。

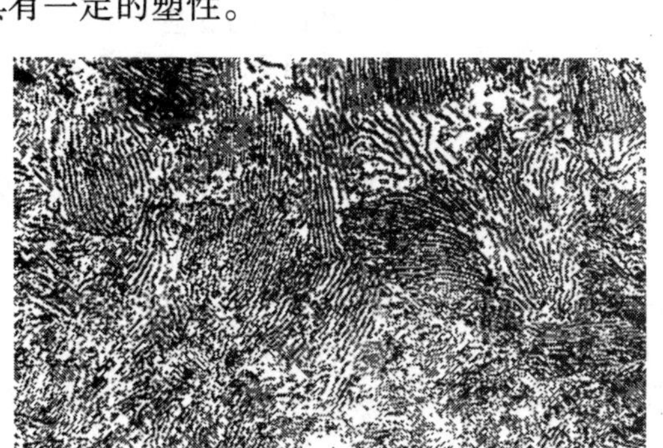

a) 光学显微镜观察组织

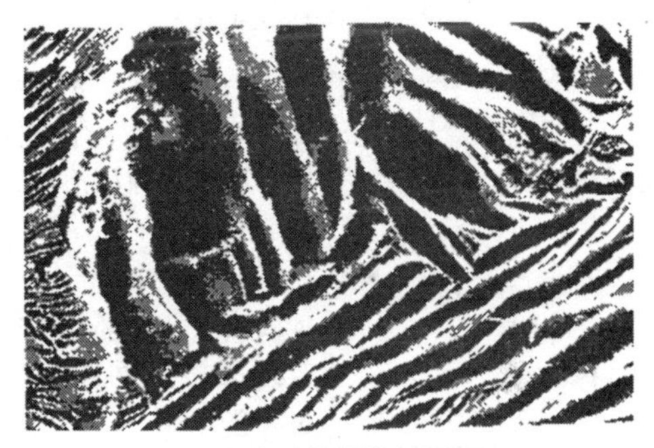

b) 电子显微镜观察组织

图 4－6　珠光体显微组织

工程应用典例

光学显微镜发明后，被人们用来研究金属内部的显微组织，18 世纪以来，引发了一系列创新。Widmanstatten 是金相学的启蒙人、开路先锋，他于 1808 年将铁陨石（铁镍合金）切成试片、抛光，再用硝酸水溶液腐蚀，在光学显微镜下观察到片状规则分布的魏氏组织。1863 年，英国的 H. C. Sorby 用金相显微镜发现了钢中的一种组织，后来被命名为“索氏体”。索氏对钢铁进行显微镜观察，发现了铁素体、渗碳体、珠光体、石墨和夹杂物，基本上搞清楚了钢铁的显微组织与热处理过程的关系。因此，索氏是国际上公认的金相学创建人。1863 年，英国金相学家和地质学家展示了钢铁在显微镜下的六种不同的金相组织，证明了钢在加热和冷却时，内部会发生组织改变，钢从高温急冷后转变为一种较硬的相。

法国人 Floris Osmond 确立的铁的同素异构理论以及英国人奥斯汀最早制定的铁碳相图，为现代热处理工艺初步奠定了理论基础。接着，德国的 Adolf Martens 于 1878 年相继观察研究钢铁的各种显微组织，特别是发现了钢的淬火组织。1895 年，该组织被命名为马氏体。随后，他将碳在 γ 铁中的固溶体命名为奥氏体。到了 20 世纪初，他陆续出版了金相学杂志和专著。

4.2.5 莱氏体（Ld）

莱氏体是含碳量为4.3%的合金，在1148℃时从液相中同时结晶出奥氏体和渗碳体的混合物。由于奥氏体在727℃时还将转变为珠光体，所以在室温下的莱氏体由珠光体和渗碳体组成，这种混合物仍叫莱氏体，用符号Ld′来表示。

莱氏体的力学性能和渗碳体相似，硬度很高，塑性很差。铁碳合金基本组织的力学性能见表4－1。在上述五种组织中，铁素体、奥氏体和渗碳体是铁碳合金的基本相，珠光体、莱氏体则是基本组织。

表4－1 铁碳合金的基本组织的性质及性能特点

名称	符号	定义	最大含碳量	性能特点
铁素体	F	碳溶于体心立方晶格的 α-Fe 中形成的间隙固溶体，是铁碳合金的基本相	0.02%	由于铁素体溶碳量很小，其性能与纯铁相近，强度和硬度低，而塑性和韧性好，常作为基体
奥氏体	A	碳溶于面心立方晶格的 γ-Fe 中所形成的间隙固溶体，是铁碳合金的基本相	2.11%	存在于高温，高塑性，低的变形抗力，常作为锻造形态组织
渗碳体	Fe_3C	铁与碳以一定的比例形成的具有复杂晶格的间隙化合物 Fe_3C，也是基本相	6.69%	硬度很高，脆而硬，但强度很低，塑性、韧性几乎为零，是钢中主要的强化相
珠光体	P（$P=F+Fe_3C$）	共析反应产物，是含碳0.77%的奥氏体冷却到727℃时，在固态下同时析出的铁素体和渗碳体所组成的机械混合物	0.77%	其性能介于铁素体和渗碳体之间，具有较高的强度和足够的韧性
莱氏体	Ld（高温）	1148℃奥氏体和渗碳体的共晶组织（$A+Fe_3C$）	4.3%	因含大量的渗碳体，所以脆而硬，塑性极差，基本无利用价值
	Ld′（低温）	低于727℃时，转变为珠光体和渗碳体的共晶组织（$P+Fe_3C$）		

4.3 铁碳合金相图

铁碳合金相图表示在缓慢冷却（或缓慢加热）的条件下，不同成分的铁碳合金的状态或组织随温度变化的图形。其纵坐标为温度，横坐标为含碳量的质量百分数。工业用铁碳合金的含碳量一般不超过5%，因此，我们研究的铁碳合金只限于 $Fe\text{-}Fe_3C$（$C=6.69\%$），故铁碳合金相图也可以认为是 $Fe\text{-}Fe_3C$ 相图（图4－7）。

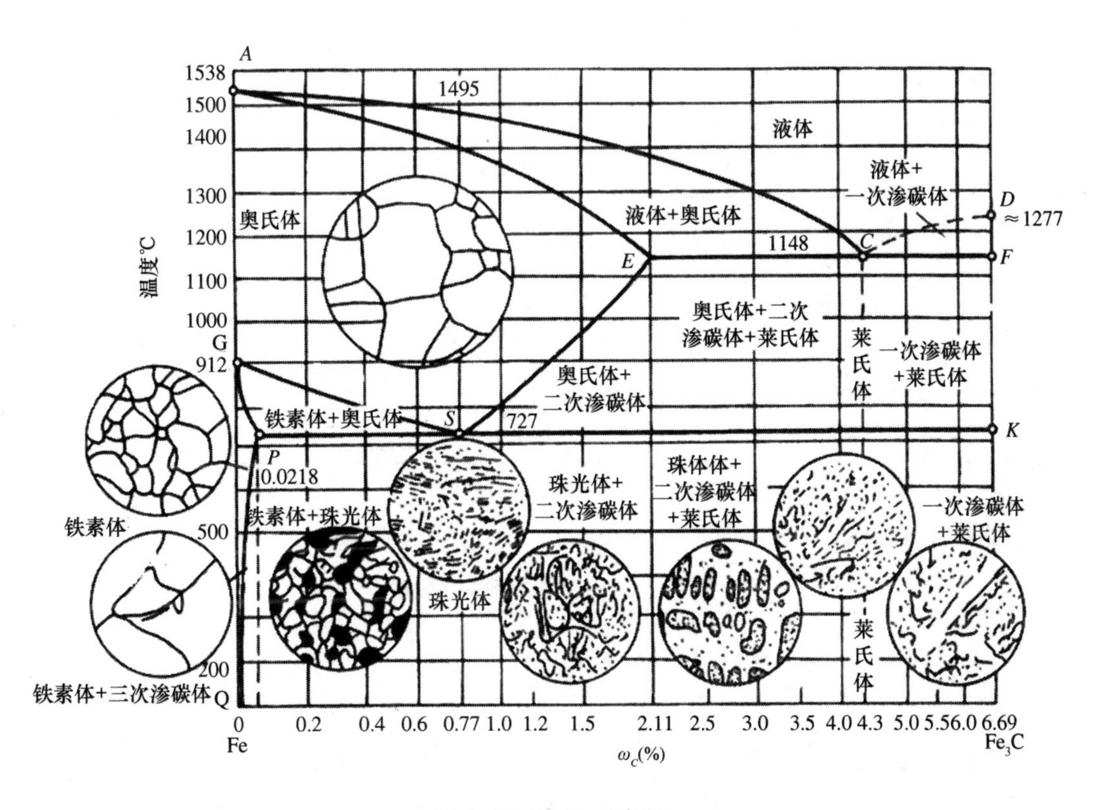

图 4－7　Fe-Fe_3C 相图

4.3.1　铁碳合金相图分析

（1）图形特征

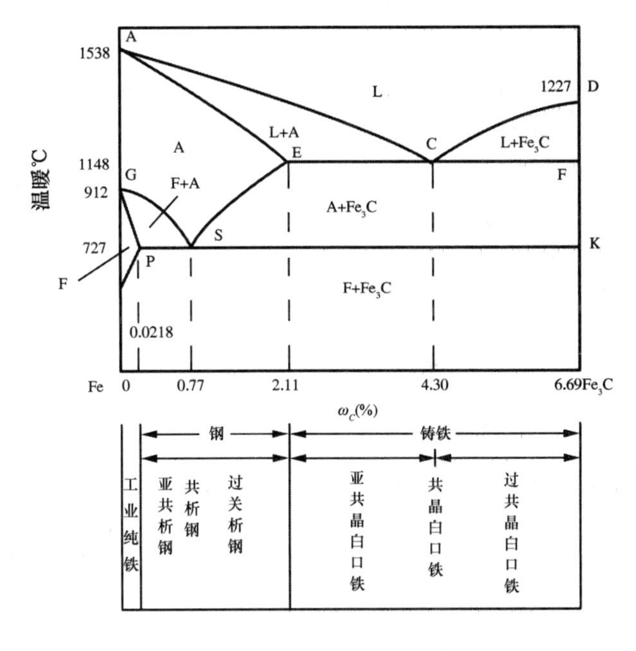

图 4－8　简化 Fe-Fe_3C 相图

为了便于研究和分析，将相图左上角部分以及左下角部分予以省略，简化后的 Fe-Fe_3C 相图如图 4-8 所示。

①主要特性点的含义见表 4-2。

表 4-2　Fe-Fe_3C 相图的主要特性点

点的符号	温度（℃）	含碳量（%）	含　义
A	1538	0	纯铁的熔点
C	1148	4.3	共晶点，Lc ⇔ A+Fe_3C
D	1227	6.69	渗碳体的熔点
E	1148	2.11	碳在 α-Fe 中的最大溶解度
G	912	0	纯铁的同素异构转变点，α-Fe⇔γ-Fe
S	727	0.77	共析点，As⇔F+Fe_3C

②主要特性线的含义见表 4-3。

表 4-3　Fe-Fe_3C 相图的特性线

特性线	含　义
ACD	液相线
AECF	固相线
GS	常称 A_3 线。不同含碳量奥氏体中结晶出铁素体的开始线
ES	常称 A_{cm} 线。碳在奥氏体中的固溶线
ECF	共晶线，*Lc*⇔*A*+Fe_3C
PSK	共析线，常称 A_1 线。*As*⇔F+Fe_3C

③相区与组织。

根据特性点和线的分析，Fe-Fe_3C 相图有四个单相区，即：

ACD 以上——液相区（L）；　*AESG*——奥氏体区（A）；

GP——铁素体区（F）；　*DFK*——渗碳体区（Fe_3C）。

相图上其它区域的组织如图 4-7 所示。

（2）铁碳合金的分类

根据 Fe-Fe_3C 相图，铁碳合金可分为三类：

①工业纯铁［$\omega_C \leq 0.0218\%$］。

②钢［$\omega_C = 0.0218\% \sim 2.11\%$］，其特点是高温时都有单相奥氏体。根据其含碳量及室温组织的不同，又可分为：

亚共析钢　$0.0218\% < \omega_C < 0.77\%$

共析钢　$\omega_C = 0.77\%$

过共析钢　$0.77\% < \omega_C \leq 2.11\%$

③白口铸铁［$\omega_C = 2.11\% \sim 6.69\%$］，其特点是金属液结晶时都将发生共晶反应生成莱氏体。根据其含碳量及室温组织的不同，又可分为：

亚共晶白口铸铁　$2.11\% < \omega_C < 4.3\%$

共晶白口铸铁　$\omega_C = 4.3\%$

过共晶白口铸铁　$4.3\% < \omega_C < 6.69\%$

（3）典型铁碳合金的结晶过程

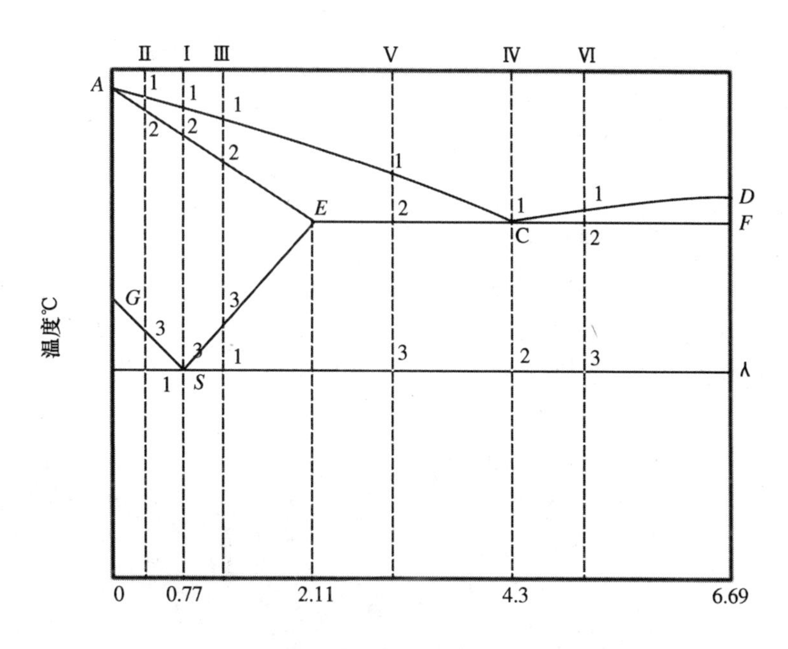

图4-9　典型铁碳合金在Fe-Fe_3C相图中的位置

①共析钢。图4-9中，合金Ⅰ为含碳量0.77%的共析钢，冷却曲线和结晶过程如图4-10所示。当金属液冷却到和AC线相交的1点时，开始从液相（L）中结晶出奥氏体（A），到2点时金属液全部结晶终了，此时合金全部由奥氏体组成。在2点到3点间，组织不发生变化。当合金冷却到3点时，奥氏体发生共析反应：

$$A_{0.77\%} \xrightarrow{727℃} P\ (F+Fe_3C)$$

共析反应的产物为珠光体。温度再继续下降，珠光体不再发生变化。共析钢在室温时的组织是珠光体（见图4-6），P呈层片状。

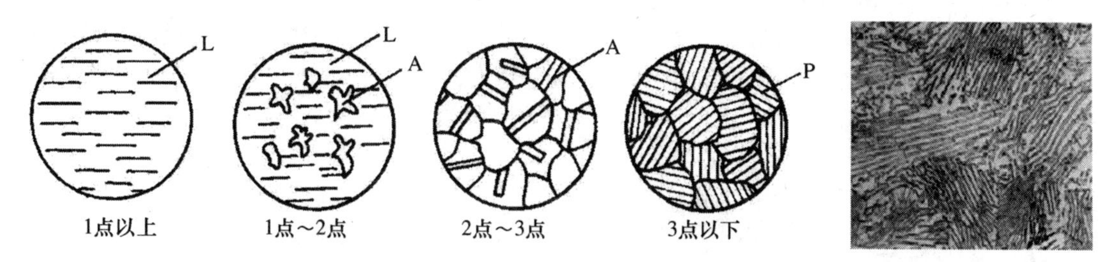

图4-10　共析钢结晶过程示意图

②亚共析钢。图4-9中，合金Ⅱ为含碳量0.45%的亚共析钢，其冷却曲线和结晶过程如图4-11所示。金属液冷却到1点时开始结晶出奥氏体，到2点结晶完毕。2点到3点间为单相奥氏体的冷却，当奥氏体冷却到与GS线相交的3点时，奥氏体开始向铁素体转变。由于铁素体中含碳量很低，原来溶解的过多的碳将溶入奥氏体中而使其含碳量增加。随着温度下降，析出的铁素体量增多，剩余的奥氏体量减少，而奥氏体的含碳量沿GS线增加。当温度降至和PSK线相交的4点时，奥氏体的含碳量达到0.77%，此时剩余奥氏体发生共析反应，转变成珠光体。4点以下至室温，合金组织不再发生变化。

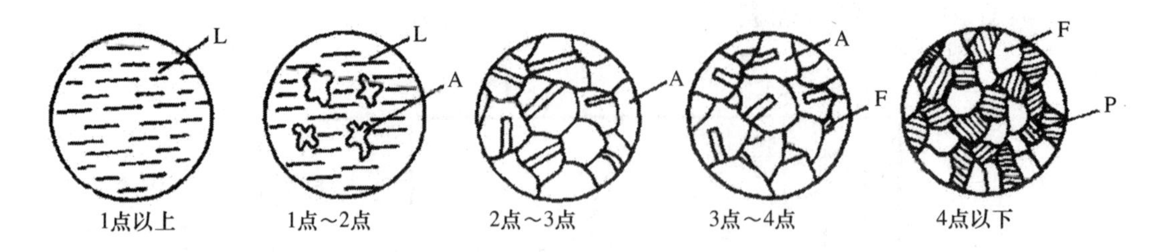

图 4－11　亚共析钢结晶过程示意图

亚共析钢的显微组织如图 4－12 所示，F 呈白色块状，P 呈层片状，放大倍数不高时呈黑色块状。所有亚共析钢的结晶过程都相似，在室温下的组织均由珠光体和铁素体组成，只因含碳量不同，珠光体和铁素体的相对量也不同。钢中含碳量越多，珠光体也越多。

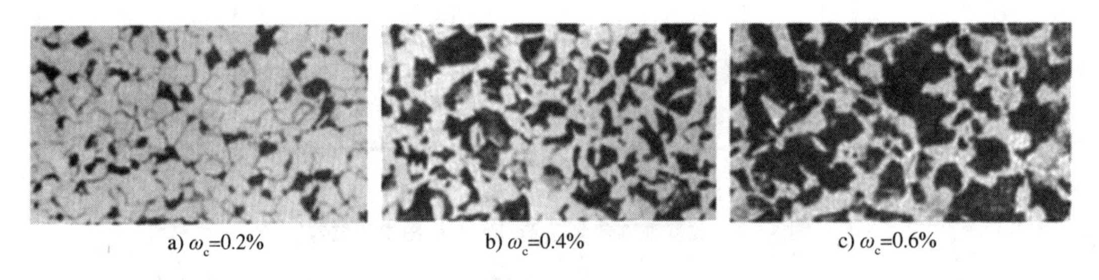

图 4－12　亚共析钢的显微组织

③过共析钢。图 4－9 中合金Ⅲ为含碳量 1.2% 的过共析钢，其冷却曲线和结晶过程如图 4－13 所示。金属液冷却到 1 点时，开始结晶出奥氏体，到 2 点结晶完毕。2 点到 3 点间为单相奥氏体的冷却。当合金冷却到与 ES 线相交的 3 点时，奥氏体中的含碳量达到饱和，继续冷却，由于碳在奥氏体中的溶解度减少，所以从奥氏体中结晶出二次渗碳体（$Fe_3C_{Ⅱ}$），沿奥氏体晶界呈网状分布。继续冷却，析出的二次渗碳体的数量增多，剩余奥氏体中的含碳量降低。随着温度下降，奥氏体中的含碳量沿 ES 线变化，当奥氏体温度降至 PSK 线相交的 4 点时，剩余奥氏体中的含碳量达到 0.77%，于是发生共析反应，转变成珠光体。从 4 点以下至室温，合金组织不再发生变化，最后得到珠光体和网状二次渗碳体组织。

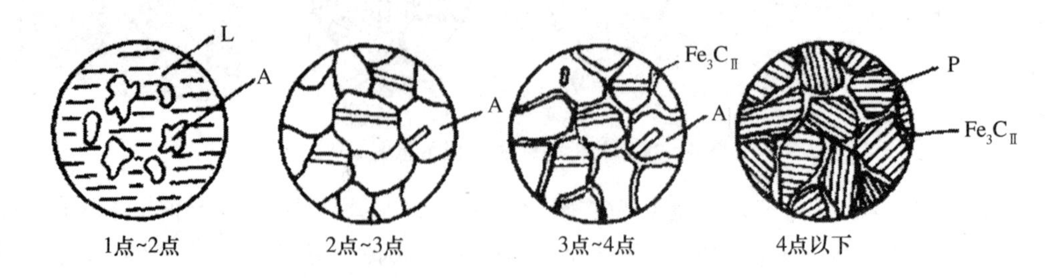

图 4－13　过共析钢结晶过程示意图

过共析钢的显微组织如图 4－14 所示，$Fe_3C_{Ⅱ}$呈网状分布在层片状 P 周围。所有过共析钢的结晶过程都相似，室温组织由于含碳量不同，组织中的二次渗碳体和珠光体的相对量也不同。钢中含碳量越多，二次渗碳体也越多。

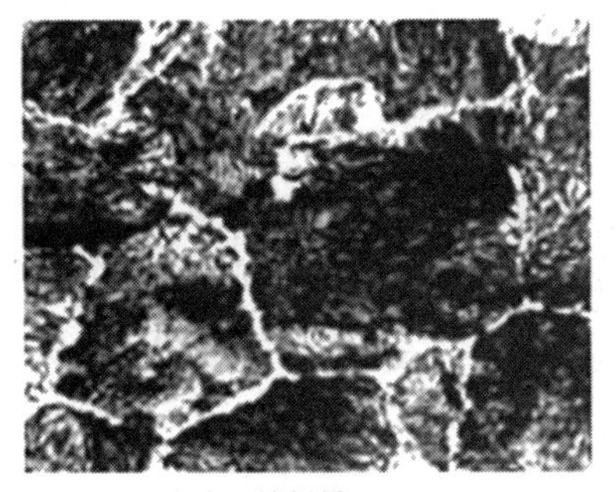

a) 硝酸酒精侵蚀

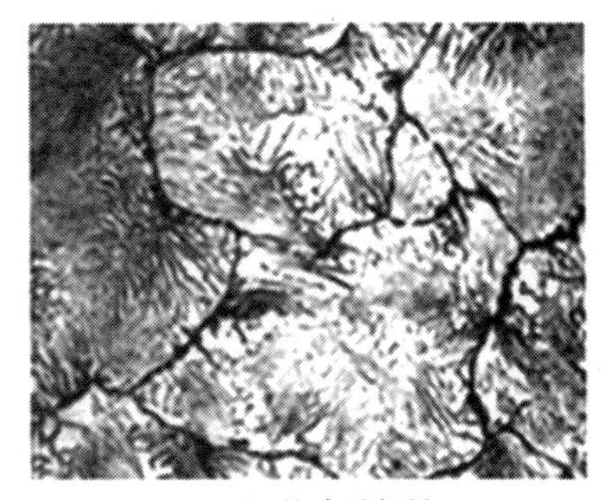

b) 苦味酸侵蚀

图 4－14　过共析钢的显微组织

根据冷却曲线和结晶过程，钢组织变化过程如下：

共析钢：L→L+A→A→P

亚共析钢：L→L+A→A→A+F→P+F

过共析钢：L→L+A→A→A+$Fe_3C_{Ⅱ}$→P+ $Fe_3C_{Ⅱ}$

④白口铸铁。图 4－9 中合金Ⅳ为含碳量 4.3% 的共晶白口铸铁，其冷却曲线和结晶过程如图 4－15 所示，其室温平衡组织为莱氏体 Ld，由黑色条状或粒状 P 和白色 Fe_3C 基体组成。

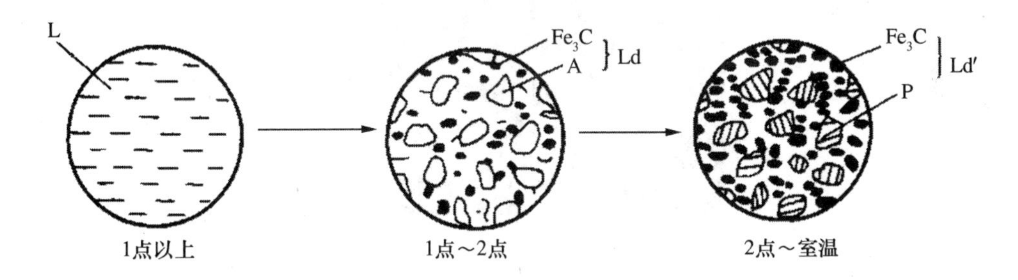

图 4－15　共晶白口铸铁结晶过程示意图

图 4－16 为共晶白口铸铁的显微组织。

图 4－16　共晶白口铸铁显微组织

图 4－17 和图 4－19 分别是亚共晶白口铸铁和过共晶白口铸铁的结晶过程。

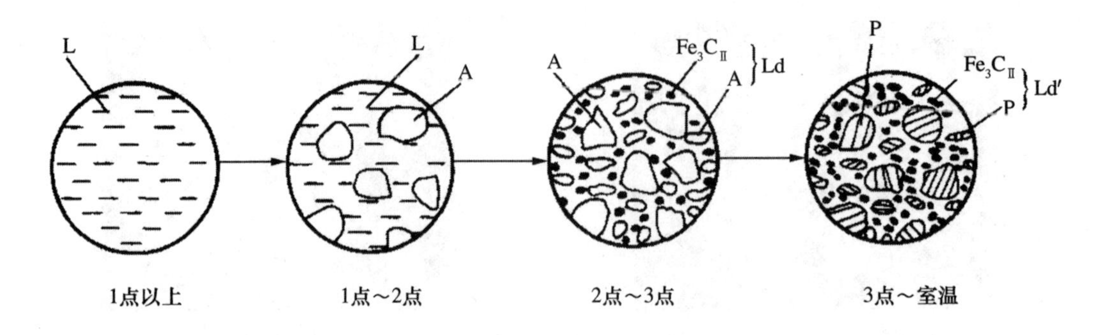

图 4－17　亚共晶白口铸铁的结晶过程示意图

从共晶转变开始到室温，基本上和共晶白口铸铁相类似，所不同的是从液相线（AC、CD）到共晶转变线（ECF）之间，亚共晶白口铸铁先从金属液中结晶出奥氏体，过共晶白口铸铁先从金属液中结晶出一次渗碳体。

图 4－18　亚共晶白口铸铁显微组织

亚共晶白口铸铁的室温组织为珠光体 P+二次渗碳体 Fe_3C_{II}+莱氏体 Ld（见图 4－18），网状 Fe_3C_{II} 分布在粗大块状 P 的周围，Ld 则由条状或粒状 P 和 Fe_3C 基体组成。

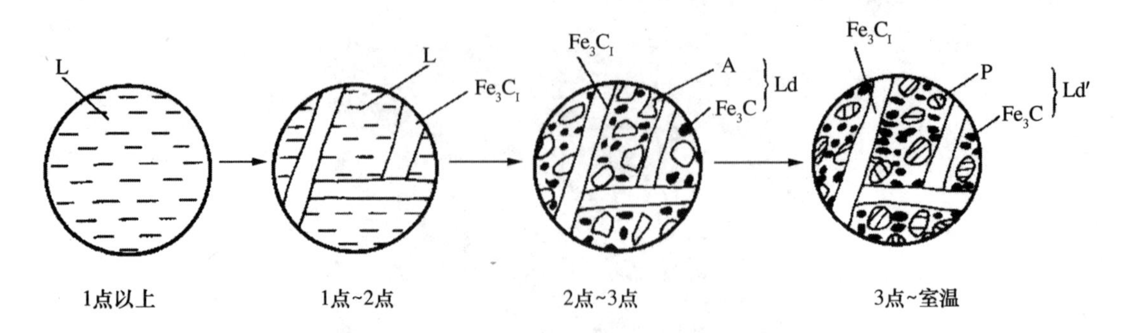

图 4－19　过共晶白口铸铁的结晶过程示意图

过共晶白口铸铁的室温组织是一次渗碳体 Fe_3C_I+莱氏体 Ld（见图 4－20）。Fe_3C_I 呈长条状，Ld 由黑色条状或粒状 P 和白色 Fe_3C 基体组成。

（4）铁碳合金的成分、组织和性能的关系

图 4－20　过共晶白口铸铁显微组织

根据铁碳合金相图的分析，铁碳合金在室温的组织都是由铁素体和渗碳体两相组成。随着含碳量的增加，铁素体的量逐渐减少，而渗碳体的量则有所增加，而且相互组合的形态也发生变化（如图 4－21 所示）。

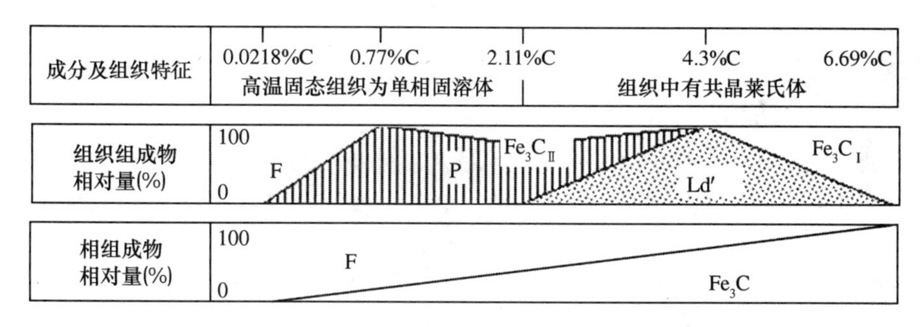

图 4－21　铁碳合金的成分-组织的对应关系

图 4－22 为含碳量对碳素钢的力学性能的影响。由图可以知道，改变含碳量可以在很大范围内改变钢的力学性能。总之，含碳量越高，钢的强度和硬度越高，而塑性和韧性越低。这是由于含碳量越高，钢中的硬脆相 Fe_3C 越多的缘故。而当含碳量超过 0.8% 时，由于网状渗碳体的出现，使钢的强度有所降低。

为了保证工业上使用的钢具有足够的强度，并具有一定的塑性和韧性，钢中的含碳量一般都不超过 1.4%。

根据铁碳合金相图分析，铁碳合金在室温的组织都是由铁素体和渗碳体组成。随着含碳量的增加，铁素体的量逐渐减少，而渗碳体的量则有所增加。合金的组织变化顺序如下：

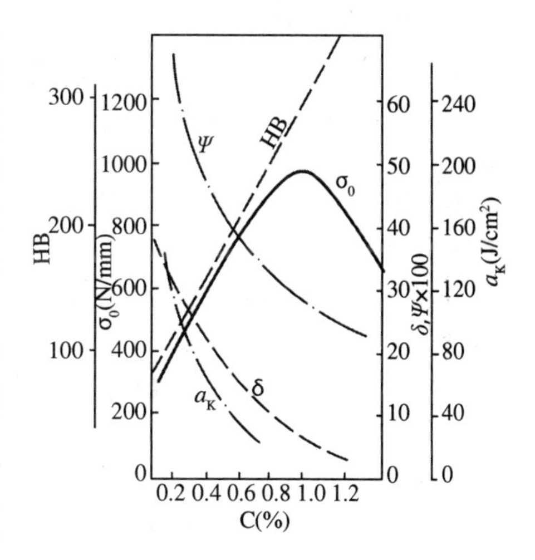

图 4－22　含碳量对钢的力学性能的影响

$$F \rightarrow F+P \rightarrow P \rightarrow P+Fe_3C_{II} \rightarrow P+Fe_3C_{II}+Ld' \rightarrow Ld' \rightarrow Ld'+Fe_3C_{I}$$

即：含碳量越高，钢的强度和硬度越高，而塑性韧性越低。

4.3.2 铁碳合金相图的应用

Fe-Fe_3C 相图在生产实践中具有重大的现实意义，主要应用在钢铁材料的选用和热加工工艺的制订两方面（图 4－23）。

4.3.2.1 作为选用钢铁材料的依据

铁碳合金相图所表明的成分、组织和性能的规律，为钢铁材料的选用提供了依据。例如建筑结构和各种型钢需用塑性、韧性好的材料，选用碳含量较低的钢材；机械零件需要强度、塑性及韧性都较好的材料，应选用碳含量适中的中碳钢；工具要用硬度高和耐磨性好的材料，则选碳含量高的钢种；纯铁的强度低，不宜用作结构材料，但由于其导磁率高，矫顽力低，可用作软磁材料如电磁铁的铁芯等。

白口铸铁硬度高、脆性大，不能切削加工，也不能锻造，但其耐磨性好，铸造性能优良，适用于耐磨、不受冲击、形状复杂的铸件，例如拔丝模、冷轧辊、货车轮、犁铧、球磨机的磨球等。

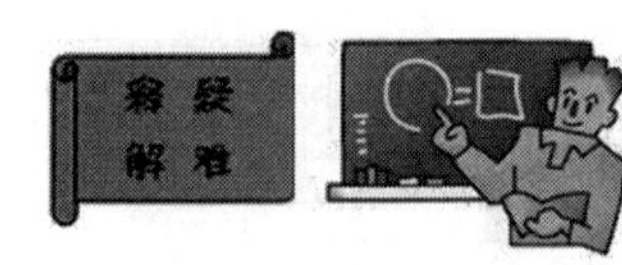

根据 Fe-Fe_3C 相图，解释以下现象：制造汽车外壳多用低碳钢 $\omega_C<0.2\%$；制造机床主轴、齿轮等多用中碳钢 $\omega_C=0.25\%\sim0.6\%$；制造车刀、丝锥、锯条等多采用高碳钢 $\omega_C>0.6\%$；当 $\omega_C=1.3\%\sim2.1\%$ 的碳钢则很少应用。

答题要点：根据铁碳合金相图的分析，改变含碳量可以在很大范围内改变钢的力学性能，含碳量越高，钢的强度和硬度越高，而塑性和韧性越低。这是由于含碳量越高，钢中的硬脆相 Fe_3C 越多的缘故。而当含碳值超过 0.8% 时，由于网状渗碳体的出现，使钢的强度有所降低。铁碳合金相图所表明的成分、组织和性能的规律，为钢铁材料的选用提供了依据。

汽车外壳用的钢材，需要强度较高，塑性、韧性好，焊接性好的材料，那么可选用碳含量较低的低碳钢 $\omega_C<0.2\%$ 制造；各种机器零件需要强度、塑性和韧性都比较好的材料，可选用碳含量适中的钢，故制造机床主轴、齿轮等多用中碳钢 $\omega_C=0.25\%\sim0.6\%$；各种工具要用强度较高、硬度高和耐磨性好的材料，则选择碳含量较高的钢，故制造车刀、丝锥、锯条等则多采用高碳钢 $\omega_C>0.6\%$。

4.3.2.2 制订铸、锻和热处理等热加工工艺的依据

（1）铸造生产上的应用

参照铁碳相图，可以找出不同成分的铁碳合金的熔点，从而确定合适的熔化、浇注温度，通常浇注温度在液相线以上 50～60℃，钢的熔化与浇注温度都比铸铁高。从相图上可看出，纯铁和靠近共晶成分的铁碳合金不仅熔点低，而且凝固温度区间也较小，因而流动性好，分散缩孔少，具有良好的铸造性能，可以获得致密的铸件，所以铸铁在生产上总是选在共晶成分附近。

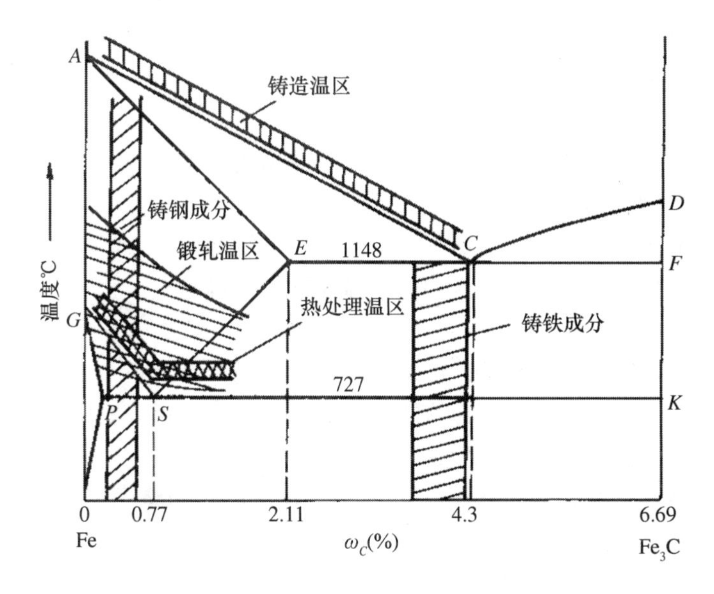

图 4-23　Fe-Fe_3C 相图在生产实践中的主要应用

（2）锻造工艺上的应用

钢经加热后获得奥氏体组织时强度较低，塑性较好，便于塑性变形加工，因此锻造或轧制选在单一奥氏体组织范围内。其选择原则是开始轧制或锻造的温度不宜过高，以免钢材氧化严重，甚至发生奥氏体晶界部分熔化，使工件报废。而终止温度也不宜过低，以免钢材塑性差，在锻造过程中产生裂纹。

（3）热处理工艺上的应用

热处理与 Fe-Fe_3C 相图有着更为直接的关系，从铁碳相图可知，铁碳合金在固态加热或冷却过程中均有相的变化，所以钢和铸铁可以进行有相变的退火、正火、淬火和回火等热处理。根据对工件材料性能要求的不同，各种不同热处理方法的加热温度都是参考 Fe-Fe_3C 相图而选定的。

本章小结

本章介绍了合金相图的建立方法，阐述了铁碳合金的基本组织铁素体、奥氏体、渗碳体、珠光体、莱氏体的定义、结构、形成条件和性能特点，利用铁碳合金状态图分析了铁碳合金状态图各相区的组织以及典型合金的结晶过程、铁碳合金状态图的实际应用。

复习思考题（四）

一、选择题

1. 制作一把手用锉刀，可选用________。

A. $\omega_C = 0.1\%$　　　　B. $\omega_C = 0.45\%$

C. $\omega_C = 1.2\%$　　　　D. $\omega_C = 3.0\%$

2. 具有共晶反应的二元合金，其中共晶成分的合金________。

A. 铸造性能好　　　　B. 锻造性能好

C. 焊接性能好　　D. 切削性能好

3. 二次渗碳体是从________。

A. 钢液中析出的　　B. 铁素体中析出的

C. 奥氏体中析出的　　D. 珠光体中析出的

4. $\omega_C = 1.2\%$的钢一般比$\omega_C = 0.77\%$的钢________。

A. 强度高硬度高　　B. 强度高硬度低

C. 强度低硬度低　　D. 强度低硬度高

二、简答题

1. 试比较铁素体、渗碳体和珠光体的组织和性能特点。
2. 绘制简化 $Fe\text{-}Fe_3C$ 相图中钢的部分，说明各主要特性点和线的含义。
3. 何谓共晶转变？何谓共析转变？
4. 试分析$\omega_C = 0.45\%$的钢，从 1200℃冷却到室温的组织转变。

第 5 章　钢的热处理

【学习目的】

1. 掌握钢在加热和冷却过程中的组织转变。

2. 掌握钢的退火、正火、淬火、回火等热处理工艺；掌握钢的表面热处理及化学热处理。

3. 了解热处理设备。

【教学重点】

钢的热处理基本原理、各种热处理方法及钢在各种热处理下的性能。

5.1　热处理原理

热处理是将固态金属或合金采用适当的方式进行加热、保温和冷却以获得所需组织结构与性能的工艺。热处理不仅可以用于强化材料，提高机械零件的使用性能，而且可以用于改善材料的工艺性能。不同热处理工艺的共同点是：只改变内部组织结构，不改变表面形状与尺寸。

热处理有三大基本要素：加热、保温、冷却。这三大基本要素决定了材料热处理后的组织和性能。加热是热处理的第一道工序，其目的是获取奥氏体。奥氏体的晶粒大小、成分及均匀程度，对钢冷却后的组织和性能有直接的影响。保温的目的是要保证工件烧透，防止脱碳、氧化等。保温时间和介质的选择与工件的尺寸和材质有直接的关系。一般工件越大，导热性越差，保温时间就越长。冷却是热处理的最终工序，也是热处理最重要的工序。钢在不同冷却速度下可以转变为不同的组织。

奇闻轶事：中国古代的热处理

在从石器时代进展到铜器时代和铁器时代的过程中，热处理的作用逐渐为人们所认识。早在公元前 770，中国人在生产实践中就已发现，铜铁的性能会因温度和加压变形的影响而变化，白口铸铁的柔化处理就是制造农具的重要工艺。公元前 6 世纪，钢铁兵器逐渐被采用，为了提高钢的硬度，淬火工艺得到迅速发展。中国河北省易县燕下都出土的两把剑和一把戟，其显微组织中都有马氏体存在，说明是经过淬火的。中国出土的西汉（公元前 206—公元 24）中山靖王墓中的宝剑，心部含碳量为 0.15%~0.4%，而表面含碳量达 0.6% 以上，说明已应用了渗碳工艺。但当时这种工艺作为个人“手艺”的秘密，没有外传，因而发展很慢。

5.1.1　钢在加热时的组织转变

钢的热处理多数需要先加热得到奥氏体，然后以不同速度冷却使奥氏体转变为不同的组织，得到钢的不同性能。因此了解钢在加热时组织结构的变化规律，合理制订加热规范，是保证热处理工件质量的首要环节。

实际热处理中，加热时相变温度偏向高温，冷却时偏向低温，且加热和冷却速度愈大偏差愈大。通常将加热时的临界温度标为 Ac_1、Ac_3、Ac_{cm}，冷却时标为 Ar_1、Ar_3、Ar_{cm}（图 5－1）。

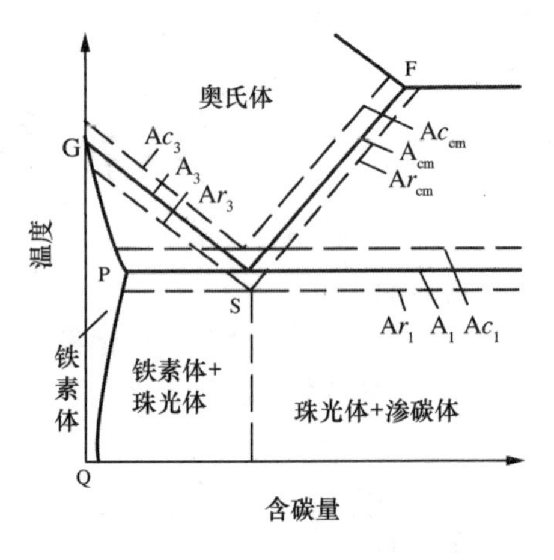

图 5－1　钢在加热和冷却时的临界温度

5.1.1.1　奥氏体的形成

现以共析钢为例，说明钢在加热时的组织转变过程。

共析钢（含 0.77% C）加热前为珠光体组织，一般为铁素体相与渗碳体相相间排列的层片状组织。当加热到稍高于 Ac_1 的温度，便会发生珠光体向奥氏体的转变，这一转变可表示为：

$$P\ (F+Fe_3C) \xrightarrow{Ac_1} A$$

这一转变过程遵循结晶过程的基本规律，也是通过形核和晶核长大过程来实现的，可以认为是通过下列四个阶段（图 5－2）完成的。

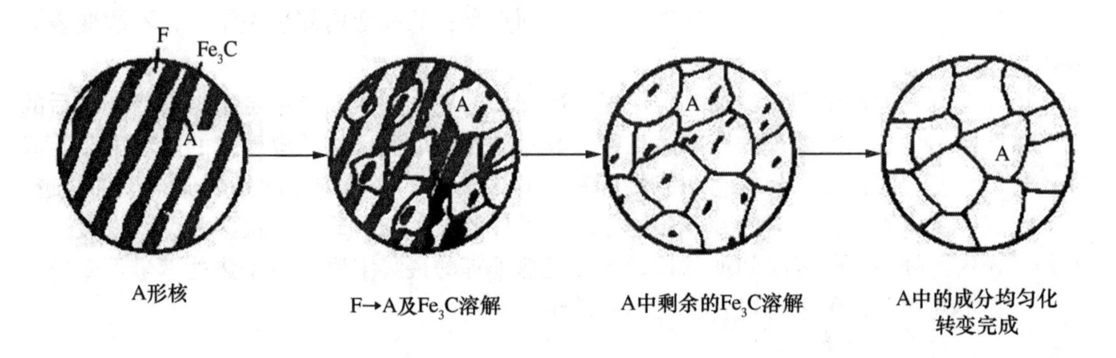

图 5－2　共析钢中奥氏体的形成过程示意图

（1）奥氏体的晶粒形成与长大

实验证明：奥氏体的晶核最初出现在 F 与 Fe_3C 的相界面上。这是由于相界面上原子排列紊乱，处于不稳定状态而具有较高的能量，为奥氏体的形成提供了有利条件。形成微小晶核后，通过原子扩散，使晶核逐渐向两侧扩展，使两侧的 F 和 Fe_3C 不断转变为奥氏体，在奥氏体晶核成长的过程中，又不断有新的奥氏体晶核产生并长大，直至珠光体全部消失。

（2）残余 Fe_3C 的溶解

在奥氏体形成过程中，F 比 Fe_3C 先消失。故在铁素体 F 完全转变为奥氏体后，还有残留渗碳体 Fe_3C 尚未溶解。随着时间的延长，残余 Fe_3C 继续不断地向奥氏体溶解，直至全部消失为止。

（3）奥氏体的均匀化

当残余 Fe_3C 溶解时，实际上奥氏体的成分还是不均匀的。碳的浓度在原来 Fe_3C 处较高，而在原来 F 处较低，还需要延长保温时间，通过碳原子的扩散，才能使奥氏体中含碳量渐趋均匀。因此，热处理保温的目的，是使工件的组织转变完全以及使奥氏体成分均匀，以便在冷却后得到良好的组织和性能。

亚共析钢要加热到 Ac_3 以上，同样，对于过共析钢需加热到 Ac_{cm} 以上才能获得单相的奥氏体组织。

5.1.1.2　奥氏体晶粒的长大

当 P→A 转变刚完成时，所得到的奥氏体晶粒是细小的。当温度增高或保温时间延长，细小的奥氏体晶粒便通过晶粒之间的相互吞并逐渐长大。一般根据标准晶粒度等级图确定钢的奥氏体晶粒大小，标准晶粒度等级分为 8 级（图 5－3），1-4 级为粗晶粒度，5-8 级为细晶粒度。

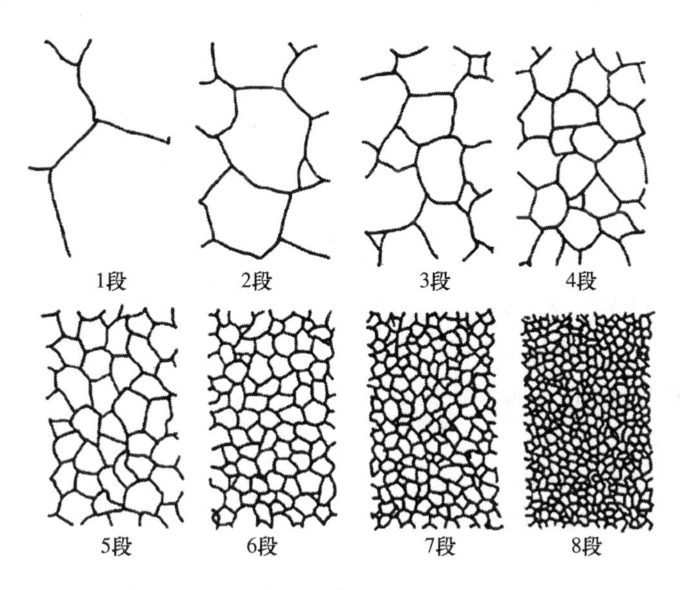

图 5－3　标准晶粒度

（1）实际晶粒度和本质晶粒度

钢在某一具体加热条件下，实际获得的奥氏体晶粒的大小称为奥氏体的实际晶粒度，它决定钢的性能。奥氏体晶粒细小，冷却后产物组织的晶粒也细小。一般细小晶粒钢有较高的强度和塑性，尤其是钢的冲击韧性远比粗大晶粒的钢要高得多。因此，钢在加热时，必须严格控制加热温度及保温时间，从而获得细小而均匀的组织，保证产品的热处理质量。

钢在加热时奥氏体晶粒长大的倾向用本质晶粒度来表示。钢加热到 930℃±10℃、保温 8 小时、冷却后测得的晶粒度叫本质晶粒度。如果测得的晶粒细小，则该钢称为本质细晶粒钢；反之，叫本质粗晶粒钢。

（2）影响奥氏体晶粒度的因素

①加热温度和保温时间。随加热温度升高，晶粒将逐渐长大。温度越高，或在一定温度下保温时间越长，奥氏体晶粒越粗大。

②钢的成分。奥氏体中碳含量增高，晶粒长大倾向增大。未溶碳化物则阻碍晶粒长大。钢中加入钛、钒、铌、锆、铝等元素，有利于得到本质细晶粒钢，因为碳化物、氧化物和氮化物弥散分布在晶界上，能阻碍晶粒长大。锰和磷促进晶粒长大。

5.1.2 钢在冷却时的组织转变

钢经加热获得奥氏体组织后，如在不同的冷却条件下冷却，最终可使钢获得不同的力学性能。如45钢制造的直径为15mm的轴，经840℃加热后，由于冷却条件不同，在性能上会产生明显差别，如表5-1所示。为了弄清这些差别的原因，必须了解奥氏体在冷却过程中的组织变化规律。

表5-1 45钢经不同热处理后的性能（试样直径为15mm）

热处理方法	机械性能				
	σ_b（MPa）	σ_g（MPa）	δ（%）	Ψ（%）	A_k（J）
退火（随炉冷却）	600~700	300~350	15~20	40~50	32~48
正火（空气冷却）	700~800	350~450	15~20	45~55	40~64
淬火（水冷）低温回火	1500~1800	1350~1600	2~3	10~12	16~24
淬火（水冷）高温回火	850~900	650~750	12~14	60~66	96~112

各种热处理工艺的冷却方式归纳起来有两种（图5-4）。

- 等温冷却：将奥氏体化的钢迅速冷却到 Ar_1 以下某一温度，并等温停留一段时间，让奥氏体在此温度下完成其转变过程，然后再冷却到室温。
- 连续冷却：将奥氏体化的钢以不同的冷却速度（如炉冷、空冷、油冷、水冷等）连续冷却到室温。

下面仍以共析钢为例，说明冷却方式对钢组织及性能的影响。

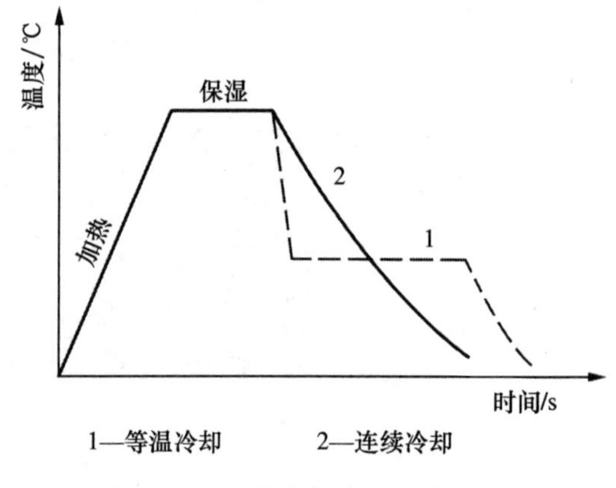

1—等温冷却　　2—连续冷却

图5-4 两种冷却方式示意图

5.1.2.1 奥氏体等温冷却时的转变

当温度在 A_1 以上时，奥氏体是稳定的。当温度降到 A_1 以下后，奥氏体处于过冷状态，这种奥氏体称为过冷奥氏体。过冷奥氏体是不稳定的，会转变为其他组织，但并不是一冷却到 A_1 温度以下就立即转变，而是在转变前会停留一定时间，这段时间称为孕育期。

将高温奥氏体迅速冷却到低于 A_1 的某一温度并保持恒定，让过冷奥氏体在恒定温度下完成转变，称为过冷奥氏体的等温转变。

（1）C曲线图的概况

全面表达过冷奥氏体的等温转变温度与转变产物之间关系的图形称为奥氏体的等温转变图，因其形状如字母C，故称为C曲线图或TTT图（图5-5）。可见，在 A_1 以上是奥氏体稳定区域，其中：

①左曲线为过冷奥氏体转变的开始线，它的左方是过冷奥氏体区（这一段时间为孕育期）；右曲线为过冷奥氏体转变终止线，它的右方转变已经完成，是奥氏体转变产物区。在两条曲线之间是过渡区，转变正在进行。

②M_S 称为上马氏体点，表示过冷奥氏体转变为马氏体的开始温度，共析钢约为230℃；M_f 为下马氏体点，表示过冷奥氏体转变为马氏体的终止温度，共析钢约为-50℃。

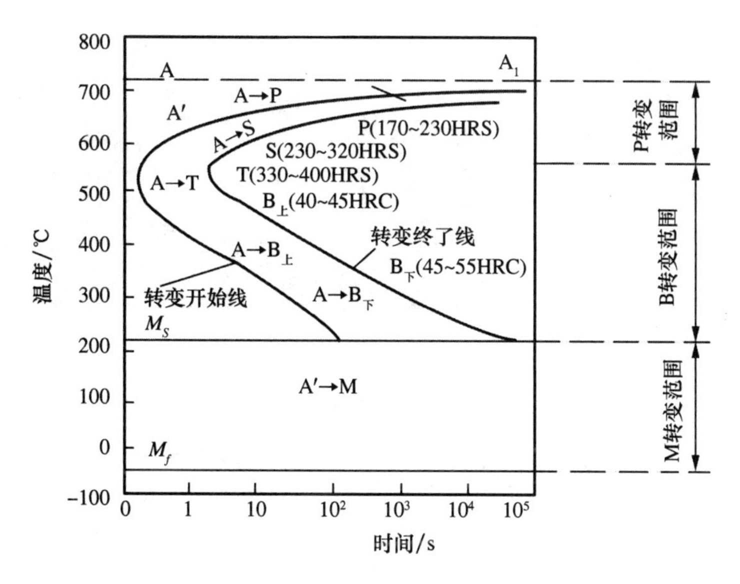

图 5-5 共析钢的等温转变图

③在 C 曲线拐弯处（约 550℃）俗称鼻子，孕育期最短，此时奥氏体最不稳定，最容易分解。

（2）影响 C 曲线的因素

①含碳量。过共析钢随含碳量增加或亚共析钢随含碳量减少都使 C 曲线左移（即过冷奥氏体越不稳定），故碳钢中以共析钢的过冷奥氏体最为稳定。

②合金元素。常用合金元素（除 Co 外）溶入奥氏体中都会使 C 曲线向右移（即增加过冷奥氏体的稳定性），合金元素的影响比碳更显著。

③其他因素。奥氏体晶粒越粗大或奥氏体成分越均匀，C 曲线越向右移（即过冷奥氏体越稳定）；奥氏体中残存的未溶质点越多，C 曲线越向左移即降低过冷奥氏体的稳定性）。

（3）奥氏体等温转变产物的组织与性能

①高温转变→P 型转变。在 A_1 ~550℃范围，奥氏体等温转变的产物均为珠光体（F 和 Fe_3C 片层状混合物）。转变温度越低即过冷度越大，所得到的珠光体越细。根据所形成的珠光体片层间距的大小，分别称为珠光体、索氏体和托氏体。其中，珠光体片层较粗，索氏体片层较细，托氏体片层更细，需用电子显微镜才能分辨出它们的层片状（见图 5-6）。

珠光体的力学性能主要取决于片层间距的大小，片层间距越小，则珠光体的塑性变形抗力越大，钢的强度和硬度越高，韧性越好。

②中温转变→B 型转变。在 550℃ ~ M_S（230℃）范围将发生贝氏体转变。贝氏体也是 F 和 Fe_3C 的机械混合物，但由于转变温度低，原子活动能力较弱，碳原子扩散不够充分。过冷奥氏体虽然分解成 F 和 Fe_3C 的混合物，但铁素体 F 中溶解的碳超过了正常的溶解度，转变后得到的组织为含碳量具有一定过饱和程度的铁素体 F 和极分散的渗碳体 Fe_3C 所组成的混合物即贝氏体。

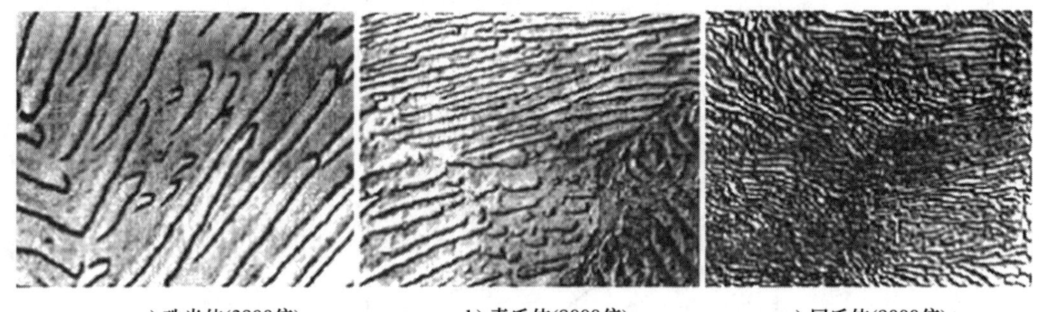

a) 珠光体(3800倍)　　b) 索氏体(8000倍)　　c) 屈氏体(8000倍)

图 5-6　珠光体型组织

表 5-2　上贝氏体与下贝氏体的特征比较

组织名称	形成温度	显微组织特征	硬度 HRC	其他
上贝氏体	550~350	铁素体呈平行扁平状，细小渗碳体条断续分布在铁素体之间，在光学显微镜下呈暗灰色羽毛状特征。	40~45	韧性差
下贝氏体	350~230	铁素体呈针叶状，细小碳化物呈点状分布在铁素体中，在光学显微镜下呈黑色针叶特征。	45~55	韧性较好

奥氏体向贝氏体的转变属于半扩散型转变，铁原子不扩散而碳原子有一定扩散能力。通常把在 550~350℃范围转变的产物称为上贝氏体（$B_{上}$），上贝氏体呈羽状，硬度为 40~45HRC，塑性很差，没有实用价值，在热处理时应避免出现。在 350~230℃范围等温转变的产物称为下贝氏体（$B_{下}$），下贝氏体呈黑色竹叶状，其硬度高，为 45~55HRC，韧性也比较好（图 5-7）。上贝氏体与下贝氏体的特征比较见表 5-2。

a) 上贝氏体

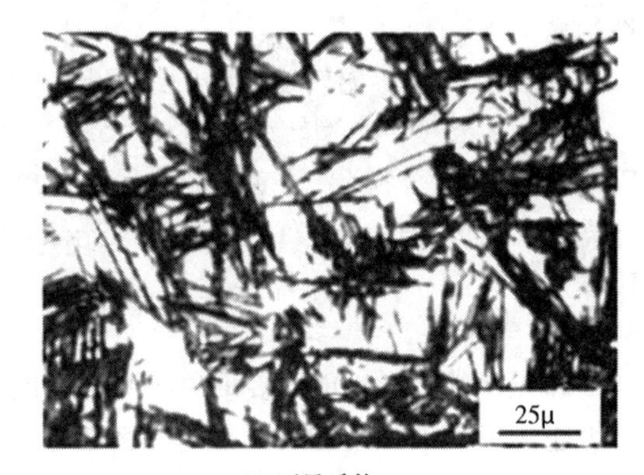

b) 下贝氏体

图 5-7　贝氏体的显微组织

综上所述，过冷奥氏体在 A_1 以下不同的温度区域进行等温转变，得到的转变产物及特性均不相同（见表 5-3）。

表 5－3　过冷奥氏体等温转变的产物组织及性能

组织名称	符号	形成温度范围/℃	显微组织特征	硬度（HRC）
珠光体	P	A_1～650	粗片状混合物	<25
索氏体	S	650～600	细片状混合物	25～35
托氏体	T	600～550	极细片状混合物	35～40
上贝氏体	$B_上$	550～350	羽毛状	40～45
下贝氏体	$B_下$	350～M_s	黑色针状	45～55

③低温转变→M 型转变。当奥氏体以极大的过冷度急剧冷却到 M_S 线以下，便进入了马氏体转变区。马氏体是碳在 α-Fe 中的过饱和固溶体，是单相亚稳定组织。过饱和碳使 α-Fe 的体心立方晶格被歪曲成体心正方晶格（图 5－8），发生了很大畸变，产生很强的固溶强化。

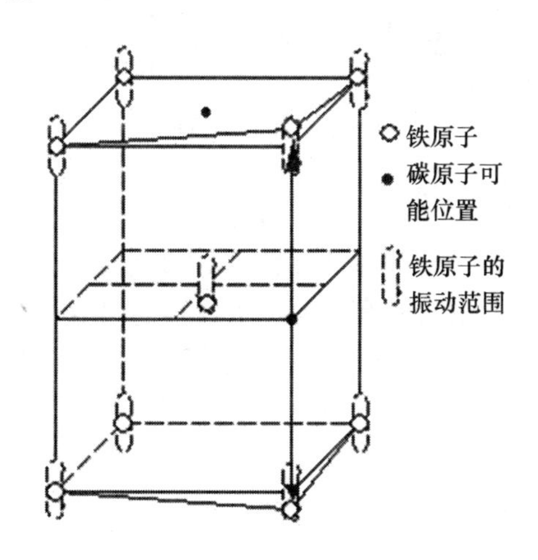

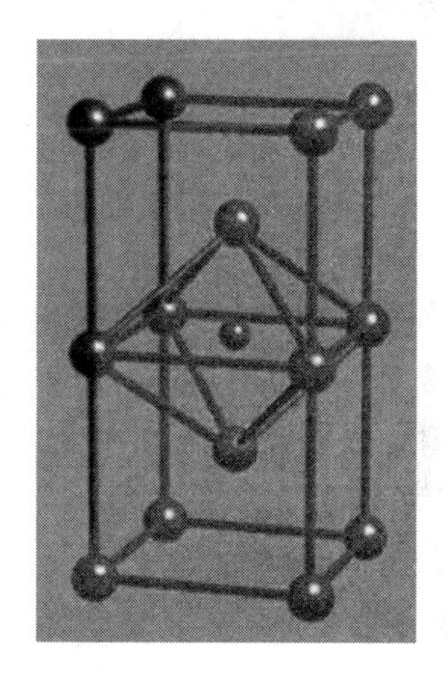

图 5－8　马氏体晶格示意图

马氏体转变有如下特点：

A. 过冷奥氏体转变为马氏体是一种非扩散型转变。由于转变温度低，原子扩散能力小，在马氏体转变过程中，钢中的碳原子已不能扩散，被迫全部保留在铁的晶格中，仅仅只有铁的晶格改组，即铁原子由面心立方晶格向体心立方晶格重新排列而未发生碳的扩散和析出。

B. 马氏体的形成速度很快。马氏体转变是在一定温度范围（M_S～M_f）内进行，无孕育期，速度极快。马氏体的数量随温度下降而不断增多，如果冷却在中途停止，则奥氏体向马氏体转变也立即停止。

C. 马氏体转变不能进行到底。即使过冷到 M_f 以下的温度仍有一定量奥氏体存在，这部分未发生马氏体转变的奥氏体称为残余奥氏 A′。奥氏体中的碳含量越高，则 M_S、M_f 越低，A′含量越高。只在碳质量分数少于 0.6% 时，A′可忽略。为减少残余奥氏体，将淬火后的工件冷却到室温以下（－50～－80）℃处理，这种操作称为冷处理。

D. 马氏体形成时体积膨胀。马氏体的比容（容积/密度）比奥氏体的比容大，转变时体积将会发生膨胀，在钢中造成很大的内应力，严重时导致开裂。

实验证明，当奥氏体中的含碳量高于 1.0% 的钢淬火后几乎只形成呈针状的马氏体，故针状马氏体又称为高碳马氏体，其性能是高强度、高硬度，但塑性、韧性很低，脆性大。而奥氏体中的含碳量低于0.20%的钢淬火后几乎全部形成一束束细条状的马氏体，称为板条马氏体或低碳马氏体。低碳马氏体具有较高的强韧性。奥氏体中碳的含量介于0.2%～1.0%时，淬火后呈针片状和板条状的混合物，奥氏体中含碳量越高，淬火组织中针状马氏体量越多，板条马氏体量越少。马氏体显微组织如图5－9所示。

a) 板条马氏体

15μ

b) 针状马氏体

图5－9　马氏体的显微组织

马氏体的硬度主要取决于马氏体中的含碳量，马氏体中由于溶入过多的碳而使α－Fe晶格发生畸变，增加其塑性变形的抗力，故马氏体的含碳量越高，其硬度也越高。但当钢中含碳量大于0.6%时，淬火钢的硬度增加很慢，这是因为淬火钢中存在残余奥氏体所致。

工程应用典例

以前人们普遍认为，马氏体是硬而脆的组织。但是，实验研究和生产实践说明，低碳钢淬火成马氏体状态后，既具有高的强度，又有较好的塑性和韧性，人们将其简称为低碳马氏体。

我国石油机械长期沿用苏联的设计规范，选用高冲击韧性、低强度材料制造零部件，使用强度低，造成产品结构“傻大笨粗”、使用寿命不长的弊端。例如石油钻机的轻型吊环原用苏联进口图纸，选材为35钢，正火后使用，吊环组织为索氏体，抗拉强度只有520MPa，所以吊环尺寸庞大，达296kg，十分笨重。现改用低碳马氏体钢20CrMn2MoVA，淬火、低温回火后使用，组织为综合性能好的低碳马氏体，抗拉强度高达1500MPa，质量较前减轻了两倍，只有98kg，深受用户欢迎。

钢在冷却时，过冷奥氏体的转变产物根据其转变温度的高低可分为高温转变产物珠光体、索氏体、托氏体，中温转变产物上贝氏体、下贝氏体，低温转变产物马氏体等几种。

随着转变温度的降低，其转变产物的硬度增高，韧性的变化则较为复杂。

5.1.2.2　奥氏体连续冷却时的转变

在生产实际中，多数热处理都是在连续冷却下完成的，如在水、油、盐溶液中及在空气中自然冷却等，只是在特殊工艺要求下，有的热处理才采用等温淬火或等温退火。

（1）奥氏体连续冷却的特点

奥氏体的连续冷却转变与等温转变有一定的区别，奥氏体的分解不是在恒温下进行的，开始分解的温度比分解终了时的温度高，在整个分解过程中，分解出来的组织没有等温分解时那样一致。如共析钢以缓慢速度连续冷却时，虽获得的组织是珠光体，但其中有的珠光体层片粗，有的细。

（2）奥氏体连续转变产物的组织与性能

由于连续冷却转变曲线测定较困难，而目前等温转变曲线资料较多，为方便起见，常把代表连续冷却的冷却速度线（如 v_1、v_2、v_3 等）画在 C 曲线上。根据它们与 C 曲线相交的位置近似地估算出组织及性能。

过冷奥氏体连续冷却转变产物的组织与性能见表 5－4。

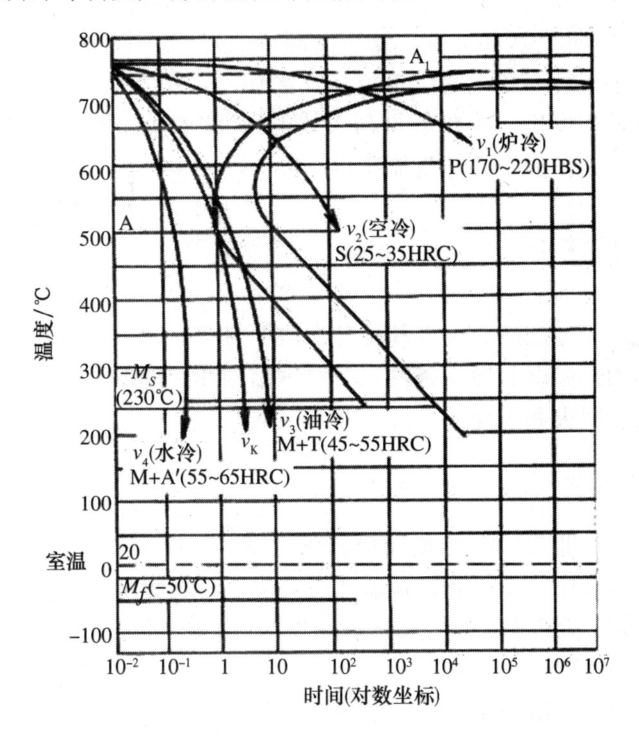

图 5－10　在 C 曲线上近似分析钢在连续冷却时的组织转变

下面仍以共析钢为例，用等温度转变图近似分析钢在连续冷却时的过程。如图 5－10 所示，共析碳钢过冷奥氏体连续冷却转变产物的组织和性能为：

①v_1（随炉冷）：根据它与 C 曲线相交的位置，接近过冷奥氏体等温转变为珠光体的温度范围 700℃～650℃，故可判断转变产物为珠光体组织 170～220HBS。

②v_2（空冷）：冷速较快一些，在较低一点的温度范围 650℃～600℃穿过 C 曲线，使奥氏体分解得到以索氏体为主的组织。

③v_3（油冷）：冷却曲线只穿过奥氏体开始分解曲线，所以奥氏体中只有部分分解成了托氏体，而另一部分来不及分解，便过冷到 M_S 线以下向马氏体转变，结果得到托氏体与马氏体的混合组织 45～55HRC。

④v_4（水冷）：冷却曲线已不再与 C 曲线相交，而最多只是相切，故奥氏体在 M_S 温度线以上未发生任何转变，全部过冷到 M_S 线以下转变为马氏体 55～65HRC。

表 5-4　过冷奥氏体连续冷却转变产物的组织与性能

冷却速度	速度值	相当于冷却条件	转变产物	符号	硬度
v_1	10℃/min	炉冷	珠光体	P	170~220HBS
v_2	10℃/s	空冷	索氏体	S	25~35HRC
v_3	150℃/s	油冷	托氏体+马氏体	T+M	45~55HRC
v_4	600℃/s	水淬	马氏体+少量残余奥氏体	M+A′	55~65HRC
v_k	马氏体临界冷却速度		马氏体+少量残余奥氏体	M+A′	55~65HRC

（3）临界冷却速度

v_C 在图中恰好与 C 曲线的“鼻部”相切，表示奥氏体在连续冷却中途不发生分解，而全部过冷到 M_S 以下向马氏体转变，这个全部转变为马氏体的最小冷却速度 v_C 称为临界冷却速度。v_C 与钢的成分有关，含碳量愈高及含有多数合金元素时，C 曲线右移，即奥氏体稳定性增加，孕育期加长，故要获得马氏体的 v_C 可小些。如中碳钢在水中冷却才能获马氏体，而合金中碳钢在油中冷却就能获得马氏体。

5.2　热处理工艺

热处理工艺是指通过加热、保温和冷却来改变材料组织以获得所需性能的方法。根据钢在实际操作中的加热温度、冷却条件以及对钢结构和性能的要求，可将热处理工艺分为退火、正火、淬火、回火和表面热处理。

5.2.1　退火与正火

退火与正火是应用非常广泛的热处理，在机械零件或工量模具等工件的制造过程中，通常作为预先热处理工序，安排在铸造或锻造之后、切削粗加工之前，用以消除前一工序（锻、铸、冷加工等）所造成的某些缺陷，并为随后的工序（热处理、拉拔等）做好准备。

车床主轴零件用 45 钢制造，为了消除锻造留下的内应力，有利于切削加工，调整组织，便于后续热处理工艺，往往在锻造后选用正火。

5.2.1.1　退火

退火就是将钢加热到一定温度（图 5-11），保温一定时间，然后随炉一起缓慢冷却下来，以得到稳定组织的一种热处理方法。

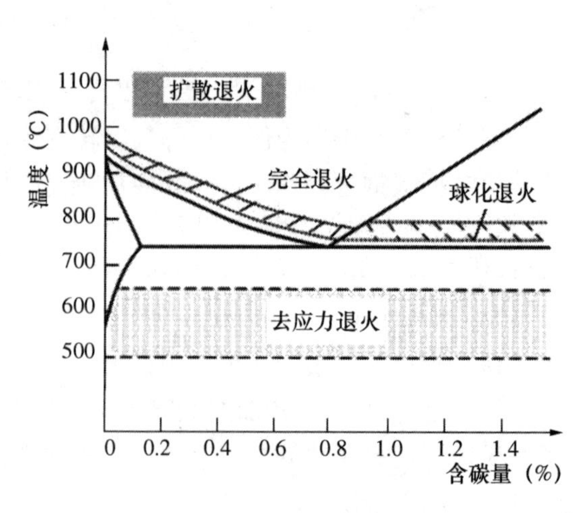

图 5-11　各种退火的加热温度

（1）退火目的

①细化晶粒，均匀钢的组织及成分，改善钢的性能或为随后的热处理作好组织准备。

②降低钢的硬度，提高塑性，以利于切削加工及冷变形加工。

③消除在前一工序（如锻造、轧制、铸造等）中所产生的内应力，防止变形和开裂。

（2）常用的退火方法

①完全退火。将钢加热至 Ac_3 以上 30℃～50℃，完全奥氏体化后保温一段时间，随之缓慢冷却，获得接近平衡状态组织的工艺称为完全退火。

完全退火又称重结晶退火，在加热过程中，钢的组织全部转变为奥氏体，而在冷却过程奥氏体又转变为细小而均匀的平衡组织（珠光体+铁素体），从而降低钢的硬度，细化了钢的晶粒，提高了塑性，充分消除了内应力。

完全退火主要适用于亚共析钢，用于锻、轧、铸、焊等热加工后的钢件毛坯，退火后的组织为铁素体和珠光体。

低碳钢和过共析钢不宜采用完全退火。低碳钢完全退火后硬度偏低，不利于切削加工。过共析钢加热至 Ac_{cm} 以上奥氏体状态在缓慢冷却时，将沿晶界析出网状二次渗碳体，使钢的强度、塑性和冲击韧性显著降低。

②球化退火。将钢加热至 Ac_1 以上 20℃～30℃，保温一段时间，以不大于 50℃/h 的冷却速度冷却下来的工艺称为球化退火，如图 5－12 所示。

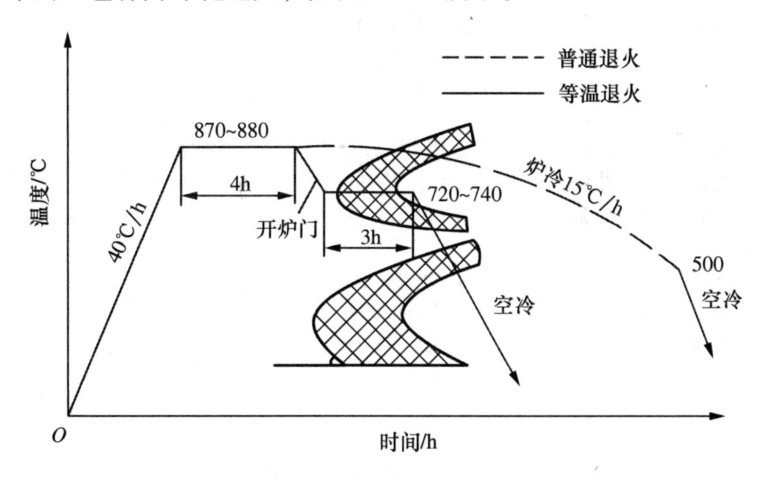

图 5－12　球化等温退火工艺

球化退火的目的在于使过共析钢获得球状珠光体，如图 5－13 所示。球状珠光体是其中的渗碳体呈球形的颗粒，弥散分布在铁素体基体之内的混合物。球状珠光体与片状珠光体比较，硬度较低，切屑易于断开，便于切削加工，并且在淬火加热时，奥氏体晶粒不易粗大，冷却时工件变形、开裂倾向小。

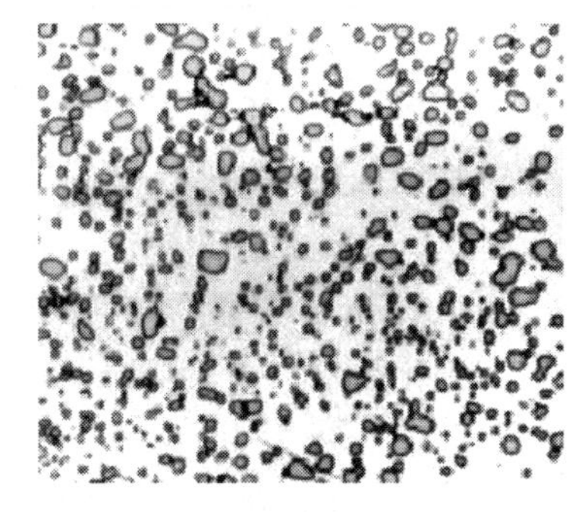

图 5－13　球状珠光体

球化退火主要用于制造刀具、量具、模具等的共析钢和过共析钢，如碳素工具钢、合金工具钢、轴承钢。主要目的是降低硬度，改善切削加工性，并为淬火作好组织准备。

若钢的原始组织中有网状渗碳体或其他组织缺陷时，应先用正火消除后再球化退火。

③去应力退火。将钢加热到低于 A_1 的某一温度（一般取 600℃～650℃），保温一定时

间后缓慢冷却的工艺称为去应力退火。去应力退火主要用于消除铸铁、锻件、焊接件、冲压件及机加零件的残余应力，稳定尺寸，减少使用过程中的变形。

零件中存在的内应力是十分有害的，如不及时消除，将使零件在加工及使用过程中发生变形，影响工件的精度。另外，内应力与外加载荷叠加在一起还会引起材料发生意外断裂。因此，锻造、焊接以及切削加工后（精度要求高）的工件应采用去应力退火，以消除加工过程中产生的内应力。常用的退火方法比较见表5-5。

表5-5 常用的退火方法

名 称	目 的	工 艺	组 织	应 用
完全退火	细化晶粒，消除铸造偏析，降低硬度，提高塑性	加热到 Ac_3 + 30℃～50℃，炉冷至 550℃左右空冷	F+P	亚共析钢的铸、锻、轧件，焊接件
等温退火	细化晶粒，消除铸造偏析，降低硬度，提高塑性	亚共析钢加热到 Ac_3 + 30℃～50℃，共析钢或过共析钢加热到 Ac_3 + 20℃～40℃，较快冷却到 Ar_1 以下某温度，等温一段时间，再空冷	F+P，P，P+Fe_3C	合金钢、大型铸钢件
球化退火	降低硬度，改善切削性能，提高塑性韧性，为淬火作组织准备	加热到 Ac_1 + 20℃～40℃，保温然后缓冷至 600℃左右空冷	片状珠光体和网状渗碳体组织转变为球状	共析、过共析钢及合金钢的锻件、轧件等
均匀退火	改善或消除枝晶偏析，使成分均匀化	加热到 Ac_3 以上 100℃～200℃，长时间保温（10～15h）后缓冷	粗大组织（组织严重过烧）	合金钢铸锭及大型铸钢件或铸件
去应力退火	消除残余应力，提高尺寸稳定性	加热至 500℃～650℃保温，缓冷至 200℃空冷	无变化	铸、锻、焊、冷压件及机加工件

5.2.1.2 正火

将钢加热到临界点 A_3 或 Ac_{cm} 以上 30℃～50℃，进行完全奥氏体化后在空气中冷却，这种热处理工艺称为正火（图5-14）。

（1）正火目的

细化晶粒，均匀组织，调整硬度等。

（2）正火组织

共析钢 S、亚共析钢 F+S、过共析钢 Fe_3C_{II} +S。

（3）正火工艺

正火保温时间和完全退火相同，应以工件透烧即心部达到要求的加热温度为准，还应考虑钢材、原始组织、装炉量和加热设备等因素。正火冷却方式最常用的是将钢件从加热炉中取出在空气中自然冷却。对于大件也可采用吹风、喷雾和调节钢件堆放距离等方法控

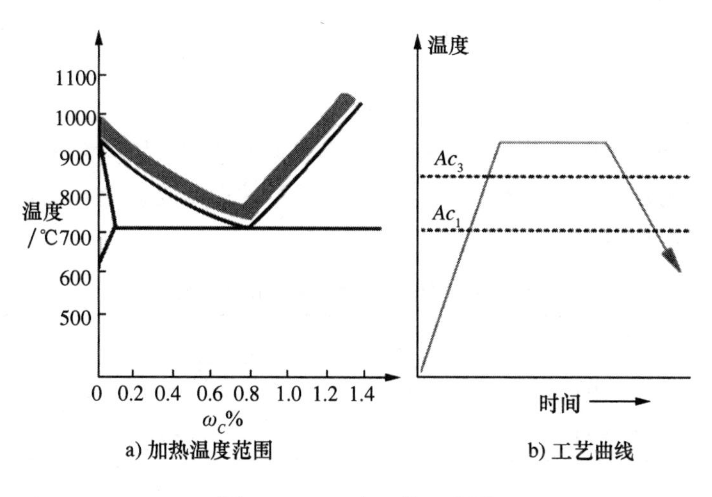

图5-14　正火工艺示意图

制钢件的冷却速度，达到要求的组织和性能。

（4）正火的应用

①改善钢的切削加工性能。碳的含量低于0.25%的碳素钢和低合金钢，通过正火处理，可以减少自由铁素体，获得细片状珠光体，使硬度提高，可以改善钢的切削加工性，提高刀具的寿命和减小表面粗糙度。

②消除热加工缺陷。中碳结构钢铸、锻、轧件以及焊接件在加热加工后易出现粗大晶粒等过热缺陷和带状组织。通过正火处理可以消除这些缺陷组织，达到细化晶粒、均匀组织、消除内应力的目的。

③消除过共析钢的网状碳化物，便于球化退火。当过共析钢中存在严重网状碳化物时，将达不到良好的球化效果，通过正火处理可以消除网状碳化物，改善机械性能，并为以后的热处理作好准备。

④提高普通结构零件的机械性能。一些受力不大、性能要求不高的碳钢和合金钢普通结构零件，采用正火处理，达到一定的综合力学性能，可以代替调质处理，作为零件的最终热处理。

5.2.1.3　退火与正火的选择

退火与正火在某些方面有相似之处，正火实质上是退火的一个特例，二者加热温度相同、目的基本相同，均能消除内应力，细化晶粒。不同之处在于冷却速度不同，正火的冷却速度比退火稍快，生产周期短、成本低。故正火后钢的组织比较细，强度、硬度、韧性都比退火后的高，并且塑性也不降低，故在实际选用时可从以下三方面考虑。

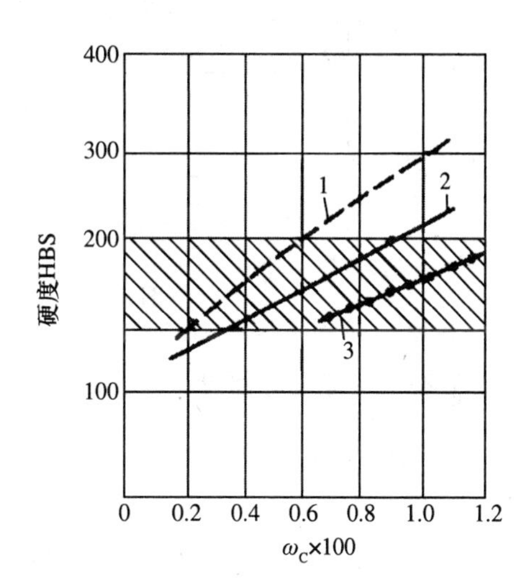

1—正火　2—完全退火　3—●化退火

图5-15　钢退火与正火后的硬度值范围

（1）从切削加工性考虑

一般认为钢材硬度在170～230HBS时，其切削加工性最好。硬度过高，刀具容易磨损，难以加工。硬度过低，切削时容易“黏刀”，使刀具发热而磨损，而且加工后的工件表面不光，粗糙度大。因此，作为预先热处理，低碳钢正火优于退火，而高碳钢正火后硬度过高，必须采用退火，如图 5-15 所示。

（2）从使用性能上考虑

对于亚共析钢制的零件来说，正火处理比退火具有较好的力学性能（表 5-6）。若零件性能要求不高，可用正火作为最终热处理。但当零件形状复杂时正火的冷却速度较快，易引起开裂，此时采用退火为宜。

表 5-6　45 钢正火、退火状态的力学性能

状态	σ_b（N/mm^2）	δ（%）	α_K（J/cm^2）	HBS
退火	650~700	15~20	40~60	180
正火	700~800	15~20	50~80	220

（3）从经济上考虑

正火比退火的生产周期短，成本低，生产效率高，操作方便，故在可能的条件下应优先采用正火。各种退火、正火的加热温度范围和工艺曲线如图 5-16 所示。

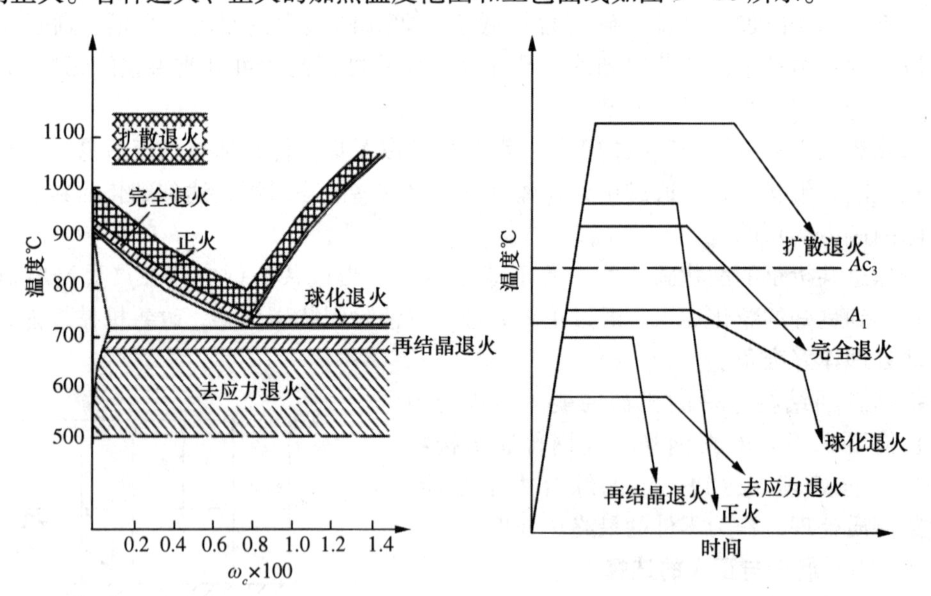

图 5-16　各种退火与正火的工艺示意图

5.2.2　淬火与回火

5.2.2.1　淬火

将钢加热到 Ac_1 或 Ac_3 以上 30℃~50℃，在此温度下保持一段时间，然后快速冷却下来，以获得高硬度的热处理工艺方法称为淬火。

（1）淬火的目的

淬火后可得到以马氏体为主的不稳定组织，然后和不同的回火温度相配合，获得所需的力学性能。

（2）淬火温度的确定

原始组织为球状珠光体的 T8 钢，如淬火加热温度为 600℃（<Ac_1），则淬火后的硬度与淬火前的退火状态基本相同；如淬火加热温度为 780℃（Ac_3+30℃~50℃），则淬火后的硬度能达到 63HRC；如淬火温度提高至 1000℃（>Ac_3），虽然淬火后硬度能达到 63HRC，但是冲击韧性显著降低。钢的淬火温度主要由化学成分和 Fe-Fe_3C 相图来选择，如图 5－17 所示。

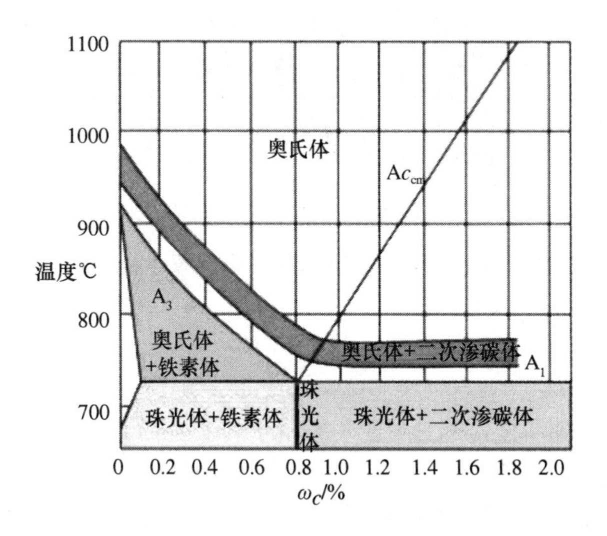

图 5－17　碳钢淬火温度范围

①亚共析钢 Ac_3+（30~50）℃。在此温度下可获得全部为细晶粒的奥氏体组织，淬火后可获得细小均匀的马氏体。如果温度过高，则有晶粒粗化现象，淬火后获得粗大的 M，使钢的脆性增大；如果温度过低，在 Ac_1 与 Ac_3 之间，则有部分铁素体未能全部溶入奥氏体，则淬火后的组织为 M+F，柔软的铁素体保存下来，淬火硬度不足。

②过共析钢 Ac_1+（30~50）℃。

③共析钢的淬火温度为 Ac_1 以上 30℃~50℃。

比较下列材料经不同热处理后硬度值的高低，并说明其原因。

①T12 钢加热到 700℃后，投入水中快冷；②T12 钢加热到 750℃后，投入水中快冷；③T12 钢加热到 900℃后，投入水中快冷。

答题要点：②T12 钢加热到 750℃后，投入水中快冷后硬度值最高；①T12 钢加热到 700℃后，投入水中快冷后硬度值最低。

过共析钢 T12 钢的淬火温度，选择在 Ac_1 以上 30℃~50℃（即 750℃左右），在此温度下的组织为奥氏体和次生渗碳体，即有部分渗碳体未溶入奥氏体中，因而淬火后的组织中，就有很硬的渗碳体保留下来，使钢的硬度和耐磨性大大增加（图 5－18）。

反之，若加热到 Ac_{cm}（900℃）以上后，一方面因渗碳体的溶解，提高了奥氏体中的含碳量，使淬火后的残余奥氏体量增加，引起硬度的降低；另一方面，加热温度太高，会促使奥氏体的晶粒长大，同时还会出现严重的脱碳现象。因此，过共析钢的淬火温度只能

图 5-18　T12 钢（含 1.2%C）正常淬火组织

选择在 Ac_1 以上 30℃~50℃。T12 钢加热到 700℃后，投入水中快冷，组织未改变，硬度值最低。

（3）淬火介质

能使钢在加热后得到一定冷却速度的介质称为淬火介质。冷却速度应保证淬火后马氏体的形成，如果冷速过高，容易引起淬火内应力，造成工件的变形或开裂；如果冷速太低，则淬火后硬度不足。对于冷却速度的控制，实际上是通过冷却介质来实施的。

常用的淬火介质有水、盐水、油、熔化盐、空气等（表 5-7）。水和盐水的优点是在 650℃~550℃范围内冷却较快，缺点是在 300℃~200℃范围内冷却速度仍然过快，容易引起变形和开裂。因此，水冷一般用于形状简单的碳钢零件淬火。矿物油的优点是在 200℃~300℃范围内冷却速度慢，缺点是在 650℃~550℃范围内冷却速度也慢。碳钢用油冷却，有珠光体和铁素体生成，钢不能淬硬，故矿物油主要用于合金钢零件的淬火。

由钢的奥氏体等温转变曲线可知：为避免生成珠光体，在 C 曲线“鼻尖”附近（约 550℃）需要快冷，而在 650℃以上或 400℃以下并不需要快冷，特别是在 M_S 线附近发生马氏体转变时，不能快冷，否则会引起工件的变形与开裂。实际上，很难找到合乎理想的冷却介质（图 5-19），但可以根据不同淬火介质的特性正确使用，以符合工件在冷却时的要求。美国应用浓度为 15% 聚乙烯醇、0.4% 抗粘附剂、0.1% 防泡剂的淬火介质，国内使用比较广泛的新型淬火介质有过饱和硝盐水溶液等，它们的共同特点是冷却能力介于水、油之间，接近理想的淬火介质。

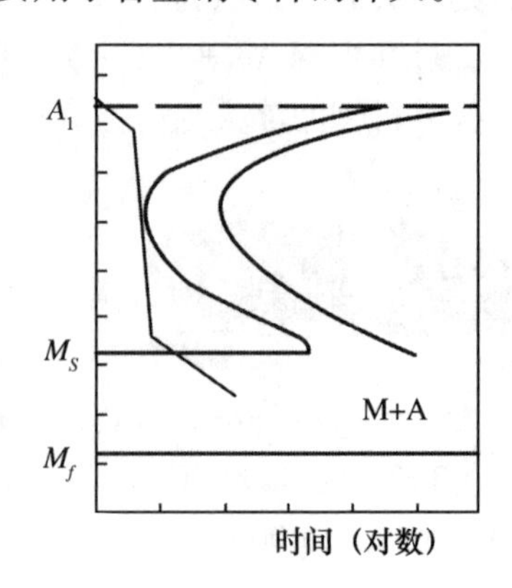

图 5-19　理想淬火冷却速度

表 5－7　淬火介质比较

淬火介质		水	油	盐水	碱浴	硝盐浴
冷速	650℃～550℃	600℃/s　快	150℃/s　太慢	1000～1200℃/s	比油快	比油稍弱
	200℃～300℃	270℃/s　太快	30℃/s　慢	300℃/s	比油弱	比油弱
特点		•高温冷速快，可保证工件淬硬 •低温冷速快，工件易变形开裂 •冷却能力对水温敏感 •杂质使冷却能力下降	•低温冷速慢，工件不易变形、开裂 •高温冷速慢，工件易分解，淬不硬 •易老化、易燃 •油温增加，冷却能力增加（20℃～80℃）	•冷却能力强 •工件表面质量好，硬度均匀 •易变形开裂 •易腐蚀	•既能保证工件淬硬，又能使变形开列程度减少 •流动性好 •工件环境差	
用途		碳钢	合金钢 小截面碳钢	形状简单，截面尺寸大的碳钢	小件、形状复杂、精度要求高的工件	

一般对碳素钢而言，低、中碳钢用 10% 的食盐溶液淬火，高碳钢水淬油冷，而合金钢用矿物油淬火。

奇闻轶事：蒲元锻制“神刀”

随着淬火技术的发展，人们逐渐发现了淬火介质对淬火质量的影响。三国时期，蒲元为诸葛亮锻制出能够“斩金断玉，削铁如泥”的“神刀”三千口，不仅运用了当时先进的炒钢冶炼技术，而且最后一道工序淬火也至关重要。淬火工序看起来容易，但操作起来极难，它跟烧热的火候、冷却的程度、水质的优劣都有很大的关系。淬火淬得不够，则刀锋不硬，容易卷刃；淬火淬过头，刀锋会变脆，容易折断。据《诸葛亮别传》上讲，蒲元对淬火用的水质很有研究。他认为“蜀江爽烈”，适宜于淬刀，而“汉水钝弱”，不能用来淬火。他专门派士兵到成都去取江水。由于山路崎岖，坎坷难行，所取的江水打翻了一大半，士兵们就掺入了一些活水。水运到以后，当即就被蒲元识破了。在 1700 年前，蒲元就发现了水质的优劣会影响淬火的效果，这实在是了不起的成就。而在欧洲，到近代才开始研究这个问题。

虽然三国制刀能手蒲元等人已经认识到用不同的水作淬火的冷却介质，可以得到不同性能的刀，但仍没有突破水的范围。北齐冶炼家綦毋怀文则实现了这一突破，他使用了动物尿和动物油脂作为冷却介质。动物尿中含有盐分，冷却速度比水快，用它作淬火冷却介质，淬火后的钢比用水淬火的钢坚硬；动物油脂冷却速度则比水慢，淬火后的钢比用水淬火的钢有韧性。这是对钢铁淬火工艺的重大改进，一方面扩大了淬火介质的范围，另一方面可以获得不同的冷却速度，以得到不同性能的钢。綦毋怀文还可能使用了一种比较复杂的双液淬火法，即先在冷却速度大的动物尿中淬火，以保证工件的硬度；然后在冷却速度小的动物油脂中淬火，以防止工件开裂和变形，使其有一定的韧性。这样可以得到性能比较好的钢，避免单纯使用一种淬火介质淬火（即单液淬火）的局限。綦毋怀文能在 1400 年前，在钢铁冶炼、制刀、淬火工艺等方面取得如此杰出的成就，是中华民族的骄傲。

（4）淬火方法

为了保证淬火质量，最大限度地减少变形和避免开裂，除正确选用淬火冷却介质外，还应采用正确的淬火方法。

①单液淬火：将加热后的工件浸入一种淬火介质（通常为水或油），直到零件冷至室温为止的方法，如图 5－20 中 1 所示。

此法的优点是操作简便，便于实现机械化与自动化；缺点是使零件产生较大的内应力，容易产生变形甚至裂纹，只适用于形状简单、变形要求不大的工件。通常，碳钢淬火采用水，盐水等作淬火介质，合金钢一般临界冷却速度较低，采用油作淬火介质。

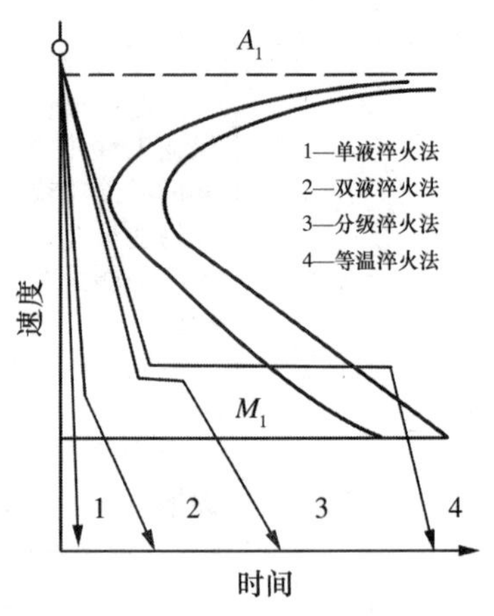

图 5－20　常用的淬火方法曲线

②双液淬火：将加热后的工件先放在一种冷却速度较大的淬火介质如水中进行冷却，待冷却到 300℃～400℃时，躲过了奥氏体最不稳定的温度区间 500℃～600℃，再迅速转移到另一种冷却速度较小的淬火介质如油中进行冷却，使过冷奥氏体转变为马氏体，如图 5－20 中 2 所示，这种先水后油或先油后空气的冷却方法称为双液淬火。

双液淬火的优点是可以减小零件的内应力及由此而引起的变形和开裂的可能性；缺点是不易掌握零件在水中的时间（若时间过短，中心部分淬不硬；若时间过长，失去了双液淬火的意义）。这种方法主要应用于碳素工具钢制造的易开裂的工件，如丝锥板牙等。

③马氏体分级淬火：将加热后的工件浸入一种温度较 M_S 稍高或稍低的冷却介质如 150℃～260℃熔盐浴或碱浴中并停留 2～5 分钟，使零件内外层温度均匀一致，并在奥氏体开始分解之前，迅速转入另一种冷却介质如油或空气中冷却至室温，使奥氏体转变为马氏体，这种冷却方法称为马氏体分级淬火，如图 5－20 中 3 所示。

马氏体分级淬火的主要优点是通过在 M_S 附近保温，使工件内外温差减至最小，可以减轻淬火应力，防止工件变形和开裂。但也有一个停留时间的问题，即停留时间太短，无法减少热应力；停留时间太长，则发生贝氏体转变，将使硬度降低。这种方法一般用于形状复杂的碳钢或合金钢的小型零件。

④贝氏体等温淬火：将加热后的工件浸入一种稍高于 M_S 点的冷却介质如熔盐中，并停留足够长的时间，使过冷奥氏体在此温度下发生等温转变得到贝氏体，然后取出空冷至室温，如 5－20 中 4 所示，这种冷却方法称为贝氏体等温淬火。

下贝氏体组织具有较高的硬度和韧性，故此法的优点是能够使零件得到较高的硬度，且具有良好的韧性，并可以减少或避免工件的变形和开裂，一般情况下不必再回火；缺点是零件的直径或厚度不能过大，否则心部将会因为冷却速度慢而产生珠光体类型转变达不到淬火之目的。

贝氏体等温淬火常用于形状复杂，强度及冲击韧性要求高的各种小型模具、成型刀具。

（5）钢的淬透性

实际淬火时零件截面上各点的冷速是不一样的，表面冷得快，心部冷得慢，其截面上的冷速是从表面向心部逐渐降低，如图 5－21 的 a）所示。如果工件表面及中心的冷却速

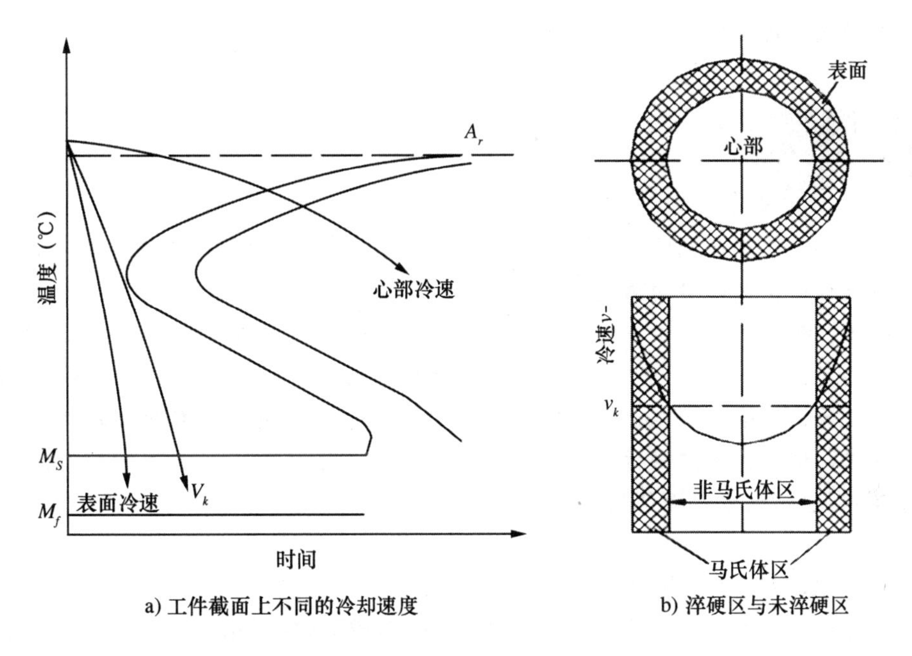

a) 工件截面上不同的冷却速度　　b) 淬硬区与未淬硬区

图5-21　工件淬硬层与冷却速度的关系

度都大于该钢的临界冷却速度，则整个截面都能获得马氏体组织，即钢被完全淬透了。若表面的冷却速度大于临界冷却速度，而心部的冷却速度小于临界冷却速度，则表面得到马氏体，心部获得非马氏体组织，如图5-21的b）所示，表示工件未被淬透。

钢淬火时形成马氏体的能力叫作钢的淬透性。钢的淬透性与钢的临界冷却速度有密切的关系，临界冷却速度越低，钢的淬透性越好。

①影响淬透性的因素。影响淬透性的主要因素是化学成分，除Co以外，所有溶于奥氏体中的合金元素都提高淬透性。另外，奥氏体的均匀性、晶粒大小及是否存在第二相等因素都会影响淬透性。

②淬透性表示方法。钢的淬透性可用临界直径来衡量，临界直径是指钢材在某种介质中淬火后，心部得到全部马氏体（或50%马氏体）组织的最大直径，用D_0表示。在同一冷却介质中，D_0越大，其淬透性越好；但同一钢种在冷却能力大的介质中，比冷却能力小的介质中所得的D_0要大些（表5-8）。

表5-8　钢的临界直径比较　　（单位：mm）

牌　号	水　淬	油　淬
45	13~16.5	5~9.5
20 Cr	12~19	6~12.5

③淬透性的实用意义。淬透性好的钢棒整个截面机械性能一致均匀，强度高，韧性好，而淬透性差的钢心部强韧性差。

钢的淬透性和淬硬性是有区别的。淬硬性是指工件经过淬火后能达到的最高硬度值，主要取决于钢的含碳量。低碳钢淬火最高硬度值低，淬硬性差，而高碳钢淬火最高硬度值高，淬硬性好。淬透性则受钢中合金元素的影响很大，淬透性好的钢，淬硬性不一定高，而淬透性较差的钢淬火后可有高的硬度。

直径为25mm的40CrNiMo棒料毛坯，经正火处理后硬度高很难切削加工，这是什么原因呢？请设计一个最简单的热处理方法以提高其机械加工性能。

答题要点：合金元素如钼、锰、铬、镍、硅和硼等溶解于奥氏体中以后，都能增加过冷奥氏体的稳定性，推迟珠光体类型的转变，使C曲线右移，提高了钢的淬透，合金钢高温轧制或锻造后，空冷下来能获得马氏体组织。40CrNiMo棒料毛坯经正火处理后硬度高，很难切削加工，这是因为该钢材淬透性极好，正火空冷后即可得到马氏体和珠光体组织，故采用正火+高温回火方法降低硬度，改善切削加工性能。

(6) 淬火缺陷简介

在淬火过程中，不正确的淬火工艺和操作可能造成下列各种缺陷（表5-9）。

表5-9 淬火缺陷成因及防治措施

淬火缺陷	成　因	防治措施
硬度不足	含碳量低；加热温度不足或保温不够；冷却速度不够大；淬火介质陈旧有杂质；表面严重脱碳等	正火后重新淬火
软　点	水蒸气泡使零件局部不能与水直接接冷却；工件表面未清理干净，钢的组织不匀，或淬火操作不当等	正火后重新淬火（氧化脱碳引起的则无法补救）
过　热	加热温度过高或保温时间过长	正火或退火后重新淬火
过　烧	加热温度接近于熔化温度，奥氏体晶界处产生熔化或氧化	无法补救，零件报废
氧　化	零件表面与空气中的氧发生氧化	改善加热炉的密封性或在炉中放置能产生防护性气体的物质如木炭或某些惰性气体；盐浴炉、真空电炉加热，或工件表面涂防氧化剂涂料等
脱　碳	加热时的密封性差，使空气大量进入炉膛内，表面层的碳被氧烧损	
变　形	淬火内应力超过钢的屈服点	校正
开　裂	淬火内应力超过钢的强度极限	工件报废

工程应用典例

某厂在热处理一批W18Cr4V钢制模数为m=12、外径为Φ170mm的盘形齿轮铣刀时，工艺规定的淬火加热温度为1270℃。但由于控温仪表失灵，表指温度比实际炉温低35℃。幸亏操作者发现炉温的变化，立即采取终止生产进行重新测温的措施，避免了大批过热产品的发生，但仍有少量齿轮铣刀出现了过热引起的裂纹。金相检查发现，淬火晶粒粗大，裂纹均发生于网状碳化物处。由此可见，裂纹系加热温度过高所致，因过热形成的共晶碳化物沿晶界呈网状分布，在晶界上形成一层硬壳使钢产生了很大的脆性，阻碍了钢的塑性变形，在淬火冷却时产生的极大应力作用下引起淬火裂纹。

另一工厂生产的柴油机气门弹簧在使用中发生疲劳裂纹，弹簧材料为50CrVAl钢丝，860℃淬火油冷，460℃回火，硬度为43~49HRC，对断裂的弹簧钢丝进行金相检查，发现有表面脱碳，而这种脱碳在原材料钢丝中并未发现，这说明弹簧脱碳是在热处理淬火加热时产生的，可见弹簧疲劳裂纹与表面脱碳有关，因为表面脱碳后使表层强度降低，容易发生疲劳裂纹甚至发展到疲劳断裂。

5.2.2.2　回火

工件经淬火后得到的马氏体性能很脆，并存在很大的内应力，不能满足使用性能的要求，如不及时回火，时间久了工件就会有发生开裂的危险。将淬火后的钢件重新加热到 Ac_1 以下的某一温度，经过保温后在空气中自然冷却的操作过程称为回火。

（1）回火的目的

①降低脆性，消除内应力，防止工件在使用过程中产生变形和开裂。

②提高钢的韧性，适当调整钢的强度和硬度，以满足各种工件的使用要求。

③减少或消除残余奥氏体，以稳定工件尺寸，保证工件的精度等级。

（2）回火时组织和性能的变化

根据加热温度的不同，淬火钢的回火组织转变可分为四个阶段：

第一阶段（200℃以下）：马氏体分解。

第二阶段（200℃~300℃）：残余奥氏体分解。

第三阶段（250℃~400℃）：碳化物的转变。

第四阶段（400℃以上）：渗碳体的聚集长大与 α 相的再结晶。

在回火过程中，由于组织发生了变化，钢的性能也随之改变（图5-22）。总的变化规律是随加热温度的升高，钢的强度、硬度下降，而塑性、韧性提高。40钢的力学性能与回火温度的关系如图5-23所示。由图可见，40钢的屈服强度 σ_s 在300℃以下加热时，

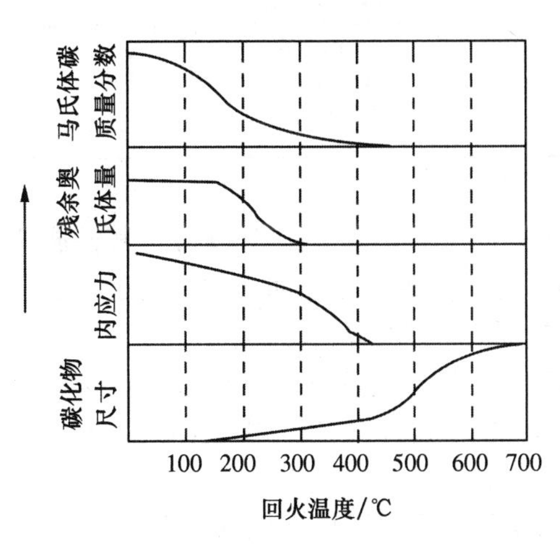

图5-22　淬火钢随回火温度转变示意图

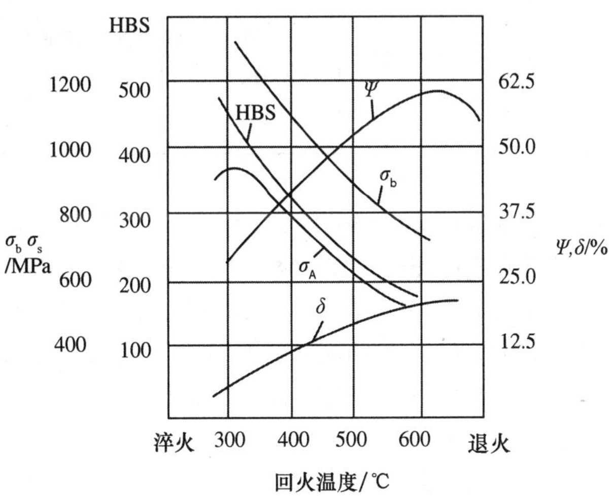

图5-23　40钢的力学性能与回火温度的关系

随回火温度的升高而提高，这主要是由于淬火内应力的消除和高度分散的极细碳化物的强化作用。钢的韧性在400℃以下还较低，以后随着温度升高而迅速上升，到600℃左右可达到最高值，而后因晶粒的粗化有所下降。

一般地说，回火钢的性能只与加热温度的高低有关而与冷却速度无关。值得注意的是，回火后有些钢自538℃以上慢冷下来其韧性反而显著降低，这种现象称为高温回火脆性，也称为第二类回火脆性。这种脆性主要发生在含Cr、Ni、Si、Mn等合金元素的结构钢中。碰到这种情况，可以用回火后快冷的方法来避免。

淬火钢在250℃~350℃范围回火时出现的脆性叫作低温回火脆性，也叫第一类回火脆性。几乎所有的钢都存在这类脆性，这是一种不可逆回火脆性，目前尚无有效办法完全消除这类回火脆性，所以一般都不在250℃~350℃这个范围回火。

（3）回火的种类及应用

根据加热温度的不同，回火可分为低温、中温和高温回火三类，表5-10是不同回火组织的性能特点。

表5-10　回火组织的性能特点

工艺名称	回火温度（℃）	回火组织	组织特征	回火后硬度（HRC）	性能特点	用　途
低温回火	150~250	回火马氏体 $M_{回}$	极细的ε碳化物分布在马氏体基体上	58~64	强度硬度高，耐磨性好。硬度一般为58~64HRC	工具钢、滚动轴承 渗碳件、表面淬火件
中温回火	250~500	回火托氏体 $T_{回}$	细粒状渗碳体分布在针状铁素体基体上	35~45	弹性极限屈服极限高，具有一定的韧性。硬度一般为35~45HRC	弹簧钢、热作模具
高温回火	500~600	回火索氏体 $S_{回}$	粒状渗碳体分布在多边形铁素体基体上	25~35	综合机械性能好，强度塑性和韧性好。硬度一般为25~35HRC	重要结构件、机械零件

①低温回火（150℃~250℃）。低温回火后组织是回火马氏体（图5-24），其性能特点是具有高的硬度（58~64HRC）和高的耐磨性及一定的韧性。低温回火主要用于切削刀具（钻头、铣刀、铰刀等）、滚珠轴承、模具以及各种表面热处理的零件。

②中温回火（350℃~500℃）。中温回火后的组织是回火屈氏体，其性能特点是钢的弹性极限和屈服强度比较高，硬度达35~45HRC，并具有适当的韧性。中温回火主要用于弹簧、发条及热锻模具等。

③高温回火（500℃~600℃）。高温回火后的组织是回火索氏体（图5-25），回火索氏体综合机械性能最好，即强度、塑性和韧性都比较好，硬度一般为25~35HRC。工业生产中，常把淬火后再加高温回火的联合工艺称为调质。调质处理主要用于各类重要的结构零件，特别是那些在交变载荷下工作的连杆、螺栓、齿轮及轴类等。

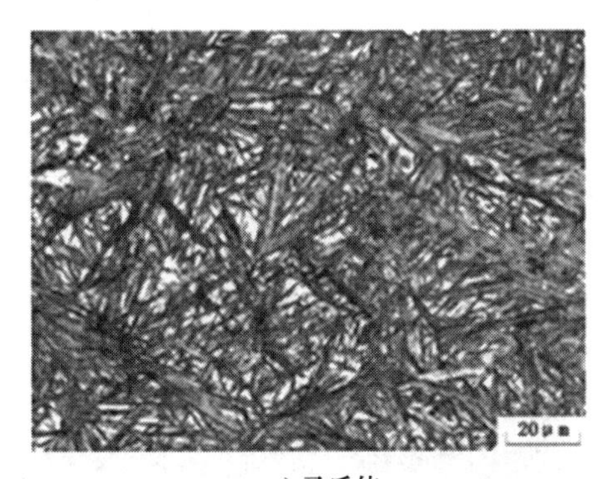

a) 马氏体　　b) 回火马氏体

图 5-24　马氏体与回火马氏体

调质与正火处理相比，不仅强度较高，而且塑性、韧性远高于正火钢，这是由于调质后钢的组织是回火索氏体，其渗碳体呈球粒状，而正火后组织为索氏体，且索氏体中渗碳体呈薄片状，当工件受载荷作用时，片状渗碳体尖端会引起应力集中，因而影响了钢的机械性能，故重要零件应采用调质。表 5-11 为 40 钢经正火与调质后力学性能比较。

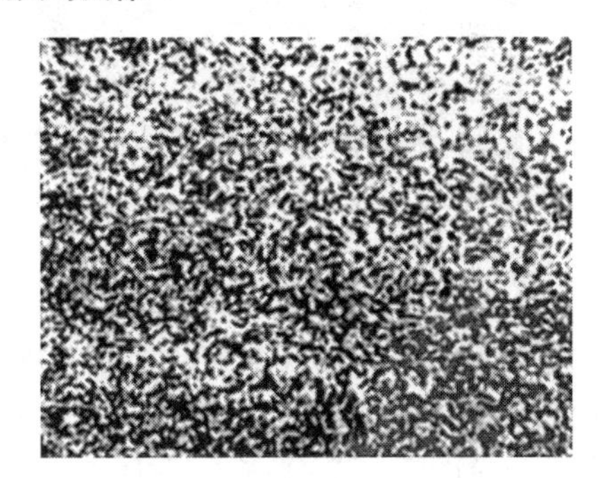

图 5-25　回火索氏体

表 5-11　40 钢正火及调质后力学性能比较

热处理工艺	σ_b (N/mm^2)	σ_b (N/mm^2)	δ (%)	φ (%)	α_K (J/cm^2)
正火	575	313	19.9	36.3	68.4
调质	595	346	30	65.4	139.5

回火时间一般为 1～3 小时，回火冷却一般为空冷。一些重要的机器和工模具，为了防止重新产生内应力和变形、开裂，通常采用缓慢的冷却方式。对于有高温回火脆性的钢件，回火后应进行油冷或水冷，以抑制回火脆性。

5.2.3　钢的表面热处理

车床主轴箱里的齿轮，表面需具有高硬度和耐磨性，而心部需要足够的塑性及韧性。如何来满足这样的性能要求呢？显然，如果单从材料方面去考虑是满足不了要求的，若采用高碳钢，经热处理后其表面硬度和耐磨性较高但心部韧性不足，遇到冲击载荷，就会有断裂的危险；若采用低碳钢，虽然其韧性较高，能承受冲击载荷，但极易磨损。要解决这个问题，应使这类零件的工作表面与心部具有不同的性能，采用表面热处理的方法。

常用的表面热处理方法有两种：一种是表面淬火，主要是改变零件的表面层组织；另一种是化学处理，可以同时改变零件表面层的化学成分和组织。

5.2.3.1 表面淬火

表面淬火是指通过快速加热与立即淬火两道工序，使钢的表面层被淬火成马氏体组织，获得硬而耐磨的使用性能，心部仍保持原来的退火、正火或调质状态。表面淬火一般用于中碳钢和中碳低合金钢，如45、40Cr、40MnB钢等，用于齿轮（图5－26）、轴类零件的表面硬化，提高耐磨性。

图5－26 齿轮感应加热淬火示意图

（1）感应加热表面淬火

利用感应电流通过工件所产生的热效应，使工件表面受到局部加热，并进行快速冷却的淬火工艺称为感应加热淬火（图5－27）。

①感应加热淬火原理。感应线圈通入交流电时，就会在其内部和周围产生与交流频率相同的交变磁场。若把工件置于感应磁场中，则工件内部将产生感应电流并由于电阻的作用被加热。感应电流在工件表层密度最大，而心部几乎为零，这种现象称为集肤效应。交流电的频率越高，集肤效应越显著，故感应加热层就越薄。在生产中，为了得到不同的淬硬层深度，可采用不同频率的电流进行加热，电流频率与淬硬层深度的关系见表5－12。

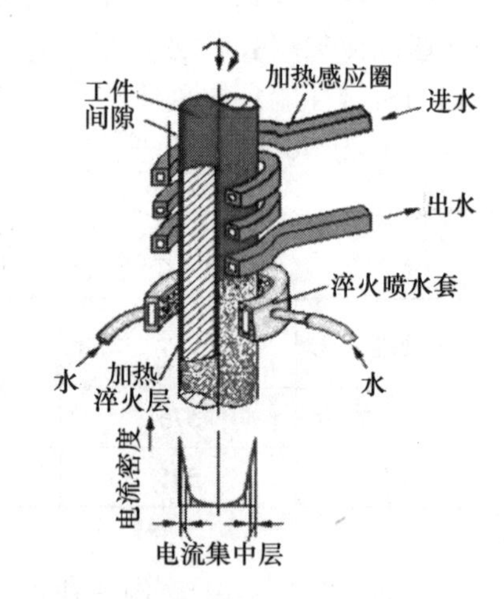

图5－27 感应加热示意图

表5－12 感应加热淬火的频率选择

类　别	频率范围	淬硬层深度	应用举例
高频感应加热	200～300 kHz	0.5～2mm	在摩擦条件下工作的零件，如小齿轮、小轴
中频感应加热	1～10 kHz	2～8mm	承受扭曲、压力载荷的零件，如曲轴、主轴
工频感应加热	50 Hz	10～15mm	承受扭曲、压力载荷的大型零件，如冷轧辊

感应加热淬火工艺过程如下：在加热器通入电流，工件表面在几秒钟之内迅速加热到远高于Ac_3以上的温度，采用水、乳化液或聚乙烯醇水溶液喷射冷却（合金钢浸油淬火），零件表面层被淬硬。淬火后进行180℃～200℃低温回火，以降低淬火应力，并保持高硬度和高耐磨性。

②感应加热淬火特点。

A. 加热速度快，因而过热度大。一般只要几秒到几十秒的时间就把零件加热到淬火温度，生产率高，便于实现机械化、自动化，适宜于成批生产。

B. 工件不易氧化和脱碳，且由于内部未被加热，淬火变形小、质量好，淬硬层深度也易于控制。但形状复杂的感应器不易制造，设备费用高。

C. 表层易得到细小的隐晶马氏体，因而硬度比普通淬火提高 2~3HRC，且脆性较低。表面层淬得马氏体后，由于体积膨胀在工件表面层造成较大的残余压应力，显著提高工件的疲劳强度。

零件在高频加热淬火前，一般要经过预备热处理，如正火、调质等，目的是增加零件心部的韧性，感应加热淬火后也应根据硬度的要求，及时进行回火。工件感应加热淬火工艺流程图如图 5－28 所示。

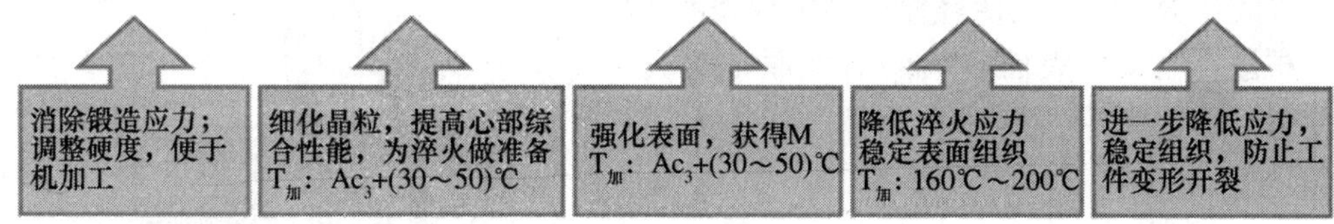

图 5－28 工件感应加热淬火工艺流程图

(2) 火焰加热表面淬火

利用乙炔-氧等高温火焰将零件表面迅速加热到淬火温度，随即喷水快速冷却，获得所需的表面淬硬层（如图 5－29 所示）。

火焰加热温度很高（3000℃ 以上），能将工件迅速加热到淬火温度，通过调节烧嘴的位置和移动速度，可以获得不同厚度的淬硬层。火焰淬火的淬硬层深度一般为 2~6mm，主要适用于单件、小批量生产及大型零件（如大型齿轮、轴、轧辊等）的表面淬火。

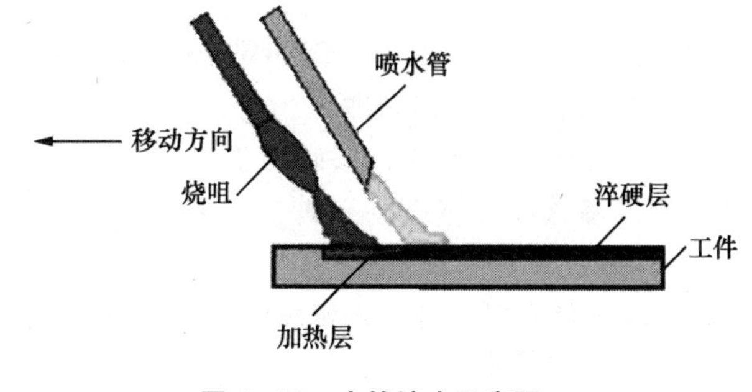

图 5－29 火焰淬火示意图

火焰淬火的特点是设备、操作简单，但温度不易控制准确，易出现过热、过烧、淬火质量不稳定。

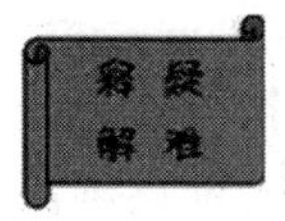

轴的尺寸为 ϕ30mm×250mm，选用 30 钢制造，经高频表面淬火（水冷）和低温回火，要求摩擦部分表面硬度达 50~55HRC，但使用过程中摩擦部分严重磨损。试分析失效原因，并提出解决问题的办法。

答题要点：使用过程中摩擦部分严重磨损的原因是表面硬度不够，30 钢经表面淬火和低温回火后硬度达不到50~55HRC，这是因为30钢的含碳量太低，可选择含碳量高些的钢。

5.2.3.2 化学热处理

对于表面承受剧烈摩擦、承受很大动载荷条件下工作的零件，表面要求耐蚀性好、耐热性好，就不能采用表面淬火的方法解决，而应采用钢的化学热处理达到上述性能的要求。化学热处理的特点是除组织变化外，表面层的化学成分也发生变化。根据渗入元素的不同，可将化学热处理分为渗碳、渗氮、碳氮共渗及渗金属等多种。

无论哪一种化学热处理工艺，元素的渗入过程基本相同，有着共同的规律，整个化学热处理过程就是下面三个过程不间歇进行的结果。

分解：介质在一定温度下，发生化学分解，产生渗入钢中的活性原子。

吸收：分解出来的活性原子被工件表面吸收。

扩散：当零件表面吸收的活性原子达到一定浓度时，活性原子继续向心部扩散，并力图达到均匀。

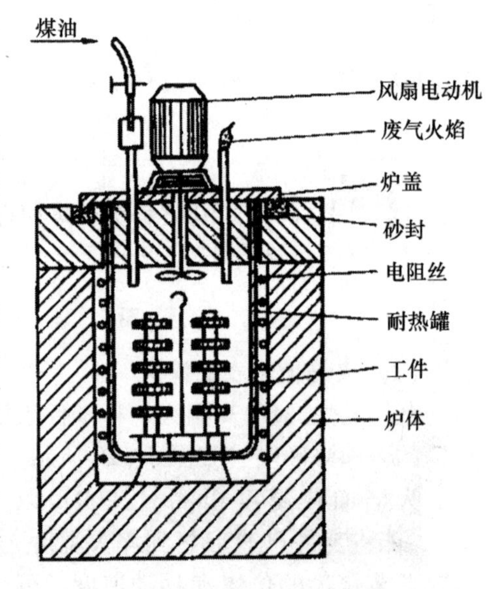

图5-30 气体渗碳法示意图

（1）渗碳

渗碳是向钢的表层渗入碳原子的过程，目的是提高钢件表层的含碳量并形成一定的碳浓度梯度。与表面淬火相比，渗碳主要用于那些对表面有较高耐磨性要求，并承受较大冲击载荷的零件。渗碳用钢为低碳钢及低碳合金钢，如20、20Cr、20CrMnTi、20CrMnMo、18Cr2Ni4W等。含碳量提高，将降低工件心部的韧性。

根据渗碳剂的不同，渗碳方法可分为固体渗碳、液体渗碳、气体渗碳三种，目前采用最多的是气体渗碳（图5-30）。

气体渗碳是将零件放入密封的渗碳炉中，加热至900℃~950℃，通入含碳的气体或直接滴入含碳的液体（如煤油、甲醇等），这些渗碳剂在高温下分解，产生活性原子。其分解反应式如下：

$$2CO \rightarrow CO_2 + [C]$$
$$CH_4 \rightarrow 2H_2 + [C]$$
$$C_2H_4 \rightarrow 2H_2 + 2[C]$$

活性碳原子被零件表面吸收后，溶入铁的晶格中形成间隙固溶体，也可与铁形成化合物Fe_3C，并向内部扩散。表面含碳量可达0.85%~1.05%，且含碳量从表面到心部逐渐减少，心部仍保持原来低碳钢的含碳量，最后形成一定深度的渗碳层。一般渗碳层深度为0.5~2.0mm，渗碳层深度主要取决于保温时间（图5-31），一般可按每小时0.2~0.25mm的速度估算。

若要使表层具有高硬度、高耐磨性，心部具有良好的韧性，应进行渗碳后淬火和低温回火处理150℃~200℃，以消除淬火应力和提高韧性。此时表层组织为细针状回火马氏体

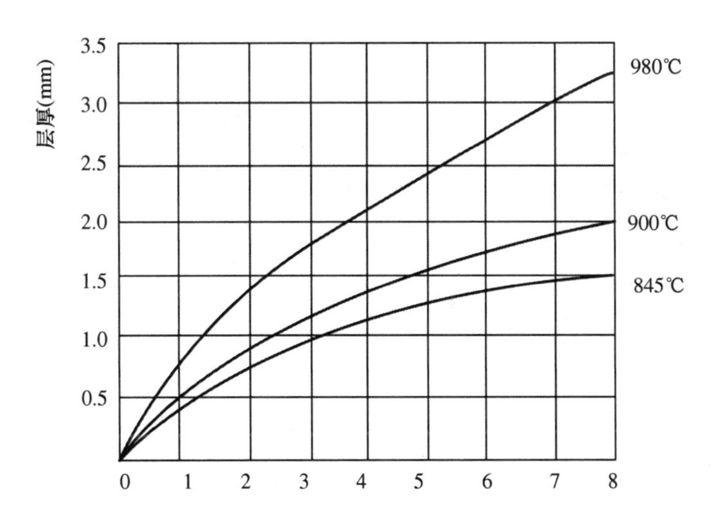

图 5－31　渗碳层厚度与温度和时间的关系

和均匀分布的细粒渗碳体，硬度高达 58~64HRC，耐磨性较好，如图 5－32 的 a)；心部因仍为低碳钢，其显微组织是铁素体和珠光体（某些低碳合金如 20CrMnTi，心部组织是全部的板条状马氏体或板条状马氏体+铁素体），硬度较低，可达 30~45HRC，因而具有较高的韧性和适当的强度，如图 5－32 的 b)。

a) 表层组织

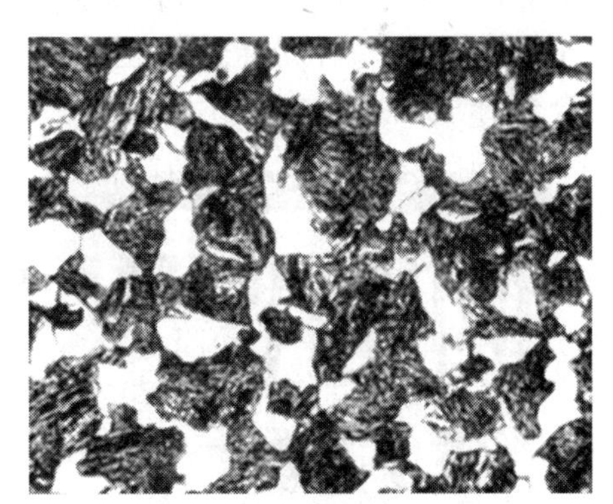

b) 心部组织(F+P)

图 5－32　渗碳淬火后的组织示意图

（2）渗氮（氮化）

渗氮的主要目的是提高零件表层含氮量，以更大地增强表面硬度和耐磨性，提高疲劳强度，同时还能提高工件的耐蚀性。飞机上的一些表面需要具有极大硬度的零件如活塞式发动机的气缸筒内壁、喷气式发动机的涡轮轴球形球头部分，以及一些齿轮等都是经过渗氮处理的。

图 5－33　井式气体渗氮炉

目前常用的渗氮方法有气体渗氮和离子渗氮等。气体渗氮是工件在气体介质中进行渗氮，工艺过程是将工件放入密闭的井式气体渗氮炉（图 5－33）内，加热到 500℃~600℃时通入氨气 NH_3，氨气在高温下分解出活性氮原子，被零件表面所吸收，然后向内扩散，形成氮化层。其化学反应式如下：

$$2NH_3 \rightarrow 3H_2 + 2\ [N]$$

由于氨气的分解在200℃以上就开始，同时铁素体对氮原子有一定溶解能力，所以氮化的温度较低，一般为500℃～600℃。渗氮层一般深度为0.1～0.6mm。渗氮用钢是含有Al、Cr、Mo等合金元素的钢，因为这些元素与氮所形成的氮化物颗粒很细，硬度很高，均匀分布在钢的基体中，对提高氮化层的性能起决定性的作用。常用的渗氮用钢有35CrAlA、38CrMoAlA、38CrWVAlA等。38CrMoAl钢氮化工艺曲线见图5－34。

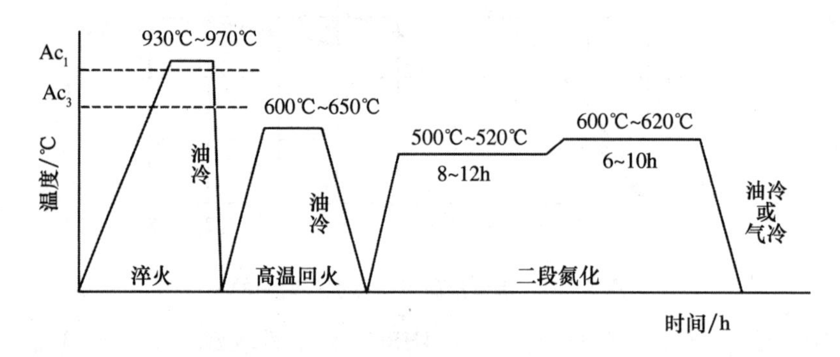

图5－34　38CrMoAl钢氮化工艺曲线图

渗氮具有表面硬度比渗碳高、渗氮温度低、零件变形小的特点，故主要适合于要求处理精度高、冲击载荷小、抗磨损能力强的零件（图5－35），如精密机床的主轴、丝杠、齿轮等。但由于氮化层很薄而且很脆，渗氮的生产周期长，一般为20～50h，必须用特殊的合金钢等，使渗氮的应用受到很大的限制。

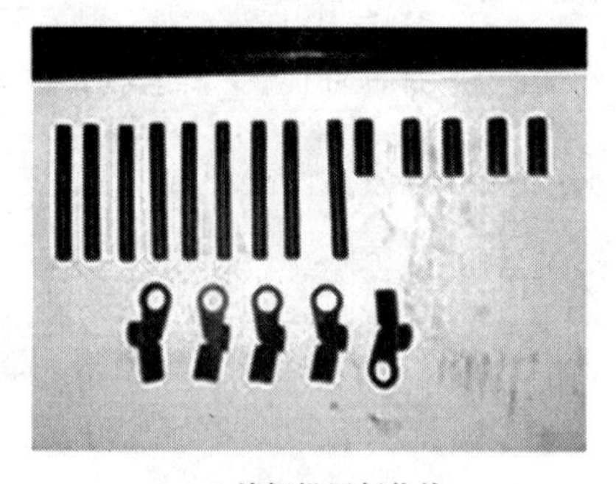

a) 缝纫机用氮化件

b) 经氮化的机车曲轴

图5－35　氮化工艺的应用

由于氮化后零件表层硬度很高，不需再进行淬火等其他热处理。但为使氮化的零件心部获得良好的机械性能，氮化前必须进行调质处理。形状复杂或精度要求高的零件，氮化前精加工后要进行消除内应力的退火，以减少氮化时的变形。

（3）碳-氮共渗

碳-氮共渗是指同时向零件表面渗入碳和氮的方法，这种方法兼有渗碳和渗氮的优点：加热温度不太高（820℃～870℃），生产周期短（一般为1～3h），可直接淬火，所用的钢种不受限制，且渗层具有较高的硬度、耐磨性和疲劳强度。目前，工厂常用此方法来处理汽车和机床上的齿轮、蜗杆和轴类等零件。

以渗氮为主的液体碳氮共渗也称为软氮化。常用的共渗介质是尿素，处理温度一般不超过 570℃，处理时间仅为 1~3h。与一般渗氮相比，渗层硬度较低，脆性较小，软氮化常用来处理模具、量具、高速钢刀具等。

（4）渗金属

钢的表层吸收金属原子的过程称为渗金属，其实质上是使钢的表层合金化，从而具有特殊性能（如耐热、耐磨、耐蚀等），生产上常用的渗金属法有渗铝、渗硼、渗铬等。渗铝可提高零件的抗高温氧化性，渗硼可提高零件的耐磨性、耐腐蚀性和硬度，渗铬可提高零件的耐腐蚀、抗高温氧化及耐磨性。

在 900℃左右采用固体或液体方式向钢渗入硼元素，钢表面形成几百微米厚以上的 Fe_2B 或 FeB 化合物层，其硬度较氮化的还要高，一般为 1300HV 以上，有的高达 1800HV，抗磨损能力很高。渗铬、渗钒后，钢表层一般形成一层碳的金属化合物，如 Cr_7C_3、V_4C_3 等，硬度很高，如渗钒后硬度可高达 1800~2000HV，适合于工具、模具增强抗磨损能力。

由于金属原子的直径比碳、氮原子的大得多，其扩散、迁移较困难，故渗金属加热温度较高，时间更长，成本也高。

表面热处理和化学热处理的比较见表 5－13。

表 5－13　表面热处理和化学热处理的比较

处理方法	表面淬火	渗碳	氮化	碳氮共渗
处理工艺	表面淬火，低温回火	渗碳，淬火，低温回火	氮化	碳氮共渗，淬火，低温回火
生产周期	很短，几秒到几分钟	长，约 3~9 小时	很长，30~50 小时	短，1~2 小时
表层深度（mm）	0.5~7	0.5~2	0.3~0.5	0.2~0.5
硬度（HRC）	58~63	58~63	65~70（1000~1100HV）	58~63
耐磨性	较好	良好	最好	良好
疲劳强度	良好	较好	最好	良好
耐蚀性	一般	一般	最好	较好
热处理变形	较小	较大	最小	较小

某柴油机凸轮轴，要求凸轮表面有高的硬度（HRC>50），而心部具有良好的韧性（A_k>40J）。原来用 ω_C=0.45% 的碳钢调质，再在凸轮表面进行高频淬火，最后低温回火。现因库存钢材用完，拟用 ω_C=0.15% 的碳钢代替。试说明：（1）原 ω_C=0.45% 钢的各热处理工序的作用；（2）改用 ω_C=0.15% 钢后，仍按原热处理工序进行，能否满足其性能要求？为什么？（3）改用 ω_C=0.15% 钢后，采用何种热处理工艺能达到所要求的性能？

答题要点：（1）调质（提高心部综合力学性能），高频淬火+低温回火（提高 HRC、耐磨性，降低脆性，保证要求的硬度值）；（2）不能，因为含碳量为 0.15% 淬不硬，表面硬度不足，耐磨性不够；（3）渗碳+淬火+低温回火。

5.2.4 热处理新工艺简介

当前热处理新工艺和新技术主要是围绕提高产品性能、节能、少或无氧化脱碳、减少公害、保护环境、减少零件变形、降低成本、提高经济效益等方面发展的，并取得了许多成果。

5.2.4.1 可控（保护）气氛热处理

在热处理时，由于炉内存在氧化气氛，使钢表面氧化与脱碳，严重降低了钢的表面质量和力学性能。为了有效控制，可向热处理炉中加入某种经过制备的气体介质（保护气氛），以减少或消除氧化脱碳现象。应用可控气氛进行热处理的方法称为可控气氛热处理。

常用的保护气体有高纯度的中性气体氮气以及惰性的氩气和氦气等。也可以是 CO、H_2、N_2 和 CO_2 等混合气体，或按比例滴入有机试剂甲醇+丙酮等，高温分解后即可形成保护气氛。当这些混合气体中的成分调节得当时，会使氧化与还原、脱碳与渗碳的速度相等，就能实现无氧化脱碳加热。

5.2.4.2 真空热处理

真空热处理是指将工件置于 0.0133~1.33Pa 的真空中进行的热处理工艺，在真空炉内可以完成退火、正火、淬火及化学热处理等工艺。金属材料在进行热处理时，真空有以下几方面的作用：防氧化作用、表面净化作用、脱气作用、加热速度缓慢均匀。

下面简单介绍几种真空热处理工艺的应用。

（1）真空退火

真空退火用于钢和铜及其合金，以及与气体亲和力强的钛、钽、铌、锆等合金。其主要目的是进行回复与再结晶，提高塑性，排除其所吸收的氢、氮、氧等气体；防止氧化，去除污染物，使之具有光洁表面，省去脱脂和酸洗工序。

（2）真空淬火

真空淬火加热时的真空度一般为 $1\sim10^{-1}$Pa，淬火冷却采用高压、气冷或真空淬火油冷却。真空淬火后钢件的硬度高且均匀，表面光洁，无氧化脱碳，变形小，钢件的强度、耐磨性、抗咬合性、疲劳强度及寿命等均有所提高。真空淬火应用于承受摩擦、接触应力的工具、模具。

（3）真空渗碳

真空渗碳是指在压力约为 3×10^4Pa 的 CH_4-H_2 低压气体中，温度为 930℃~1040℃的条件下进行的气体渗碳工艺，又称为低压渗碳。真空渗碳的优点是：真空下加热，高温下渗碳，渗速快，可显著缩短渗碳周期（约为普通气体渗碳的一半）；减少渗碳气体的消耗，能精确控制工件表面层的碳含量、碳浓度梯度和有效渗碳层深度，不产生氧化和内氧化等缺陷，环境污染小。真空渗碳零件具有较高的力学性能。

5.2.4.3 复合热处理

为了强化金属材料，将几种不同的热处理工艺加以适当的组合和交叉，从而发挥更大的强化效果，减少或简化热处理工序的方法称为复合热处理。

单一的热处理工序可以组合成很多热处理工艺，表 5－14 是热处理工序及其组成的复合热处理工艺举例。

表 5 - 14　热处理的复合

整体淬火	表面硬化	表面润滑面	复合热处理（举例）
a. 淬火、高温回火（调质）（合金钢） b. 淬火、低渐回火（工具钢）	a. 渗碳淬火 b. 渗氮 c. 液态氮碳共渗 d. 高频淬火 e. 火焰淬火	a. 渗硫（高温） b. 渗硫（低温） c. 渗硫（渗氮）	a. 渗氮+整体淬火 b. 渗氮+高频淬火 c. 液态氮碳共渗+整体淬火 d. 液态氮碳共渗+高频淬火 e. 蒸汽处理+渗氮 f. 渗碳+高频淬火 g. 渗碳淬火+低温渗硫 h. 高频淬火+低温渗硫 i. 调质+渗硫 j. 调质+低温渗硫

5.2.4.4　形变热处理

在金属材料或机器零件的制造过程中，将压力加工（如锻、轧等）与热处理工艺有效结合起来，则可同时发挥形变强化和热处理强化的作用，获得单一强化方法所不能达到的综合力学性能。这种复合的强化新工艺称为形变热处理（又称为热机械处理或加工热处理）。形变热处理工艺除了能获得优良力学性能外，还可以省去热处理时的重新加热工序，从而节省大量能源、加热设备和车间面积，减少材料氧化损失及脱碳、挠曲等热处理缺陷，可获得很大的经济效益。下面介绍相变前的高温形变及低温形变热处理（图 5 - 36 ）。

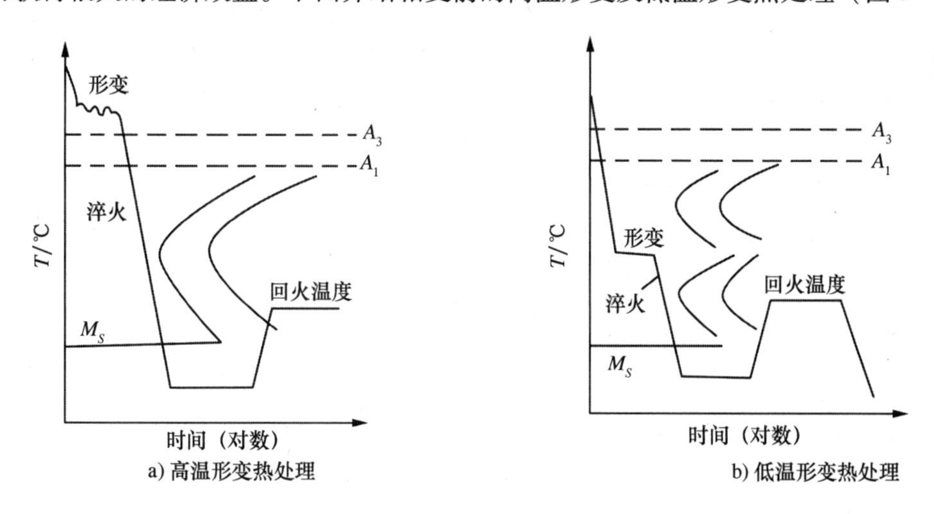

图 5 - 36　形变热处理工艺示意图

（1）高温形变热处理

将工件加热到奥氏体化温度以上，保温后进行塑性变形，然后立即淬火、回火，如图 5 - 36 的 a）所示。对亚共析钢，变形温度一般在 A_3 线以上，对过共析钢则在 A_1 线以上。锻热淬火、轧热淬火都属于这一类，它利用锻造或轧制的余热直接淬火。此工艺对结构钢、工具钢均适用。与普通淬火相比，能提高抗拉强度 10% ~ 30%，提高塑性 40% ~ 50%，冲击韧度的提高更为显著。

（2）低温形变热处理

把钢加热到奥氏体状态，过冷至临界点以下进行塑性变形（变形量为 70% ~ 80%），随即淬火并进行低温回火或中温回火的工艺称为低温形变热处理，如图 5－36 的 b）所示。这种热处理主要用于 C 曲线鼻温有较长的孕育期的合金钢以及要求强度极高的零件，如高速钢、模具钢以及弹簧、飞机起落架等。低温形变热处理与普通热处理（淬火）相比，在不降低塑性和韧性的条件下，能大幅度提高钢的强度、疲劳强度和抗磨损能力，如抗拉强度就能提高 300MPa～1000MPa。

5.2.4.5　气相沉积

气相沉积是指利用气相中发生的物理、化学过程，在工件表面形成具有特殊性能的金属或化合物涂层。它是一种优化工件性能的新工艺。如在工件表面分别沉积 Si、Ni、Ta 或 TiC、TiN 等覆盖层后，可获得良好的耐热、耐腐蚀、耐磨等性能。根据成膜原理不同，气相沉积可分为化学气相沉积（CVD）和物理气相沉积（PVD）两种工艺方法。

气相沉积层的特点：

（1）沉积层组织

在钢和硬质合金表面以 CVD 或 PVD 法形成的覆盖层，其表面光滑，能保持处理前工件的表面粗糙度，与基体的分界呈平直状态。

（2）沉积层性能

沉积层的组织结构决定了其性能，所以，可通过沉积不同的金属或化合物来满足耐磨、耐蚀、抗氧化等要求。

（3）气相沉积的应用

因沉积层具有附着力强、均匀、快速、质量好、公害小、选材广，可以得到全包覆盖镀层等比常规方法优越的特点，并能制备各种耐磨膜、耐蚀膜、润滑膜、磁性膜、光学以及其他功能薄膜。因此，在机械制造、航天、原子能、电器、轻工等部门得到了广泛的应用。

5.2.4.6　计算机在热处理中的应用

计算机在热处理中的应用日益广泛并不断发展。目前，主要有以下几方面的应用：

（1）设计计算及计算机辅助设计

设计计算涉及控制气氛平衡常数计算、热处理炉热平衡计算等。计算机辅助设计涉及热处理设备设计和热处理车间设计等。

（2）热处理工艺过程控制

建立热处理工艺过程的数学模型，利用计算机对温度、时间、气氛、压力等参数进行控制，并对整个热处理工艺过程进行监测与控制。

（3）集散控制计算机系统

由一台中央计算机控制分散各处的若干设备的工艺过程，实现对整个车间的自动化控制。

（4）热处理计算机仿真技术

建立热处理工艺数学模型，通过计算机仿真技术进行试验，预测试验结果，验证并修改数学模型，进行最优化设计等。

本章小结

本章着重阐明热处理基本原理即在加热时的组织转变和在冷却时的组织转变，阐述了热处理工艺即退火、正火、淬火、回火及表面热处理方法及其应用，揭示钢在热处理过程中工艺—组织–性能的变化规律。

复习思考题（五）

一、判断题

1. 所谓本质细晶粒钢，就是一种在任何加热条件下晶粒均不粗化的钢。(　　)

2. 高合金钢既具有良好的淬透性，又具有良好的淬硬性。(　　)

3. 低碳钢为了改善切削加工性，常用正火工艺代替退火工艺。(　　)

4. 马氏体转变时的体积胀大，是淬火钢件容易产生变形和开裂的主要原因之一。(　　)

5. 由于钢回火时的加热温度在 A_1 以下，所以淬火钢在回火时没有组织变化。(　　)

二、简答题

1. 在 T7 钢、10 钢、45 钢及 65 钢中选择合适的钢种制造汽车外壳（冷冲成型）、弹簧、车床主轴及木工工具，并回答下列问题：

①采用哪些热处理？加热温度是多少？

②组织和性能如何？

2. 确定下列钢件的退火方法，并指出退火目的及退火后的组织：

①经冷轧后的 15 钢钢板，要求降低硬度；

②ZG35 的铸造齿轮；

③锻造过热的 60 钢锻坯；

④具有片状渗碳体的 T12 钢坯。

3. 某汽车齿轮选用 20CrMnTi 制造，其工艺路线为：下料→锻造→正火①→切削加工→渗碳②→淬火③→低温回火④→喷丸→磨削。请说明①②③④四项热处理工艺的目的及大致工艺参数。

第6章　碳素钢与铸铁

【学习目的】

1. 掌握碳钢的成分、性能及应用；

2. 了解铸铁的分类，理解铸铁的组织与性能的关系，特别要理解铸铁中的石墨对铸铁性能的影响；

3. 熟悉常用铸铁的牌号、性能特点及应用范围。

【教学重点】

碳钢和铸铁的牌号、性能及主要用途及其在生产实践中的正确使用。

6.1　概　述

钢和铁是发展工农业不可缺少的物质，钢铁的产量和使用量已经成为一个国家工农业发展水平的重要标志。在建设工厂、矿井、水坝、发电站、铁路、桥梁和港湾时，都离不开建筑用钢。工厂里的机器，农田用的拖拉机、收割机，油田中的钻井机，铁路上的机车，海洋中的轮船，都要用钢制造。另外，化工设备、医疗器械、科学仪器需要不锈钢，电力工业需要硅钢。制造枪筒、炮筒要用耐高温的钨钢，坦克的外壳要用强度很高和防弹能力强的铬锰硅钢或铬镍钼钢。此外，建设导弹发射场、军港、机场等现代化军事设施，也要用大量钢铁。

纯铁是很软的金属，既不能制刀枪，也不能铸铁锅、犁锄。但当纯铁中含有一定量的碳后，就变成用途广泛的钢铁了。纯铁中含碳在0.02%以上就变成硬度较低的能拔铁丝、轧制薄白铁板等用的低碳钢；含碳量0.25%~0.6%的钢叫中碳钢，其硬度中等，可轧成建筑钢材、钢板、铁钉等制品；含碳量0.6%~2.0%时就成为硬度很高的可制刀枪、模具等的高碳钢了。低、中、高碳钢统称碳素钢。如果碳含量超过2.0%就变成又硬又脆的可铸铁锅、暖气片、犁等的生铁了，一般生铁含碳量为3.5%~5.5%。

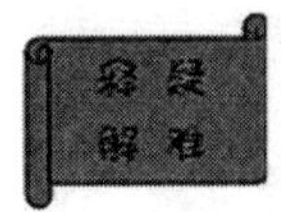

同样形状和大小的两块铁合金，其中一块是低碳钢、一块是白口铸铁，用什么简便方法可迅速将它们区分开来？

答题要点：由于低碳钢和白口铸铁含碳量不同，因此它们具有不同的特性。其最显著的区别是硬度不同：前者硬度低、韧性好，后者硬度高、韧性差。建议采用以下方法将其区分开来：①用钢锉试锉，硬者为白口铸铁，易锉者为低碳钢；②用榔头敲砸，易断者为白口铸铁，砸不断者为低碳钢。

6.2　碳素钢

含碳量小于 1.5% 的铁碳合金称为碳素钢，简称“碳钢”。碳素钢不含特意加入的合金元素，而含有少量的硫、磷、硅、锰等杂质。由于碳素钢具有良好的力学性能和工艺性能，且冶炼方便，价格便宜，故在机械制造、建筑、交通运输及其他工业部门中得到广泛的应用。

6.2.1　钢中碳与杂质对性能的影响

（1）碳

碳是决定钢性能最主要的元素。在亚共析钢中，随着含碳量增加，钢中的珠光体增加。铁素体减少，珠光体的强度、硬度比铁素体高，而塑性、韧性较铁素体低。所以，亚共析钢中，含碳量愈多，钢的强度、硬度愈高，塑性、韧性则愈低。

当含碳量超过共析成分的 0.77% 以后，由于析出的网状渗碳体围绕在珠光体晶粒周围即晶界上，削弱了晶粒间的结合力，降低了强度，增加了脆性。因此，含碳量超过 1.0% 以后，随着含碳量的增加，硬度虽然继续增加，但强度反而降低。

（2）磷和硫

硫和磷是钢中的有害杂质。硫与铁元素形成 FeS，FeS 与铁形成低熔点（985℃）的共晶体，多存在于晶界，当钢在 1200℃ ~ 800℃ 进行热加工时，由于共晶体熔化，而使钢沿晶界开裂，这种现象称为钢的热脆性。磷在常温下，降低钢的塑性和韧性，易使钢脆裂，产生冷脆性，使钢的冷加工性能和焊接性能变坏。磷不仅降低塑性，同时还提高钢的脆性转化温度，给钢材在低温下使用造成潜在的威胁。

但硫和磷有时也有有利的一面。例如 MnS 对断屑有利，而且起润滑作用，减少刀具磨损，所以在自动切削车床上用易切削钢，其硫含量高达 0.15%，用以改善钢的切削加工性，提高加工光洁度。硫还有减摩作用，有些钢制零件或工具进行表面渗硫后，可提高耐磨性。在炮弹钢中，含磷量高，其目的在于提高钢的脆性，增加弹片的碎化程度，提高炮弹的杀伤力。但对碳钢来说，总希望这两种元素愈少愈好，它们的含量是评定钢质量的主要标准。

（3）锰和硅

硅和锰是作为脱氧剂而进入钢中的。一般认为锰 0.5% ~ 0.8% 和硅 0.17% ~ 0.37% 是有益元素，它们能溶于铁素体中，具有固溶强化效果，可提高钢的强度和硬度。锰还能与硫化合成 MnS，减轻了硫的有害作用。另外，锰具有一定的脱氧能力，使钢中的 FeO 还原，降低了钢的脆性。

（4）非金属夹杂物

钢中的非金属夹杂物有氧化物（FeO、Fe_3O_4、MnO、SiO_2、Al_2O_3）、硫化物（MnS、FeS）和硅酸盐等。这些夹杂物是炼钢反应产生而未能完全排除钢液之上，或是从炉渣、炉体、铸锭设备等耐火材料中带入的。

非金属夹杂物降低钢的强度、塑性，因而夹杂物越少，钢的质量越好。

工程应用典例

法国的埃菲尔铁塔之所以闻名于世，是由于它所采用的材料和精心巧妙的设计。

1884年，法国政府为了庆祝1789年资产阶级革命胜利100周年，决定于1889年开办一个轰动世界的博览会，并计划在巴黎修建一座永久性的纪念塔。杰出的法国工程师古斯塔夫·埃菲尔提出用钢铁建造一座300米高、重量达7000吨的铁塔方案，他研究了法国及欧洲中世纪以来兴建的高大教堂和城堡史，分析了埃及金字塔和中国的寺院宝塔的特点，结合自己多年兴建桥梁、车站和教堂的经验，进行了精确的设计和计算，最后才定下施工方案。为了使塔身"稳如泰山"，不发生像比萨斜塔那样的意外，他把塔基的面积扩大到125平方米。四座塔墩用水泥浇灌，牢牢扎根在地基上。塔身分为4层，用1.3万个钢铁构件和250万个铆钉连成一体，总高达328米，这在当时是全世界最高的建筑了。这座铁塔从1887年1月20日动工，到1889年4月5日竣工，正好赶上法国资产阶级革命胜利100周年纪念。

6.2.2 碳钢的分类

(1) 按钢的碳质量分数分
- 低碳钢 $\omega_C \leqslant 0.25\%$
- 中碳钢 $0.25\% < \omega_C \leqslant 0.6\%$
- 高碳钢 $\omega_C > 0.6\%$

(2) 按钢的质量分
- 普通碳素钢 $\omega_S \leqslant 0.055\%$；$\omega_P \leqslant 0.045\%$
- 优质碳素钢 $\omega_S \leqslant 0.040\%$；$\omega_P \leqslant 0.040\%$
- 高级优质碳素钢 $\omega_S \leqslant 0.030\%$；$\omega_P \leqslant 0.035\%$

(3) 按用途分
- 碳素结构钢：用于制造各种工程构件（如桥梁、船舶、建筑构件）和机器零件等
- 碳素工具钢：用于制造各种工具（如刃具、量具）

(4) 按钢的冶炼方法分
- 平炉钢（用平炉冶炼）
- 转炉钢（用转炉冶炼）
  - 碱性转炉钢冶炼时造碱性炉渣
  - 酸性转炉钢冶炼时造酸性炉渣
  - 顶吹转炉钢冶炼时吹氧

6.2.3 碳钢的牌号、性能及用途

碳钢的品种繁多，为了生产、选用、加工、处理及交流的需要，国家标准规定碳钢的牌号采用汉语拼音字母、化学元素及阿拉伯数字相结合的方法命名，如表6-1所示。

表 6－1　碳钢的分类、牌号及用途

分　类	编号方法		常用牌号	用　途
	举例	说明		
碳素结构钢	Q235A · F	屈服点为 235MPa、质量为 A 级的沸腾钢	Q195、Q215A、Q235B、Q255A、Q255B、Q275 等	一般以型材供应的工程结构件，制造不太重要的机械零件及焊接件（参见 GB700－88）
优质碳素结构钢	45	表示平均 ω_C 为万分之 45 的优质碳素结构钢	08F、10、20、35、40、50、60、65	用于制造曲轴、传动轴、齿轮、连杆等重要零件（参见 GB699－88）
碳素工具钢	T8、T8A	表示平均 ω_C 为千分之 8 的碳素工具钢，A 表示高级优质	T7、T8Mn、T9、T10、T11、T12、T13	制造需较高硬度、耐磨性又能承受一定冲击的工具，如手锤、冲头等（参见 GB1298－6）
一般工程铸造碳钢	ZG200－400	表示屈服强度为 200MPa、抗拉强度为 400MPa 的碳素铸钢	ZG230—450 ZG270—500 ZG310—570 ZG340—640	形状复杂的需要采用铸造成形的钢质零件（参见 GB11352－89）

碳钢主要有普通碳素结构钢、优质碳素结构钢、碳素工具钢及碳素铸钢。

（1）普通碳素结构钢

根据 GB700－88《碳素结构钢》标准，普通碳素结构钢的牌号以“Q+数字+字母+字母”表示。其中，“Q”字母是钢材的屈服强度“屈”字的汉语拼音字首，紧跟后面的是屈服强度值，再其后分别是质量等级符号和脱氧方法。牌号中规定了 A、B、C、D 四种质量等级，表示钢材质量依次提高，A 级含硫、磷量最高，质量最差，D 级质量最好。按脱氧制度，沸腾钢在钢号后加字母“F”，半镇静钢在钢号后加字母“b”，镇静钢则不加任何字母。例如：Q235AF 表示屈服强度值为 235MPa 的 A 级沸腾钢。表 6－2 列举了普通碳素结构钢的牌号、化学成分和力学性能。

表 6－2　普通碳素结构钢的牌号、化学成分、力学性能

牌号	等级	化学成分/%					脱氧方法	力学性能		
		C	Mn	Si	S	P		σ_s/MPa	σ_b/MPa	σ_5/%
				不大于						
Q195	－	0.06～0.12	0.25～0.50	0.30	0.050	0.045	F，b，Z	195	315～390	33
Q215	A	0.090～0.15	0.25～10.55	0.30	0.050	0.045	F，b，Z	215	335～450	31
	B				0.045					
Q235	A	0.14～0.22	0.30～0.65	0.30	0.050	0.045	F，b，Z	235	375～460	26
	B	0.12～0.20	0.30～0.70		0.045					
	C	≤0.18	0.35～0.80	0.30	0.040	0.040	Z，TZ			
	D	≤0.17			0.035	0.035				
Q255	A	0.18～0.28	0.40～0.70	0.30	0.050	0.045	Z	255	410～550	24
	B				0.045					
Q275	－	0.28～0.38	0.50～0.80	0.35	0.050	0.045	Z	275	490～630	20

普通碳素结构钢简称普碳钢，产量约占钢总产量的70%。由于普碳钢易于冶炼、价格低廉，性能也基本满足了一般工程构件的要求，所以在工程上用量很大。

Q195、Q215、Q235A、Q235B：塑性较好，有一定的强度，通常轧制成钢筋、钢板、钢管等，可用来制作桥梁、建筑物等的构件，也可用来制作普通螺钉、螺帽、铆钉等。

Q235C、Q235D、Q235J：可用来制作重要的焊接件，其中Q235J既有较高的塑性又有适中的强度，成为应用最广泛的一种普通碳素构件用钢，即可用来制作较重要的建筑构件、车辆及桥梁等的各种型材，又可用来制作一般的机器零件，也可进行热处理。

Q255、Q275：强度较高，延伸率也较大，大量用于建筑结构，可轧制成工字钢、槽钢、角钢、钢板、钢管及其他各种型材做构件用。

此外，尚有一些专门用钢，如造船钢、桥梁钢、压力容器钢等。专门用钢一律为镇静钢，除严格要求规定的化学成分和力学性能外，还规定某些特殊的性能检验和质量检验项目，例如低温冲击韧性、时效敏感性、气体、夹杂和断口等。实践证明，在普通碳素钢中加入少量的铜、磷、钛、铬、镍等，可大大延缓锈蚀速度，具有较好的耐大气腐蚀性能，它的配方和使用不同于不锈钢，所以被称为耐候钢。我国已采用耐候钢制造客车，而且用量还在不断增加。普通碳素钢材在大气中极易腐蚀，经济损失十分严重。如双型硬座客车使用寿命为20~24年。采用耐候钢制造之后，同一种类型的客车使用期可达35年，且自重减轻20%，成本降低30%。

普碳钢常在热轧状态下使用，不再进行热处理，只保证力学性能及工艺性能便可。对某些小零件，也可以进行正火、调质、渗碳等处理，以提高其使用性能。

（2）优质碳素结构钢

这类钢的牌号直接用平均含碳量的万分数（两位数字）表示，脱氧方法表示法同碳素结构钢，但镇静钢符号省略。例如：08F表示平均含碳量为0.08%的优质碳素结构钢（脱氧方法为沸腾钢）。含锰较高的钢（0.7%~1.00% Mn）末尾标出锰元素符号，例如：65Mn为含锰较高、平均含碳量为0.65%的优质碳素结构钢。

优质碳素结构钢随钢号数字增加，其碳的含量增加，组织中的珠光体量增加，铁素体量减少，因此钢的强度也随之增加，而塑性指标越来越低。优质碳素结构钢比碳素结构钢性能优良，应用很广泛，可以制造比较重要的机械零件。

08F、10F钢的含碳量低，塑性好，焊接性能好，主要用于制造冲压和焊接件。

15、20、25钢属于渗碳钢，强度低，但塑性和韧性较高，冷冲压性与焊接性能良好，常用于受力不大，而韧性、塑性要求较高的零件，如焊接容器、螺钉、杆件、轴套等，还可用于冲压件及焊接件。这类钢经渗碳、淬火+低温回火后，表面硬度可达60HRC以上，耐磨性好，而心部具有一定的强度和韧性，可用来制作轴、销等零件。

30、35、40、45、50、55钢属于调质钢，经淬火+高温回火后，具有良好的综合力学性能，主要用于要求强度、塑性和韧性都较高的机械零件，如齿轮、连杆及轴类零件。这类钢在机械制造中应用最广泛，其中以45钢更为突出。

60~85、60Mn、65Mn、70Mn钢属于弹簧钢，经淬火+中温回火后可获得高的规定非比例伸长应力，主要用于制造弹簧等弹性零件及耐磨零件如农机耐磨件、钢轨、钢丝绳等。

优质碳素结构钢含有较少的有害杂质，使用前一般要经过热处理以提高力学性能。

奇闻轶事：春秋晚期钢剑

湖南长沙楚墓中出土的一柄春秋晚期钢剑是目前所见我国最早的一件钢制品，距今已有 2500 年左右。经检验确定，这是一柄用中碳钢制成的剑，可能经过了高温退火处理。钢剑的出土表明，楚人很早就已将块炼铁发展为块炼渗碳钢，也就是将块状铁放在炭火中加热渗碳，以使之成为含碳量介于熟铁和生铁之间的钢。

（3）碳素工具钢

碳素工具钢的碳质量分数在 0.65% ~ 1.35%，用来制造各种刃具、量具、模具等。这些工具都要求高硬度、高耐磨性及一定的韧性。为了满足这些要求，工具钢必须是优质的或高级优质的高碳钢。

表 6－3　碳素工具钢的牌号、硬度及用途

牌　号	硬度		用途举例
	供应态 HBS	淬火后 HRC	
T7　T7A	187	62	硬度适当，韧性较好耐冲击的工具，如扁铲、手钳、大锤、木工工具等
T8　T8A	187	62	承受冲击，要求较高硬度的工具，如冲头、压缩空气工具、木工工具
T8Mn　T8MnA	187	62	承受冲击，要求较高硬度的工具，如冲头、压缩空气工具、木工工具，但淬透性好，可做断面较大的工具
T9　T9A	192	62	韧性中等、硬度较高的工具，如冲头、木工工具、凿岩工具
T10　T10A	197	62	无剧烈冲击，要求高硬度耐磨的工具，如车刀、刨刀、丝锥、钻头、手锯条
T11　T11A	207	62	无剧烈冲击，要求高硬度耐磨的工具，如车刀、刨刀、丝锥、钻头、手锯条
T12　T12A	207	62	不受冲击，要求高硬度高耐磨的工具，如锉刀、刮刀、精车刀、丝锥、量具
T13　T13A	217	62	不受冲击，要求高硬度高耐磨的工具，如锉刀、刮刀、精车刀、丝锥、量具，要求更耐磨的工具如刮刀、剃刀

碳素工具钢的钢号用平均碳质量分数的千分数的数字表示，数字之前冠以“T”（“碳”的汉语拼音字首）。碳素工具钢均为优质钢，若含硫、磷更低，则为高级优质钢，则在钢号后标注字母“A”字。例如，T12A 表示碳质量分数为 1.2% 的高级优质碳素工具钢。碳素工具钢的牌号及用途见表 6－3。

碳素工具钢在机械加工前一般进行球化退火，组织为球 P+细小均匀分布的粒状渗碳体，硬度≤217HBS。作为刃具，最终热处理为淬火（一般为 760℃ ~ 780℃）+低温回火（180℃），组织为回火马氏体+粒状渗碳体+少量残余奥氏体，硬度可达 60 ~ 65HRC，耐磨性和加工性都较好，价格又便宜，生产上得到广泛应用。

碳素工具钢的缺点是热硬性差，当刃部温度高于 250℃时，其硬度和耐磨性会显著降低。此外，钢的淬透性也低，水中淬透临界直径约为 20mm 并容易产生淬火变形和开裂。

因此，碳素工具钢大多用于制造刃部受热程度较低的手用工具和低速、小进给量的机用工具，亦可制作尺寸较小的模具和量具。

所有碳素工具钢，只有经过热处理后，才能提高硬度。碳素工具钢使用前都要进行热处理（淬火+低温回火）。

（4）碳素铸钢

在生产中，有些机械零件，例如水压机横梁、轧钢机机架、重载大齿轮等，因受力复杂、形状也复杂，难以用锻压方法成形，若采用铸铁铸造则不能满足力学性能要求，因此常采用铸钢来生产（图 6-1）。碳素铸钢中含碳量为 $\omega_C = 0.15\% \sim 0.60\%$，碳的质量分数过高则塑性差，易产生裂纹。

a) 重型机械齿轮　　b) 轧辊　　c) 外壳

图 6-1　铸钢件

铸造碳钢牌号的表示方法是，在数字前冠以 ZG（“铸钢”汉语拼音字首），后面两组数字表示力学性能，第一组数字表示 σ_s，第二组数字表示 σ_b。例如：ZG200-400 表示屈服点值不小于 200MPa、抗拉强度不小于 400MPa 的碳素铸钢。

ZG200-400 具有良好的塑性、韧性和焊接性能。

ZG230-500 具有一定的强度和较好的塑性、韧性，焊接性能良好，切削加工性尚可。

ZG270-500 具有较高的强度和较好的塑性，铸造性能良好，焊接性能尚好，切削加工性能好。

ZG310-570 强度和切削加工性能良好，塑性和韧性较低，用于制作承受载荷较高的各种机械零件。

ZG340-640 具有高的强度、硬度和耐磨性，切削加工性中等，焊接性能较差，流动性好，裂纹敏感性较大。

6.3　铸　铁

同钢一样，铸铁也是以 Fe、C 元素为主的铁基材料，但是含碳量很高（>2.11%），还含有较多硫、磷等杂质元素。为了进一步提高铸铁的力学性能或特殊性能，还可以加入铬、钼、钒、铜、铝等合金元素，或提高硅、锰、磷等元素的含量，这种铸铁称为合金铸铁。

铸铁是历史上使用较早的材料，也是最便宜的金属材料之一。铸铁成本低廉，生产工艺简单并具有优良的铸造性能和切削加工性能，还有很高的耐磨减摩性和消震性以及低的缺口敏感性等，目前仍然是机械制造业中最重要的材料之一。例如，机床的床身、床头箱、尾架，内燃机的气缸体、缸套、活塞环以及凸轮轴、曲轴等都是铸铁制造的。在农用机械、汽车、机床等行业中，铸铁件占总重量的 40% ~90% 。

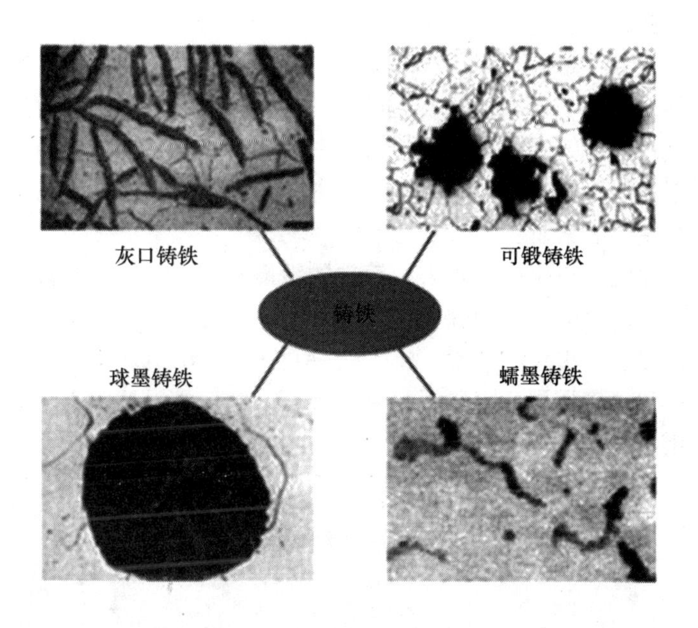

图 6-2　铸铁中石墨的形态

根据碳在铸铁中的存在形式及石墨的形态（图 6-2），可将铸铁分为白口铸铁、灰铸铁、球墨铸铁、蠕墨铸铁和可锻铸铁等五大类。其中，碳在白口铸铁中完全以碳化物的形式存在，没有石墨，这种铸铁脆性特别大又特别坚硬，作为零件在工业上很少用，只有少数的部门采用，例如农业上用的犁。除此之外，多作为炼钢用的原料，作为原料时，通常称它为生铁。另外，凡具有耐热、耐蚀、耐磨等性能的铸铁又称为特殊性能铸铁。

6.3.1　铸铁的石墨化

（1）石墨化过程

在铁碳合金中，碳可以以三种形式存在：一是固溶在铁素体（F）和奥氏体（A）中，二是化合物态的渗碳体（Fe_3C），三是游离态石墨（G）。渗碳体为亚稳相，具有复杂的斜方结构。在一定条件下能分解为铁和石墨（$Fe_3C \rightarrow 3Fe+C$）。石墨为稳定相，具有特殊的简单六方晶格（图 6-3），底面上的原子间距小，原子结合力很强；底面与底面之间的间距较大，原子结合力较弱，所以石墨的强度、硬度和塑性都很差。

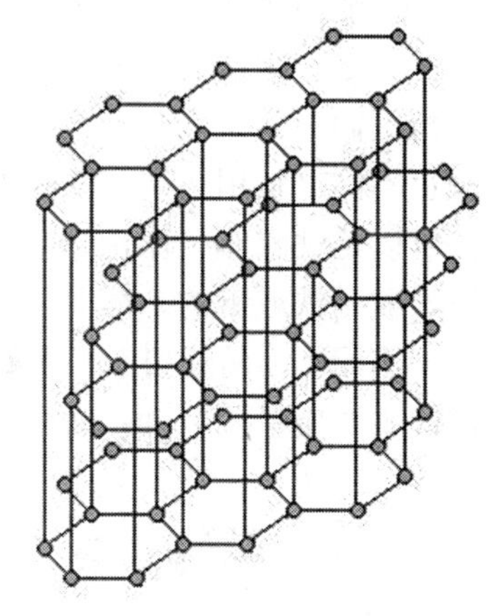

图 6-3　石墨的晶体结构

铸铁中的碳有大部分或全部是以石墨的形式存在，其组织都是由基体和石墨两部分组成的。石墨的形态、大小、数量和分布对铸铁的性能有着非常重要的影响，而石墨的特点和基体的类别都与铸铁的石墨化过程有关。碳原子析出并形成石墨的过程称为石墨化，铸铁在加热或铁水结晶过程中，当条件合适就会发生石墨化。

石墨既可以从液体和奥氏体中析出，也可以通过渗碳体分解来获得。研究表明：灰铸铁和球墨铸铁中的石墨主要是从液体中析出；可锻铸铁中的石墨则完全由白口铸铁经长时间退火，由渗碳体分解而得到。

（2）影响石墨化的主要因素

由于铁的晶体结构与石墨的晶体结构差异很大，而铁与渗碳体的晶体结构要接近一些，所以普通铸铁在一般铸造条件下只能得到白口铸铁，而不易获得灰铸铁。因此，必须通过添加合金元素和改善铸造工艺等手段来促进铸铁石墨化，形成灰铸铁。

影响石墨化的主要因素有：

①温度和冷却速度。在生产过程中，铸铁的缓慢冷却，过冷度比较小，有利于石墨化过程的充分进行。在高温下长时间保温，也有利于石墨化。

②化学成分。促进石墨化的元素：C、Si、Al、Cu、Ni、Co 等非碳化物形成元素促进石墨化，其中以碳和硅最强烈。阻碍石墨化的元素：Cr、W、Mo、V、Mn、S 等碳化物形成元素阻碍石墨化。

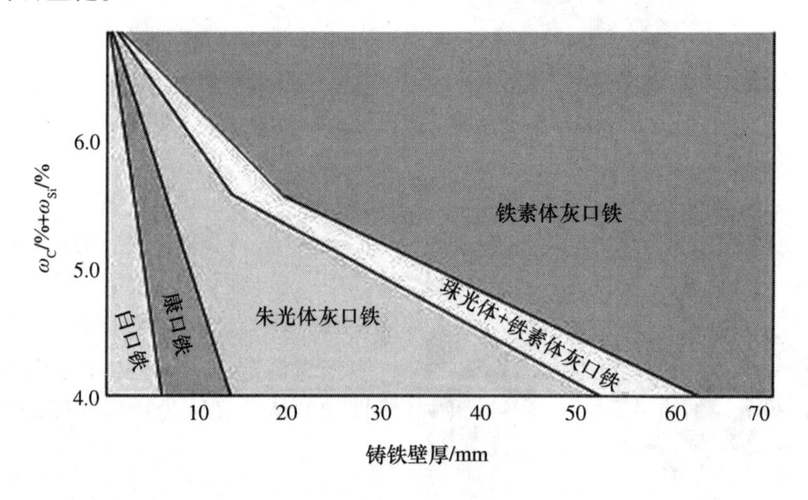

图 6-4　冷速与成分对石墨化的影响

冷速与成分对石墨化的影响如图 6-4 所示。生产中，调整碳、硅含量是控制铸铁组织和性能的基本措施。铸铁中碳、硅含量过低，易出现白口，其力学性能和铸造性能都较差；反之，则使铸铁中的石墨数量多且粗大，力学性能下降。因此碳、硅的含量一般在下列范围内：碳 2.5%~4.0%，硅 1.0%~3.0%。石墨化程度不同，所得到的铸铁类型和组织也不同。常用各类铸铁的组织是由两部分组成的：一部分是石墨，另一部分是基体。基体可以是铁素体、珠光体或铁素体加珠光体，相当于铁或钢的组织。所以，铸铁的组织可以看成是铁或钢的基体上分布着石墨夹杂。

不同类型铸铁组织中的石墨形态是不同的：灰铸铁和变质铸铁中的石墨呈片状；可锻铸铁中石墨呈团絮状；球墨铸铁中的石墨呈球状；蠕墨铸铁中的石墨呈蠕虫状。

某工厂轧制用的轧棍采用铸铁制造，根据轧棍的工作条件，表面要求高硬度，因而希望表层为白口铁，由于轧棍还承受很大的弯曲应力，要求材料具有足够的强度和韧性，故

希望心部为灰口铸铁。为了满足这些要求，铸铁的化学成分应如何选择？应采用什么方法铸造？

答题要点：选用灰口铸铁的化学成分，采用快速冷却的方法铸造，使轧棍表层为白口铁，达到表面高硬度要求。而心部因冷却速度慢，得到灰口铸铁，因而具有足够的强度和韧性。

6.3.2　灰铸铁

灰铸铁是价格最便宜、应用最广泛的一种铸铁，在各类铸铁的总产量中，灰铸铁占80%以上。

（1）成分与组织

灰铸铁的成分范围为：2.5%～4.0%C，1.0%～3.0%Si，0.25%～1.0%Mn，0.02%～0.20%S，0.05%～0.50%P。具有上述成分范围的液体铁水在进行缓慢冷却凝固时，将发生石墨化，析出片状石墨。因其断口的外貌呈浅烟灰色，所以称为灰铸铁。

普通灰铸铁的组织是由片状石墨和钢的基体两部分组成的，其片状石墨形态或直或弯且不连续，灰铸铁的基体根据石墨化进程不同可以是铁素体、铁素体+珠光体或珠光体三种，其显微组织如图 6－5 所示。

a) F+G

b) F+P+G

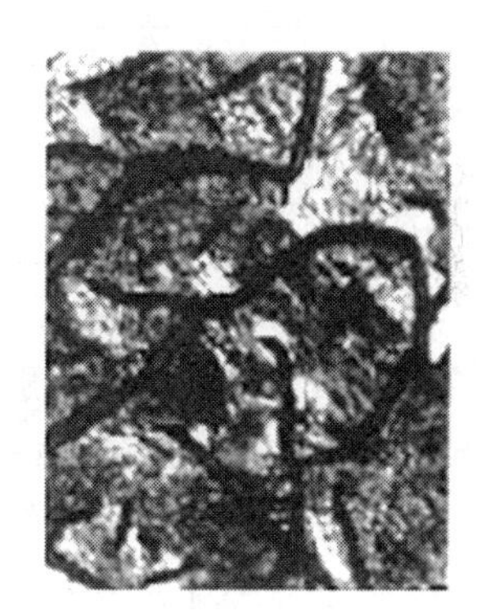

c) P+G

图 6－5　灰铸铁显微组织

（2）性能

与普通钢材相比，灰铸铁具有如下性能特征：

①力学性能低。抗拉强度和塑性、韧性都远远低于钢，这是由灰铸铁的组织特征决定的。灰铸铁中片状低性能石墨（$\sigma_b=20\text{MPa}$，HBS＝3～5，$\delta=0$）实际上就相当于布满于材料内的孔洞或裂纹，在受载时其对钢基体有很强的分割和应力集中效应，而且破坏了基体的连续性，这是灰铸铁抗拉强度很差、塑性和韧性几乎为零的根本原因。但灰铸铁在受压时石墨片破坏基体连续性的影响大为减轻，其抗压强度是抗拉强度的2.5～4倍，并且大量石墨的割裂作用使铸铁对缺口不敏感，所以常用灰铸铁制造机床床身、底座等耐压零部件。

②工艺性能好。由于灰铸铁的含碳量接近于共晶成分，故熔点比较低，流动性良好，分散缩孔少，因此适宜于铸造结构复杂或薄壁铸件。另外，石墨的润滑效应有利于材料的切削加工。

③优异的耐磨性和消震性。铸铁中的石墨因其层状结构而有润滑作用，而当低强度的石墨磨损后留下的空隙有利于贮油，从而使灰铸铁的耐磨性好；石墨对振动的传递起削弱作用，使灰铸铁有很好的抗震性能。

（3）牌号

牌号中“HT”表示“灰铁”二字的汉语拼音大写字首，“HT”后的数字表示铸铁的最低抗拉强度值。如 HT200 表示最低抗拉强度为 200MPa 的灰铸铁。

（4）孕育处理

灰铸铁的牌号、性能及应用见表 6－4 所示。表中 HT250、HT300、HT350 属于较高强度的孕育铸铁（也称变质铸铁），需经孕育处理（即结晶时向铁水中加入孕育形核剂）获得。

表 6－4　灰铸铁的牌号和应用

牌号	最小抗拉强度/MPa	基体	应用举例
HT100	100	F	适用于负荷小，对摩擦、磨损无特殊要求的零件，如盖、油盘、支架、手轮
HT150	150	F+P	适用承受中等负荷的零件，如机床支柱、底座、刀架、齿轮箱、轴承座
HT200	200	较细 P	适用于承受较大负荷的零件，如机床床身、立柱、汽车缸体、缸盖、轮毂、联轴器、油缸、齿轮、飞轮
HT250	250	细 P	
HT300	300	细 P	适用于承受高负荷的重要零件，如齿轮、凸轮、大型发动机曲轴、缸体、缸套、缸盖、高压油缸、阀体、泵体
HT350	350	细 P	

铸铁变质剂或孕育剂一般为硅铁合金或硅钙合金小颗粒或粉，当加入铸铁液内后立即形成 SiO_2 的固体小质点，铸铁中的碳以这些小质点为核心形成细小的片状石墨。由于结晶时石墨晶核数目增多，石墨片尺寸变小，更为均匀地分布在基体中。铸铁经孕育处理后其显微组织是在细珠光体基体上分布着细片状石墨，不仅强度有较大提高，而且塑性和韧性也有所改善，常用来制造力学性能要求较高、截面尺寸变化较大的铸件。

（5）热处理

灰铸铁的热处理只能改变其基体组织，不能改变石墨的形态和分布，即热处理不能显著改善灰铸铁的力学性能。热处理主要用来消除铸件的内应力，稳定尺寸，消除白口组织和提高铸铁的表面性能。

①去应力退火。铸件在铸造冷却过程中，由于各部位冷却速度不同，容易产生内应力，可能导致铸件翘曲和裂纹。因此，为了保证尺寸稳定和防止变形开裂，对一些形状复杂的铸件如机床床身、柴油机汽缸等，常常要进行去应力退火（又称人工时效）。工艺规范一般为：随炉缓慢加热至 500℃～550℃，保温一段时间（每 10mm 的有效厚度保温 2h）后，随炉缓冷至 150℃～200℃出炉空冷。

② 消除铸件白口，降低硬度退火。灰铸铁件表层及一些薄截面处，在冷凝过程中冷却速度较快，容易产生白口组织，使铸件的硬度和脆性增加，造成切削加工困难，需进行退火处理。退火一般在共析温度以上进行（850℃～900℃保温 2～5h），使渗碳体分解成石墨，然后随炉缓冷至 400℃～500℃，再出炉空冷，所以又称高温退火。

③ 表面淬火。为了提高某些铸件如机床导轨、缸体内壁等的表面硬度，可进行表面

淬火。例如，机床导轨用高（中）频淬火时，表面淬硬层深度为 1.1~2.5mm（3~4mm），硬度为 50HRC。

常用的方法有高（中）频感应加热表面淬火，还可采用火焰加热、激光加热、等离子加热和电接触加热等新型表面淬火方法。

灰口铸铁铸件表面的硬度比中心高，当表面硬度过高造成切削困难时，可采用什么措施来改善?

答题要点：研究表明，铸铁的化学成分和铸件结晶冷却速度是影响其石墨化和组织的主要因素。一般地说，在其他条件相同时，铸件的冷却速度越缓慢，过冷度比较小时，有利于石墨化过程的充分进行；反之，冷却速度增大，过冷度增大，使原子扩散能力弱，碳元素更容易以碳化物的形式析出，不利于铸铁石墨化的进行。

灰铸铁表面及一些薄截面处，由于在冷却时冷却速度大，易产生白口，增加了表面硬度，使切削加工困难，需要退火消除之。其工艺规范为：

厚壁铸件：缓慢加热至 850℃~950℃保温 2~3h

薄壁铸件：缓慢加热至 800℃~900℃保温 2~5h

冷却方式要根据材料的使用性能要求而定，如果主要是为了减低硬度、改善切削加工性能，可采用炉冷至 400℃~500℃出炉空冷；若要保持铸件表面的耐磨性，则可采用直接空冷得到珠光体基的灰口铸铁。

6.3.3　可锻铸铁

可锻铸铁俗称“马铁”，实际上是不能锻造的。

（1）可锻铸铁的生产

可锻铸铁是指由一定成分的白口铁经过可锻化（石墨化）退火（图 6-6）而获得的具有团絮状石墨的铸铁。其生产分两个步骤：第一步，先铸造纯白口铸铁，不允许有石墨出现，否则在随后的退火中，碳在已有的石墨上沉淀，得不到团絮状石墨；第二步，将白口铸铁加热到 900℃~960℃，长时间保温，进行石墨化退火处理。为了缩短退火时间，并细化组织，提高力学性能，可在铸造时采用 0.001% 硼、0.006% 铋和 0.008% 铝的孕育剂进行孕育处理，可将退火时间由 70 小时缩短至 30 小时，孕育剂能强烈阻碍凝固时形成石墨和退火时促进石墨化。

（2）成分与组织特征

由于生产可锻铸铁的先决条件是浇注出白口铸铁，若铸铁没有完全白口化而出现了片状石墨，则在随后的退火过程中，会因为从渗碳体中分解出的石墨沿片状石墨析出而得不到团絮状石墨。所以可锻铸铁的碳硅含量不能太高，以促使铸铁完全白口化；但碳、硅含量也不能太低，否则石墨化退火困难，退火周期增长。可锻铸铁的化学成分大致为：2.5%~3.2%C，0.6%~1.3%Si，0.4%~0.6%Mn，0.1%~0.26%P，0.05%~1.0%S。

可锻铸铁有铁素体和珠光体两种基体（图 6-7）。铁素体基体+团絮状石墨的可锻铸

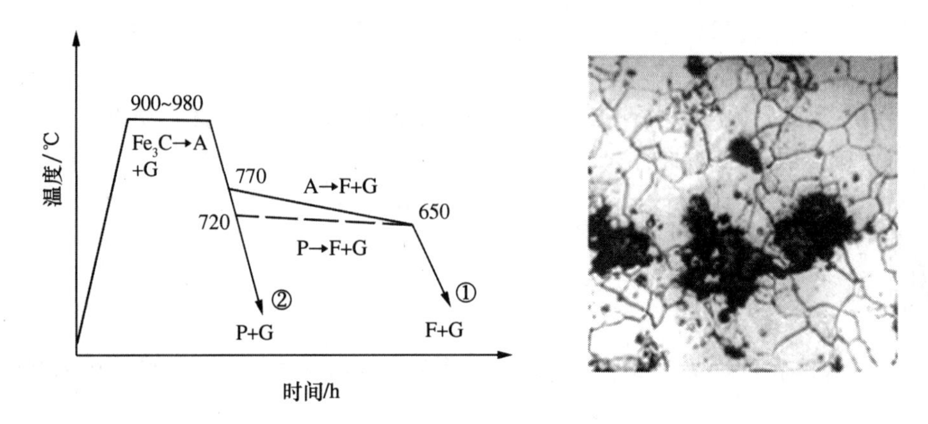

图 6-6　可锻化（石墨化）退火工艺曲线

铁断口呈黑灰色，俗称“黑心可锻铸铁”，这种铸铁件的强度与延性均较灰铸铁的高，非常适合铸造薄壁零件，是最为常用的一种可锻铸铁。珠光体基体加团絮状石墨的可锻铸铁件断口呈白色，俗称“白心可锻铸铁”，这种可锻铸铁应用不多。

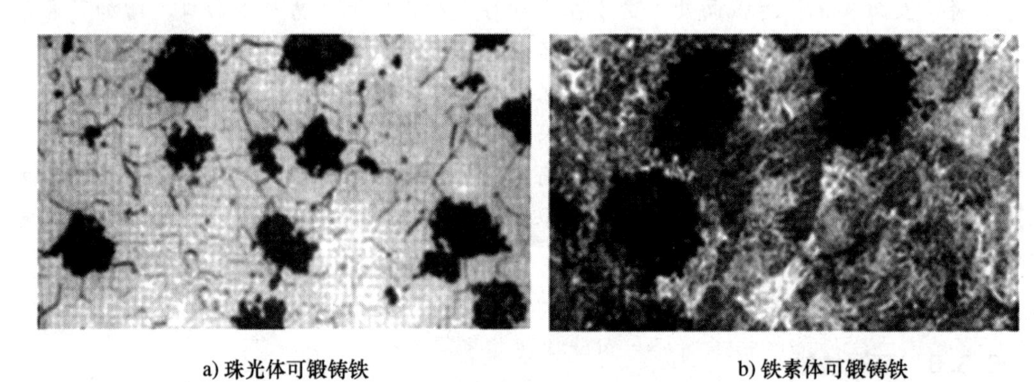

a) 珠光体可锻铸铁　　b) 铁素体可锻铸铁

图 6-7　可锻铸铁的显微组织

（3）牌号、性能与应用

与灰铸铁相比，可锻铸铁具有较高的力学性能，尤其是塑性与韧性有明显的提高，这是由于团絮状石墨对金属基体的割裂作用较片状石墨大大减轻的缘故。

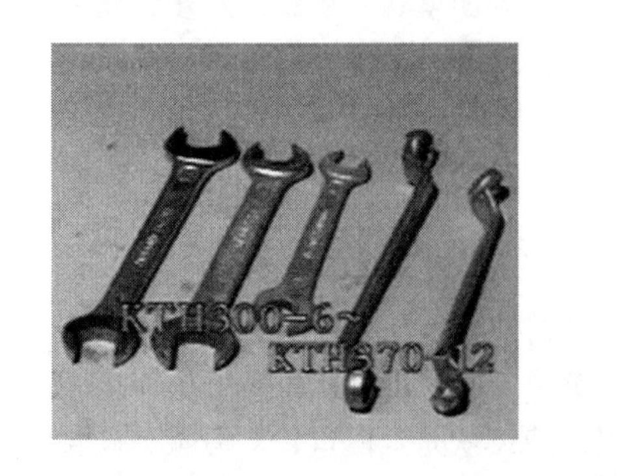

图 6-8　可锻铸铁制品

铁素体可锻铸铁具有较高的塑性和韧性，且铸造性能好，常用于制造形状复杂的薄截面零件（图 6－8），如工作时易受冲击和振动的汽车、拖拉机的后桥壳、管接头等；珠光体可锻铸铁强度和耐磨性较好，可用于制造曲轴、连杆、凸轮、活塞等强度和耐磨性要求较高的零件。

可锻铸铁的牌号、性能及应用见表 6－5 所示。可锻铸铁牌号中，“KTH” 和 “KTZ” 分别表示铁素体基体可锻铸铁和珠光体基体可锻铸铁的代号，代号后的第一组数字表示铸铁的最低抗拉强度，第二组数字表示其最低延伸率。如 KTZ700－02 表示珠光体可锻铸铁，其最低抗拉强度为 700MPa，最低延伸率为 2%。

表 6－5　可锻铸铁的牌号、力学性能和用途

牌号	基体	机械性能（不小于）			硬度（HB）	试样直径（mm）	用途举例
		σ_b（MPa）	σ_{02}（MPa）	δ（%）			
KTH300-06	F	300	186	6	120～150	12 或 15	管道；弯头、接头、三通；中压阀门
KTH330-08	F	330	－	8	120～150	12 或 15	扳手；犁刀；纺机和印花机盘头
KTH350-10	F	350	200	10	120～150	12 或 15	汽车前后轮壳，差速器壳、制动器支架，铁道扣板、电机壳、犁刀等
KTH370-12	F	370	226	12	120～150	12 或 15	
KTZ450-06	P	450	270	6	150～200	12 或 15	曲轴、凸轮轴、连杆、齿轮、摇臂、活塞环、轴套、犁刀、耙片、万向带头、棘轮、扳手、传动链条、矿车轮等
KTZ550-04	P	550	340	4	180～250	12 或 15	
KTZ650-02	P	650	430	2	210～260	12 或 15	
KTZ700-02	P	700	530	2	240～290	12 或 15	

6.3.4　球墨铸铁

灰铸铁经孕育处理后虽然细化了石墨片，但未能改变石墨的形态。改变石墨形态是大幅度提高铸铁力学性能的根本途径，而球状石墨是最为理想的一种石墨形态。

（1）球化处理

在浇注前向铁水中加入球化剂和孕育剂进行球化处理和孕育处理，则可获得石墨呈球状分布的铸铁，称为球墨铸铁，简称“球铁”。我国普遍使用稀土镁球化剂。镁是强烈阻碍石墨化的元素，为了避免白口，并使石墨球细小均匀分布，一定要加入孕育剂，常用的孕育剂为硅铁和硅钙合金等。

奇闻轶事：铸铁柔化术

早期的铸铁是白口铁，质地脆而硬，容易折断，不耐用。战国时期人们已经掌握了铸铁柔化技术，将铸铁加热锻打脱碳，得到白心可锻铸铁，或经过长时间加热退火，得到韧性更好的黑心可锻铸铁。湖北大冶铜绿山出土的六角锄及斧头，就是可锻铸铁制品。如果脱碳不完全，仅使铸件外层成为钢而内层还是铸铁，就可以得到一种钢和铁的复合品，使铸件的质量更加优良，欧洲到 18 世纪才有白心可锻铸铁，美国到 19 世纪才有黑心可锻铸铁，我国的铸铁柔化技术比它们早了两千多年。

球墨铸铁因其优良的性能，在使用中有时可以代替昂贵的铸钢和锻钢，在机械制造工业中得到广泛应用。国际冶金行业过去一直认为球墨铸铁是英国人于 1947 年发明的。

1981 年，我国球铁专家采用现代科学手段，对出土的 513 件古汉魏铁器进行研究，通过大量的数据断定汉代我国就出现了球状石墨铸铁。有关论文在第 18 届世界科技史大会上宣读，轰动了国际铸造界和科技史界。国际冶金史专家于 1987 年对此进行验证后认为：古代中国已经摸索到了用铸铁柔化术制造球墨铸铁的规律，这对世界冶金史作重新分期划代具有重要意义。

（2）成分与组织特征

球墨铸铁的成分要求是：3.6%～3.9%C，2.2%～2.8%Si，0.6%～0.8%Mn，<0.07%S，<0.1%P。

球铁的显微组织由球形石墨和金属基体两部分组成。随着成分和冷速的不同，球铁在铸态下的金属基体可分为铁素体、铁素体+珠光体和珠光体三种（图 6－9）。在光学显微镜下观察，石墨的外观接近于球形，但在电子显微镜下观察到球形石墨实际上是由许多倒锥形的石墨晶体所组成的一个多面体。

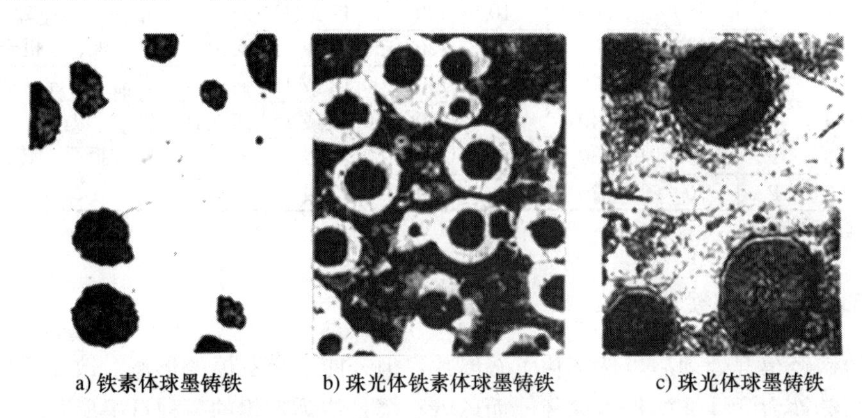

a) 铁素体球墨铸铁　　b) 珠光体铁素体球墨铸铁　　c) 珠光体球墨铸铁

图 6－9　球墨铸铁的显微组织

（3）牌号、性能与应用

球墨铸铁牌号中，“QT”代表球铁二字的汉语拼音字首，后面的第一组数字代表该铸铁的最低抗拉强度值，第二组数字代表其最低延伸率值。表 6－6 所示是球墨铸铁的牌号、性能和主要用途。

球墨铸铁的石墨呈球状，对金属基体截面削弱作用较小，使得基体比较连续，且在拉伸时引起应力集中的效应明显减弱，从而使基体的作用可以从灰铸铁的 30%～50% 提高到 70%～90%，故球墨铸铁具有很高的强度，又有良好的塑性和韧性，综合力学性能接近于钢，同时较好地保留了普通灰铸铁具有耐磨、消震、减摩、易切削、好的铸造性能和对缺口不敏感等特性，且成本低廉，生产方便。但球铁的消震能力比灰铸铁低很多，并且不同基体的球墨铸铁性能差别很大，如：珠光体球墨铸铁的抗拉强度比铁素体基体高 50% 以上，而铁素体球墨铸铁的延伸率为珠光体基的 3~5 倍。

球铁是力学性能最好的铸铁，在工业中得到了广泛的应用，可用于制造承载较大，受力复杂的机器零件，如铁素体球铁常用于制造受压阀门、机器底座、减速器壳等；珠光体球铁常用于制作汽车、拖拉机的曲轴、连杆、凸轮轴及机床主轴、蜗轮蜗杆、轧钢机辊、缸套、活塞等重要零件；下贝氏体球铁可制造汽车、拖拉机的蜗轮、伞齿轮等。

表 6－6　球墨铸铁的牌号、力学性能和用途

牌号	基体	机械性能（不小于）					用途举例
		σ_b（MPa）	σ_{02}（MPa）	δ（%）	a_k（J/cm^2）	HB	
QT400－17	F	400	250	17	60	≤179	阀门的阀体和阀盖，汽车、内燃机车、拖拉机底盘零件，机床零件等
QT420－10	F	420	270	10	30	≤207	
QT500－05	F+P	500	350	5	－	147～241	机油泵齿轮、机车、车辆轴瓦等
QT600－02	P	600	420	2	－	229～302	柴油机、汽油机的曲轴、凸轮轴等；磨床、铣床、车床的主轴等；空压机、冷冻机的缸体、缸套等
QT700－02	P	700	490	2	－	229～304	
QT800－02	$S_上$	800	560	2	－	241～321	
QT1200－01	$B_下$	1200	840	1	30	≥HRC38	汽车的螺旋伞轴、拖拉机减速齿轮、柴油机凸轮轴等

（4）热处理

球铁中金属基体是决定球铁力学性能的主要因素，所以像钢一样，球铁可通过合金化和热处理强化的办法进一步提高力学性能。球铁的热处理方法主要有退火、正火、淬火及回火、等温淬火和表面热处理。

①退火。球化剂增大铸件的白口化倾向，当铸件薄壁处出现自由渗碳体和珠光体时，退火（900℃～950℃保温 2～5h）获得塑性好的铁素体基体，并改善切削性能，消除铸造应力。

②正火。目的是为了在球铁中获得珠光体基体组织（占基体 75% 以上），并细化组织，提高强度和耐磨性。根据加热温度不同，可将正火工艺分为高温正火（900℃～950℃保温 1～3h）获得完全珠光体基体的球铁；中温正火（850℃～900℃保温 1～4h，然后空冷）获得珠光体+少量铁素体基体的球铁。正火后，为了消除正火时铸铁的内应力，通常再进行一次 550℃～600℃的去应力退火处理。

③调质。要求综合力学性能较高的球墨铸铁零件，如连杆、曲轴等，可采用调质处理。其工艺为：加热到 850℃～900℃，使基体转变为奥氏体，在油中淬火得到马氏体，然后经 550℃～600℃回火，空冷，获得回火索氏体+球状石墨。回火索氏体基体不仅强度高，而且塑性、韧性比正火得到的珠光体基体好，表面要求耐磨的零件可以再进行表面淬火及低温回火。需要指出的是，球铁的淬透性好，但也只宜用油淬，以防淬裂；回火时最好快冷，缓冷易造成球铁冲击，韧性急剧下降。

④等温淬火。为了满足日益发展的高速大马力机器中受力复杂件如齿轮、曲轴、凸轮轴等的要求，常把球铁件进行等温淬火获得下贝氏体基体组织以提高它的综合力学性能。实践证明，球铁经等温淬火后可获得高强度，同时具有良好的塑性和韧性。

球铁件等温淬火工艺为：加热到奥氏体区（840℃～900℃），保温后在 300℃左右的等温盐浴中冷却并保温，使基体转变为下贝氏体+球状石墨，其综合力学性能最好，等温淬火后，工件应进行低温回火，以消除内应力并稳定组织。

⑤表面热处理。对于要求表面耐磨或抗氧化或耐腐蚀的球铁件，可以采用类似于钢的表面热处理，如氮化、渗硼、渗硫、渗铝等化学热处理以及表面淬火硬化处理，以满足性

能要求，其处理工艺与钢的类似。

6.3.5 蠕墨铸铁

蠕墨铸铁是近年来迅速发展起来的新型铸铁材料，它是在高碳、低硫、低磷的铁水中加入蠕化剂，经蠕化处理后获得，其方法与程序与球墨铸铁基本相同。蠕化剂目前主要采用镁钛合金、稀土镁钛合金或稀土镁钙合金等。

（1）成分和组织特征

蠕墨铸铁的化学成分与球铁相似，即要求高碳、高硅、低磷并含有一定量的镁和稀土，蠕墨铸铁的化学成分为：3.4%～3.6%C，2.4%～3.0%Si，0.4%～0.6%Mn，≤0.06%S，≤0.07%P。

蠕墨铸铁的显微组织是由蠕虫状石墨+金属基体组成（图6－10）。与片状石墨相比，蠕墨铸铁中的石墨是介于片状与球状之间的中间形态，形似蠕虫状。其在光学显微镜下为互不相连的短片，与灰铸铁的片状石墨类似。所不同的是，其石墨片的长厚比较小，端部较钝。同时，蠕虫状石墨往往还与球状石墨共存。

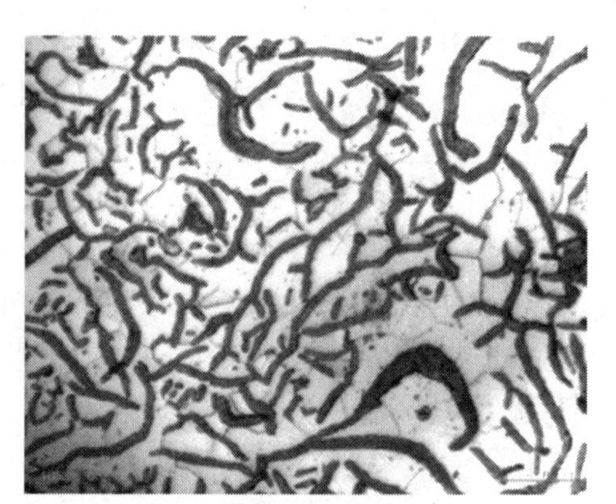

图6－10 蠕墨铸铁的显微组织
（铁素体+蠕虫状石墨）

（2）牌号、性能与应用

蠕墨铸铁的牌号中“RuT”表示“蠕铁”二字汉语拼音的大写字首，在“RuT”后面的数字表示最低抗拉强度。蠕墨铸铁的牌号、力学性能及用途如表6－7所示。

表6－7 蠕墨铸铁的牌号、力学性能和用途

牌号	机械性能（不小于）			HBS	蠕化率（%）	基体组织	用途举例
	σ_b（MPa）	σ_{02}（MPa）	δ（%）				
RuT420	420	335	0.75	200～280	≥50	P	活塞环、制动盘、钢球研磨盘、泵体等
RuT380	380	300	0.75	193～274	≥50	P	
RuT340	340	270	1.0	170～249	≥50	P+F	机床工作台、大型齿轮箱体、飞轮等
RuT300	300	240	1.5	140～217	≥50	F+P	变速器箱体、汽缺盖、排气管等
RuT260	260	195	3.0	121～197	≥50	F	汽车底盘零件、增压器零件等

蠕铁的力学性能介于基体组织相同的优质灰铸铁和球铁之间。当成分一定时，蠕墨铸铁的强度、韧性、疲劳极限和耐磨性等都优于灰铸铁，对断面的敏感性也较小；但蠕虫状石墨是互相连接的，使蠕铁的塑性和韧性比球铁低，强度接近球铁。此外，蠕墨铸铁的耐磨性较好，高温强度、热疲劳性能大大优于灰铸铁，减震能力优于球墨铸铁。

蠕墨铸铁广泛用来制造重型机床床身、机座、活塞环、液压件等，也适用于制造承受交变热负荷的零件，如钢锭模、结晶器、排气管和汽缸盖等。

6.3.6　特殊性能铸铁

工业上有时还要求铸铁具有较高的耐磨性以及耐热性、耐蚀性。为此，在普通铸铁的基础上加入一定量的合金元素，制成特殊性能铸铁（合金铸铁）。与特殊性能钢相比，特殊性能铸铁熔炼简便，成本较低；但缺点是脆性较大，综合力学性能不如钢。

（1）耐热铸铁

普通灰铸铁的耐热性较差，只能在小于 400℃左右的温度下工作。研究表明，铸铁在高温下的相变和氧化引起铸铁的生长和微裂纹的形成、扩展以致失效。所谓铸铁的热生长，是指其在反复加热冷却时产生的不可逆体积长大现象，其主要原因是由于氧化性气体沿石墨边界或裂纹渗入内部产生内氧化，以及因渗碳体分解成石墨而引起体积的不可逆膨胀，其结果将使铸件失去精度和产生显微裂纹。

耐热铸铁是指在高温下具有良好的抗氧化和抗生长能力的铸铁。要提高铸铁耐热性，可以采取如下两种措施：

①合金化。在铸铁中加入硅、铝、铬等合金元素，使之在高温下形成一层致密的稳定性很高的氧化膜，阻止氧化气氛渗入铸铁内部产生内氧化。此外，这些元素还会提高铸铁的临界点，获得单相铁素体或奥氏体基体，使其在工作温度范围内不发生相变，从而减少因相变而引起的铸铁生长和微裂纹。

②球化处理或变质处理。经过球化处理或变质处理，使石墨转变成球状和蠕虫状，提高铸铁金属基体的连续性，减少氧化气氛渗入铸铁内部的可能性，有利于防止铸铁内氧化和生长。

耐热铸铁按其成分可分为硅系、铝系、硅铝系及铬系等，其中铝系耐热铸铁脆性较大，而铬系耐热铸铁的价格较贵，所以我国多采用硅系和硅铝系耐热铸铁。常用耐热铸铁有中硅耐热铸铁（RTSi－5.5）、中硅球墨铸铁（RTQSi－5.5）、高铝耐热铸铁（RTAl－22），高铝球墨铸铁（RTQAl－22）、低铬耐热铸铁（RTCr－1.5）和高铬耐热铸铁（RTCr－28）等。

耐热铸铁常用作炉栅、水泥培烧炉零件、辐射管、退火罐、炉体定位板、中间架、炼油厂加热耐热件、锅炉燃烧嘴等。

（2）耐蚀铸铁

提高铸铁耐蚀性的主要途径是合金化。在铸铁中加入硅、铝、铬等合金元素，能在铸铁表面形成一层连续致密的保护膜，可有效地提高铸铁的抗蚀性。在铸铁中加入铬、硅、钼、铜、镍、磷等合金元素，可提高铁素体的电极电位，以提高抗蚀性。另外，通过合金化，还可获得单相金属基体组织，减少铸铁中的微电池，从而提高其抗蚀性。

目前应用较多的耐蚀铸铁有高硅铸铁，常用作耐酸泵及蒸馏塔等。高硅铸铁有优良的耐酸性（但不耐热的盐酸），高铬铸铁具有耐酸耐热耐磨的特点，用于化工机械零件（如离心泵、冷凝器等）的制造。

（3）耐磨铸铁

有些零件，如：机床的导轨、托板，发动机的缸套，球磨机的衬板、磨球等，要求更高的耐磨性，一般铸铁满足不了工作条件的要求，应当选用耐磨铸铁。耐磨铸铁根据组织可分为下面三类：

①冷硬铸铁（激冷铸铁）。白口铸铁具有高而均匀的硬度，但白口铸铁脆性较大，不

能承受冲击载荷，因此在生产中常采用激冷处理（工艺中，用金属型铸造铸件的耐磨表面，其他部位采用砂型成型即可）获得。其表面有一定深度的白口层，而心部为灰铸铁组织，有一定的强度。用激冷方法制造的耐磨铸铁，已广泛应用于要求表面应具有高硬度和耐磨性且心部应具有一定的韧性的零件如轧辊、发动机凸轮、气门摇臂及挺杆等的铸造生产。

②耐磨灰铸铁：在灰铸铁中加入少量合金元素（如磷、钒、铬、钼、锑、稀土等）可以增加金属基体中珠光体数量，且使珠光体细化，同时也细化了石墨。由于铸铁的显微组织得到改善，强度和硬度升高，具有良好的润滑性和抗咬合抗擦伤的能力，大大提高了铸铁的耐磨性。

耐磨灰铸铁如磷铜钛铸铁、磷钒钛铸铁、稀土磷铸铁等可广泛用于制造要求高耐磨的机床导轨、活塞环、凸轮轴、汽缸套等零件。

③中锰抗磨球墨铸铁：在稀土-镁球铁中加入 5.0% ~9.5% Mn，控制 3.3% ~5.0% Si，其组织为马氏体+奥氏体+渗碳体+贝氏体+球状石墨，所以中锰抗磨球墨铸铁具有较高的强度，良好的抗冲击性和抗磨性。中锰抗磨球墨铸铁可代替部分高锰钢和锻钢，适用于同时承受冲击和磨损的零件，如：农机具耙片、犁铧，球磨机磨球，拖拉机履带板等零件。

本章小结

阐述了碳钢中常存元素锰、硅、硫、磷等对钢性能的影响，碳铁的分类、牌号、性能和用途；介绍了铸铁的分类、铸铁的石墨化过程及影响因素，灰铸铁、可锻铸铁和球墨铸铁的成分、组织、牌号、用途和热处理（见下表）。

分类（牌号）	石墨形态	生产方法	性能	应用
普通灰铸铁（HT）	片状	铁液在共析温度及以上温度区间时缓慢冷却，使石墨化充分进行而获得	抗拉强度低，塑性、韧性低，石墨片数量越多、尺寸越大、分布越不均匀，抗拉强度越低。抗压强度、硬度主要取决于基体，石墨影响不大	制作箱体、机座等承压零件
球墨铸铁（QT）	球状	在铁液中加入球化剂使石墨呈球状；在出铁液时加入孕育剂促进石墨化而获得	由于球状石墨对基体的割裂作用和引起应力集中现象明显减小，故其力学性能比灰铸铁高得多	制造受力复杂、性能要求高的重要零件。如：珠光体球墨铸铁制造拖拉机曲轴、齿轮；铁素体球墨铸铁制造阀门、汽车后桥壳等
可锻铸铁（KTH 或 KTZ）	团絮状	先浇注成白口铸件，再经石墨化退火，使渗碳体分解为团絮状石墨	与灰铁比，强度高、塑性和韧性好，但不能锻造。与球铁比，具有质量稳定、铁液处理简单、易组织流水线生产等优点	制造形状复杂、有一定塑性、韧性，承受冲击和震动，耐蚀的薄壁铸件，如汽车、拖拉机的后桥、转向机构等

续表

分类（牌号）	石墨形态	生产方法	性　能	应　用
蠕墨铸铁（RuT）	蠕虫状	在铁液中加入蠕化剂，使石墨成蠕虫状，再加孕育剂进行孕育处理	性能介于灰铁与球铁之间，强度接近于球铁，具有一定的塑性和韧性。耐热疲劳性、减震性和铸造性能优于球铁，接近灰铁，切削性能和球铁相似，比灰铁稍差	制作形状复杂，组织致密、强度高、随较大热循环载荷的铸件，如柴油机的汽缸盖、汽缸套、进（排）气管，金属型、阀体等

复习思考题（六）

一、填空题

1. 决定钢的性能最主要的元素________、硫存在钢中，会使钢产生________，磷存在钢中会使钢产生________。

2. 20 钢按 ω_C 分属________钢，其 ω_C 为________。

3. 影响铸铁石墨化最主要的因素是________和________。根据石墨形态，铸铁可分为________、________、________和________。

4. 球墨铸铁是用一定成分的铁水经________和________后获得的石墨呈________的铸铁。

5. KTH300-06 是________的一个牌号，其中 300 是指________为________；06 是指________为________。

6. 普通灰铸铁按基体的不同可分为________、________、________，其中以________的强度和耐磨性最好。

二、简答题

1. 钢中常存的杂质有哪些？硫、磷对钢的性能有哪些有害和有益的影响？

2. 指出 Q235、45、T12A 钢的类别、主要特点及用途。

3. 比较各类铸铁性能的优劣顺序。与钢相比较，铸铁在性能上（包括工艺性能）有什么优缺点？

4. 提高灰铸铁力学性能的最主要的方法是什么？

第7章 合金钢

【教学目的】

1. 掌握合金结构钢和合金工具钢的分类、牌号、热处理工艺、性能、用途，举例分析典型钢种；

2. 了解不锈钢、耐热钢、耐磨钢的牌号、成分、性能及应用。

【教学重点】

合金元素在钢中的作用，常用合金钢的牌号、性能及其主要用途。

7.1 概 述

碳钢不能完全满足科学技术和工业的发展要求，在性能上主要有以下几方面的不足：

①淬透性低。一般情况下，碳钢水淬的最大淬透直径为10~20 mm。

②强度和屈强比较低。例如普通碳钢Q235钢的σs为235 MPa，低合金结构钢Q345（16Mn）的σs为360 MPa以上；40钢的σs /σb仅为0.43，合金钢35CrNi3Mo的σ_s/σ_b高达0.74。

③回火稳定性差。碳钢在进行调质处理时，为了保证较高的强度，需要采用较低的回火温度，这样钢的韧性就偏低；为了保证较好的韧性，采用高的回火温度时强度又偏低，所以碳钢的综合力学性能水平不高。

④不能满足特殊性能的要求。碳钢在抗氧化、耐蚀、耐热、耐低温、耐磨损以及特殊电磁性等方面往往较差，不能满足特殊使用性能的需求。

为了提高钢的性能，在铁碳合金中特意加入合金元素，所获得的钢种称为合金钢。只要加入小于5%的总含量的硅、锰、铁、钛、铌、硼、稀土等合金元素就可炼出强度高于同等含碳量的普通碳素钢30%~40%的低合金高强度钢。若在含碳1%的碳素钢中加入6%~15%铬，能炼出各种高级滚珠钢和滚动轴承钢。钢中加入13%~19%铬就成为有磁性不锈钢，如在这种钢中再加入9%镍就变成无磁性不锈钢了。所以不能用有无磁来鉴别是否是不锈钢，因为生活上用的大部分不锈钢是有磁的，可被磁铁吸起来。含碳低于0.06%的钢中加入8%~27%铬和4.5%~6.5%铝的钢称为电热合金，拔成丝缠成电炉，最高的可加热到1200℃。中碳钢中加1%锰炼成的钢制弹簧，弹性特别好。高碳钢中加2%锰和少量钼，炼成的硬度特别高，可做刀枪、模具和破碎机颚板，寿命特别长。钢中加9%~18%钨和少量钒就成为高速钢。低碳钢中加少量钼和铬，成为高温下耐热并不起皮的钢。低碳钢中加2.5%~4%的硅，可炼成导磁性能非常好，可轧制制造电机、变压器的硅钢片。而低碳钢中加12%铝和25%镍炼出的就是永磁合金，可制永久性强磁铁。在高碳钢中加入适量硅可生产出石墨钢，既耐磨又有润滑作用，可制造在使用过程中不宜使用润滑油而又需要耐磨的机械零件和轴承等部件。钢中加入稀土金属能提高钢的韧性；生铁中加入稀土金属和镁，则可变成和钢一样强度高又有韧性的球墨铸铁。硼则是非晶合金和高科技钕铁硼合金中不可缺少的非金属元素。铁和钢中加入各种金属和非金属元素后可使其性能变幻无穷，用途多样。在钢铁中加入各种金属和非金属元素，能创造出多种多样的高科技新金属材料，供工农业、国防、科学技术等各个领域应用。

一般按与碳亲和力的大小，可将合金元素分为碳化物形成元素与非碳化物形成元素两大类。

非碳化物形成元素：Ni、Co、Cu、Si、Al、N、B；它们不和碳形成碳化物，而溶于铁素体和奥氏体中，形成合金铁素体和合金奥氏体。

碳化物形成元素：Mn、Cr、Mo、W、V、Ti、Nb、Zr。

7.1.1　合金元素在钢中的作用

合金元素对钢的组织和性能产生很大影响，在钢中的作用也是非常复杂的。下面仅简述其几个方面最基本的作用。

（1）合金元素对基本相的影响

①溶于铁素体。除铅外，大多数合金元素都能溶于铁素体，形成合金铁素体。由于合金元素与铁的晶格类型和原子半径不同而造成铁素体的晶格畸变，另外，合金元素易分布于位错线附近，对位错线的移动起牵制作用，降低位错的易动性，从而提高塑变抗力，产生固溶强化，使铁素体的强度、硬度提高，而塑性和韧性下降。

②形成合金碳化物。碳化物是钢中的重要相之一，碳化物的类型、数量、大小、形状及分布对钢的性能有很重要的影响。合金渗碳体是指渗碳体中一部分铁被碳化物形成元素置换后所得到的产物，其晶体结构与渗碳体相同，但比渗碳体略稳定，硬度也略高，可表达为 $(Fe、Me)_3C$，Me 代表合金元素。

当钢中合金元素含量超过一定限度时，可以生成一些碳钢中没有的新相，其中最重要的是由强碳化物形成元素生成的合金碳化物，与碳亲和力强的钒、铌、锆和钛等几乎都形成特殊碳化物如 TiC、VC、NbC、WC 等。合金碳化物比合金渗碳体的稳定性更高，熔点和硬度也更高。合金碳化物加热时很难溶于奥氏体中，回火时加热到较高温度才能从奥氏体中析出并聚集，长大也较慢。

综上所述，合金元素在钢中可以两种形式存在：一是溶解于碳钢原有的相中，另一种是形成某些碳钢中所没有的新相。

（2）合金元素对铁碳相图的影响

①扩大奥氏体区域。扩大奥氏体区域的元素有镍、锰、碳、氮等，这些元素使 A_1 和 A_3 温度降低，使 S 点、E 点向左下方移动，从而使奥氏体区域扩大，图 7－1 是锰对奥氏体区的影响。若镍或锰的含量较多时，可使钢在室温下以奥氏体单相存在而成为一种奥氏体钢。如 Ni% >9% 的不锈钢和 Mn% >13% 的 ZGMn13 耐磨钢均属奥氏体钢。

由于 A_1 和 A_3 温度降低，就直接地影响热处理加热的温度，所以锰钢、镍钢的淬火温度低于碳钢，同时由于 S 点的左移，使共析成分降低，与同样含碳量的亚共析钢相比，组织中的珠光体数量增加，而使钢得到强化。由于 E 点的左移，又会使发生共晶转变的含碳量降低，在含碳量较低时，使钢具有莱氏体组织。如在高速钢中，虽然含碳量只有 0.7% ~0.8%，但是由于 E 点左移，在铸态下会得到莱氏体组织，成为莱氏体钢。

②缩小奥氏体区域。缩小奥氏体区域的元素有铬、钼、硅、钨等，使 A_1 和 A_3 温度升高，使 S 点、E 点向左上方移动，从而使奥氏体区域缩小。当加入的元素超过一定含量后，则奥氏体可能完全消失，此时，钢在包括室温在内的广大温度范围内获得单相铁素

体，通常称之为铁素体钢。如含17%～28%Cr的Cr17、Cr25、Cr28不锈钢就是铁素体不锈钢。由于A_1和A_3温度升高了，这类钢的淬火温度也相应地提高了。图7－2表示铬对奥氏体区域位置的影响。

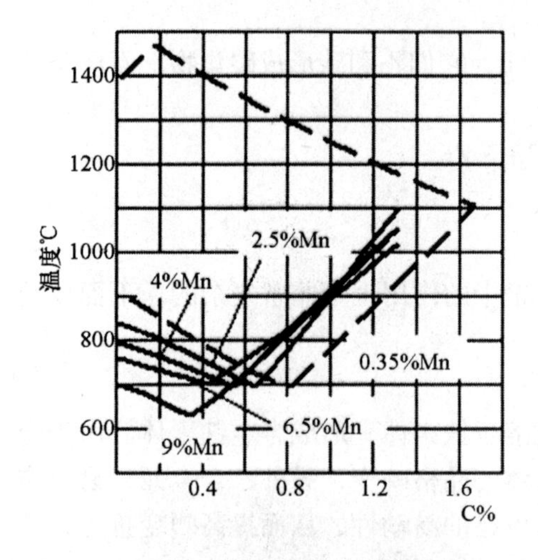

图7－1　锰对奥氏体区的影响

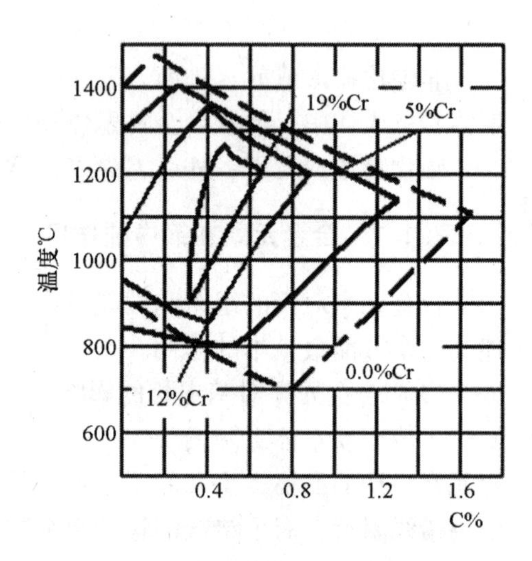

图7－2　铬对奥氏体区的影响

（3）合金元素对热处理的影响

合金元素对钢的热处理的影响主要表现在对加热、冷却和回火过程中的相变等方面。

①阻碍奥氏体的晶粒长大。几乎所有的合金元素（除锰以外）都能减缓钢的奥氏体化过程、阻止奥氏体晶粒的长大，尤其是碳化物形成元素钛、钒、钼、钨、铌、锆等。在元素周期表中，这些元素都位于铁的左侧，越远离铁，越易形成比铁的碳化物更稳定的碳化物，如TiC、VC、MoC等，这些碳化物在加热时很难溶解，能强烈地阻碍奥氏体晶粒的长大。因此，合金钢在热处理时，应相应地提高加热温度或延长保温时间，才能保证奥氏体化过程的充分进行，并且与相应的碳钢相比，在同样的加热条件下，合金钢的组织较细，机械性能更高。

②提高淬透性。大多数合金元素（除钴以外）当它们溶解于奥氏体中以后，都能提高过冷奥氏体的稳定性，使C曲线位置右移，临界冷却速度减小，从而提高钢的淬透性，如图7－3所示。

合金元素对钢的淬透性的影响，由强到弱可以排列成下列次序：钼、锰、钨、铬、镍、硅、钒，微量的硼（0.0005%～0.003%）也能明显提高淬透性。所以对于合金钢就可以采用冷却能力较低的淬火剂淬火，如采用油淬，以减小零件的淬火变形和开裂倾向。

此外，多数合金元素（除钴、铝）溶入奥氏体后，使马氏体转变温度Ms和M_f点下降，淬火后钢中残余奥氏体含量增加。

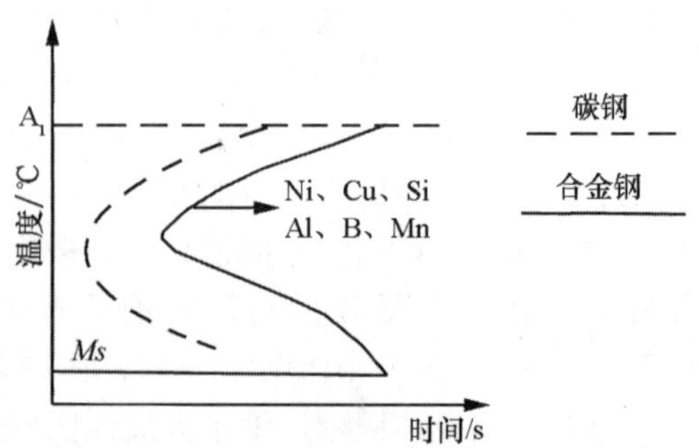

图7－3　合金元素对C曲线的影响

③提高回火稳定性。合金元素在回火过程中，由于合金元素的阻碍作用，推迟了马氏体的分解和残余奥氏体的转变，提高了铁

素体的再结晶温度，使碳化物不易聚集长大，而保持较大的弥散度。因此，提高了钢对回火软化的抗力，即提高了钢的回火稳定性。和碳素钢相比，在相同的回火温度下，合金钢比同样含碳量的碳素钢具有更高的硬度和强度，对工具钢和耐热钢尤为重要；在达到相同强度的条件下，合金钢可以在更高的温度下回火，以充分消除内应力，而使韧性更好，这对结构钢尤为重要。

除此之外，一些碳化物形成元素如铬、钨、钼、钒等，在回火过程中又析出了新的更细的特殊碳化物，发挥了第二相的弥散强化作用，使硬度又进一步提高。这种二次硬化现象在合金工具钢中是很有价值的；而含铬、镍、锰、硅等元素的合金结构钢，在 450℃ ~ 600℃ 范围内长期保温或回火后缓冷均出现高温回火脆性，应在回火后采用快冷。

奇闻轶事："魔高一丈"的坦克

1916 年，第一次世界大战期间，法国索玛河畔的战场上，英、德两军用猛烈的炮火互相射击，双方的士兵都隐蔽在战壕里，谁也不敢"越雷池一步"。9 月 15 日黎明，英军又开始炮击，德军照常还击。突然，从英军阵地发出一阵"隆隆"的怪声。不一会，许多像大铁盒似的庞然大物向德军阵地直冲过来。这些大家伙没有轮子却能跑，炮弹不断从它的两侧飞出来。德军慌忙向它射击，可是子弹一碰上去就反弹回来。这种能攻能防又能跑的怪物就是坦克，它一出现就在战场上显示了巨大的威力。可是过了不久，所向披靡的英国坦克出乎意料地被德国的一种特殊炮弹击穿了。英军很恼火，经过反复化验才知道德军炮弹壳里含有少量的金属钨，钨和钢中的碳结合，生成很硬的碳化钨，用这种钢制成的炮弹穿透力很强，所以能摧毁坦克。然而，"道高一尺，魔高一丈"。英国人在制造坦克装甲的钢中加入少量的铬、锰、镍和钼后，硬度超过了钨钢炮弹。这种合金钢板仅有原来钢板厚度的 1/3，但防弹能力很强，德军的炮弹再也打不穿了。

7.1.2　合金钢的分类

合金钢的分类方法很多，但最常用的是下面两种分类方法：

（1）按用途分类

合金结构钢，即用于制造机械零件和工程结构的钢；

合金工具钢，即用于制造各种加工工具的钢；

特殊性能钢，即具有某种特殊物理、化学性能的钢，如不锈钢、耐热钢、耐磨钢等。

（2）按所含合金元素总含量分类

低合金钢，即合金元素总含量<5%；

中合金钢，即合金元素总含量 5~10%；

高合金钢，即合金元素总含量>10%。

7.1.3　合金钢牌号

（1）合金结构钢

采用"两位数字（碳含量）+元素+数字+……"表示，前面两位数字表示钢的平均含碳量的万分之几，元素符号表明钢中含有的主要合金元素，其后的数字表示该元素的含量，一般以百分之几表示。凡合金元素的平均含量小于1.5%时，钢号中一般只标明元素符号而不标明其含量。如果平均含量≥1.5%、≥2.5%、≥3.5%……时，则相应地在元素符号后面标以2、3、4……如为高级优质钢，则在其钢号后加“高”或“A”。钢中的V、Ti、Al、B、RE等合金元素，虽然它们的含量很低，但在钢中能起相当重要的作用，故应在钢号中标出。

例如45钢表示平均含碳量为0.45%的优质碳素结构钢；20CrMnTi表示平均含碳量为0.20%，主要合金元素Cr、Mn含量均低于1.5%，并含有微量Ti的合金结构钢；60Si2Mn表示平均含碳量为0.60%，主要合金元素Mn含量低于1.5%，Si含量为1.5%~2.5%的合金结构钢。

（2）合金工具钢

采用“一位数字（或没有数字）+元素+数字+……”表示。其编号方法与结构钢的区别仅在于碳含量的表示方法，采用一位数字表示平均含碳量的千分之几，当碳含量≥1%时，则不予标出。

例如9CrSi钢，平均含碳量为0.90%，主要合金元素为铬、硅，含量都小于1.5%。又如Cr12MoV钢，含碳量为1.45%~1.70%，主要合金元素为11.5%~12.5%的铬，0.40%~0.60%的钼和0.15%~0.30%的钒。9CrSi钢为工具钢，平均含碳量为0.90%，主要合金元素为铬、硅，含量都小于1.5%。

（3）特殊性能钢

和合金工具钢的表示相同，如不锈钢2Cr13表示含碳量为0.20%，铬为12.5%~13.5%。但也有少数例外，例如耐热钢20Cr3W3NbN其编号方法和结构钢相同，但这种情况极少。

除此以外，还有一些特殊专用钢，为表示钢的用途，在钢的牌号前面冠以汉语拼音字母字首，而不标含碳量，合金元素含量的标注也特殊。例如滚珠轴承钢在编号前标以“G”字母，其后为铬（Cr）+数字，数字表示铬含量平均值的千分之几，如“滚铬15”（GCr15）。这里应注意牌号中铬元素后面的数字是表示含铬量为1.5%，再如，GCr15SiMn表示含铬为1.5%，Si、Mn均小于1.5%的滚动轴承钢。易切钢前标以“Y”字母，Y40Mn表示含碳量约0.4%、含锰量小于1.5的易切钢。再如：20g表示含碳量为0.20%的锅炉用钢；16MnR表示含碳量为1.6%、含锰量小于1.5%的容器用钢。

7.2 合金结构钢

合金结构钢按用途可分为：普低钢和机械制造用钢两类。普低钢又称低合金高强度钢，英文缩写为HSLA钢。这类钢是在碳素结构钢的基础上加入少量合金元素形成的，主要用于各种工程结构（如大型桥梁、压力容器及船舶等）。机械制造用钢按照用途和热处理特点可分为渗碳钢、调质钢、弹簧钢、滚动轴承钢，通常都是优质或高级优质钢，一般须经热处理，以发挥材料的力学性能潜力，主要用于制造各种机械零件。

工程应用典例

汽车大王亨利·福特曾经说："假如没有钒，也就没有汽车的今天。"福特之所以这么说，是因为他是用钒钢制造汽车零件才走运的。一次，福特从车祸现场拣到一块从法国汽车阀轴上掉下来的碎片，碎片的亮度和硬度引起了他的注意，拿回去分析后发现碎片是含钒的特殊钢。从此，福特开始用钒钢来制造汽车的发动机、阀、弹簧、传动轴、齿轮等配件。这样，汽车的重量大大减轻了，许多原材料被节省下来，成本大大降低，而汽车销量增加。在钢中加入不到1%的钒，制成的钒钢晶粒细化，弹性显著增加，韧性好，坚硬结实，有良好的抗冲击和抗弯曲能力，不易磨损和断裂。在铁中加一点钒，制成的活塞环、铸模、轧辊和冷锻模结实耐用、坚硬耐磨，可以延长使用寿命。所以，人们赋予钒"钢铁的维生素"美称。

7.2.1　普通低合金构件用钢（普低钢）

（1）成分特点

①低碳：由于韧性、焊接性和冷成形性能的要求高，其碳质量分数不超过0.20%。

②主加元素：加入以Mn为主的少量合金元素，达到了提高力学性能的目的。锰资源丰富，且有显著的强化铁素体效果，还可降低钢的冷脆温度，使珠光体数量增加，进一步提高强度。

③辅加元素：再加入少量的铌、钛或钒，在钢中形成细碳化物或碳氮化物，有利于获得细小的铁素体晶粒，提高钢的强度和韧性。

此外，加入少量铜（≤0.4%）和磷（0.1%左右）等，可提高抗腐蚀性能。加入少量稀土元素，可以脱硫、去气，使钢材净化，改善韧性和工艺性能。

（2）性能特征

①高强度：一般屈服强度在300 MPa以上。

②高韧性：要求延伸率为15%～20%，室温冲击韧性大于800 kJ/m^2。对于大型焊接构件，还要求有较高的断裂韧性。

③良好的焊接性能和冷成形性能。

④低的冷脆转变温度。

⑤良好的耐蚀性。

（3）用途

我国列入冶金部标准的普低钢，按屈服强度高低分为300MPa级、350MPa级、400MPa级、450MPa级、500MPa级和650MPa级，具有代表性的钢种及其牌号性能列入表7－1中。这类钢是为了适应大型工程结构以减轻结构重量、提高可靠性及节约材料的需要而发展起来的，主要用于制造大型桥梁、船舶、压力容器、输油输气管道、大型钢结构等（图7－4）。

普低钢一般在热轧空冷状态下使用，不需要进行专门的热处理。使用状态下的显微组织一般为铁素体+索氏体。

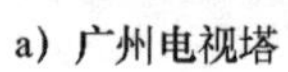

a）广州电视塔

b）南京长江大桥

图 7－4　普低钢的应用

表 7－1　常用低合金结构钢的牌号、成分、性能及用途

钢号	化学成分（%）				使用状态	力学性能（不小于）			用途举例
	C	Si	Mn	其他		σ_s（MPa）	σ_b（MPa）	δ（%）	
09MnV	≤0. 12	0. 2～0. 6	0. 8～1. 2	V0. 04～0. 12	热轧	300	440	22	螺旋焊管、冷型钢、建筑结构
09MnNb	≤0. 12	0. 2～0. 6	0. 8～1. 2	—	热轧	300	420	23	机车车辆、桥梁
16Mn	0. 12～0. 2	0. 2～0. 6	1. 2～1. 6	—	热轧	350	520	21	桥梁、船舶、车辆、容器、建筑
16MnCu	0. 12～0. 2	0. 2～0. 6	1. 25～1. 50	Cu 0. 2～0. 35	热轧	350	520	21	桥梁、船舶、车辆、容器、建筑
15MnV	0. 12～0. 18	0. 2～0. 6	1. 2～1. 6	V 0. 05～0. 12	热轧	400	540	18	高中压容器、车辆、船舶、桥梁等
15MnTi	0. 12～0. 18	0. 2～0. 6	1. 2～1. 6	Ti 0. 12～0. 2	正火	400	540	19	造船杂板、压力容器、电站设备等
15MnVN	0. 12～0. 2	0. 2～0. 5	1. 2～1. 6	V 0. 05～0. 12 N 0. 102～0. 02	正火	450	600	17	大型焊接结构、大型桥梁、车、船舶、液态罐等
14MnMoVBNb	0. 1～0. 16	0. 17～0. 37	1. 1～1. 6	V 0. 04～0. 1 Mo 0. 3～0. 6	正火+回火	500	650	16	石油装置、电站装置、置高压容器

续表

钢号	化学成分（%）				使用状态	力学性能（不小于）			用途举例
	C	Si	Mn	其他		σ_s（MPa）	σ_b（MPa）	δ（%）	
14CrMnMoVB	0. 1～0. 15	0. 17～0. 47	1. 1～1. 6	V 0. 03～0. 06 Mo 0. 32～0. 42	正火+回火	650	750	15	中温锅炉、高压容器等

7. 2. 2　合金渗碳钢

（1）成分特点

①低碳：碳质量分数一般为 0. 10%～0. 25%，使零件心部有足够的塑性和韧性。

②主加元素：常加入提高淬透性的合金元素 Cr、Ni、Mn、B 等。主要加入少量强碳化物形成元素 Ti、V、W、Mo 等，形成稳定的合金碳化物，阻碍奥氏体晶粒长大。

（2）主要钢种

常用的渗碳钢钢号、热处理工艺、力学性能及用途见表 7－2。

表 7－2　常用的渗碳钢钢号、热处理工艺、力学性能及用途

类别	钢号	热处理（℃）				力学性能			毛坯尺寸（mm）	用途举例
		渗碳	预备热处理	淬火	回火	σ_b（MPa）	σ_s（MPa）	δ（%）		
低淬透性	15	930	890±10 空	770～800 水	200	≥500	≥300	15	<30	活塞销、套筒
	20Mn2	930	850～870	770～800 油	200	820	600	10	25	小齿轴、小轴、活塞销
	20Cr	930	880 水、油	800 水、油	200	850	550	10	15	齿轮、小轴、活塞销
	20MnV	930		880 水、油	200	800	600	10	15	同上，也作锅炉、高压容器管道等
	20CrV	930	880	800 水、油	200	850	600	12	15	齿轮、小轴、顶杆、活塞销、耐热垫圈
中淬透性	20CrMn	930		850 油	200	950	750	10	15	齿轮、轴、蜗杆、摩擦轮
	20CrMnTi	930	830 油	860 油	200	1100	850	10	15	汽车、拖拉机上的变速箱齿轮
	20MnTiB	930		860 油	200	1150	950	10	15	代 20CrMnTi
	20SiMnVB	930	850～880 油	780～800 油	200	≥1200	≥1000	≥10	15	代 20CrMnTi

续表

类别	钢号	热处理（℃）				力学性能			毛坯尺寸（mm）	用途举例
		渗碳	预备热处理	淬火	回头	σ_b（MPa）	σ_s（MPa）	δ（%）		
高淬透性	18Cr2Ni4WA	930	950 空	850 空	200	1200	850	10	15	大型渗碳齿轮和轴类零件
	20Cr2Ni4A	930	880 油	780 油	200	1200	1100	10	15	大型渗碳齿轮和轴类零件
	15CrMn2SiMo	930	880~920 空	860 油	200	1200	900	10	15	大型渗碳齿轮、飞机齿轮

20Cr：低淬透性合金渗碳钢，淬透性较低，心部强度较低。

20CrMnTi：中淬透性合金渗碳钢，淬透性较高、过热敏感性较小，渗碳过渡层比较均匀，具有良好的力学性能和工艺性能。

18Cr2Ni4WA 和 20Cr2Ni4A：高淬透性合金渗碳钢，含有较多的 Cr、Ni 等元素，淬透性很高，且具有很好的韧性和低温冲击韧性。

（3）热处理

一般都是渗碳后直接淬火，再低温回火。

（4）组织性能

例如某型号汽车 20CrMnTi 变速箱齿轮的加工工艺路线为：下料→锻造→正火→加工齿形→渗碳、预冷淬火→低温回火→磨齿。

20 CrMnTi 钢制造齿轮的热处理工艺曲线如图 7－5 所示。

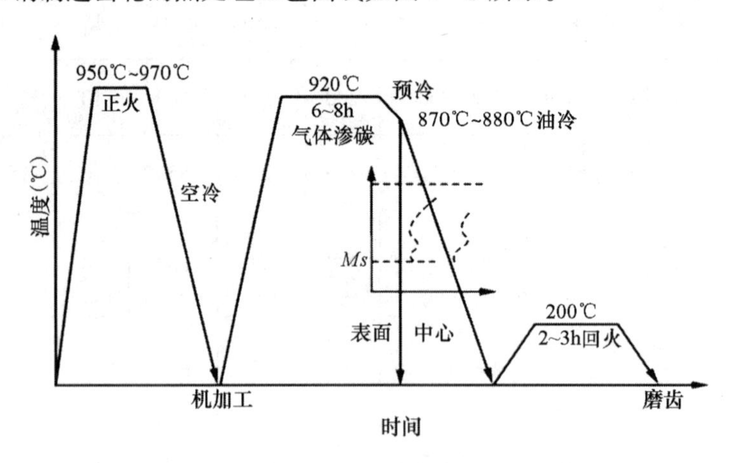

图 7－5　20CrMnTi 钢制造齿轮的热处理工艺曲线

正火作为预备热处理，其目的是改善锻造组织，调整硬度（170~210HBS），便于机加工，正火后的组织为索氏体+铁素体。最终热处理为：渗碳后预冷到 875℃直接淬火+低温回火。

最终热处理后其组织由表面往心部依次为：回火马氏体+颗粒状碳化物+残余奥氏体→回火马氏体+残余奥氏体→……而心部的组织分为两种情况，在淬透时为低碳马氏体+铁素体，硬度为 40~48HRC；未淬透时为索氏体+铁素体，硬度为 25~40HRC。20CrMnTi 钢经上述处理后可获得高耐磨性渗层，表面硬度为 60~62HRC，心部有较高的强度和良好的韧性，适宜制造承受高速中载并且抗冲击和耐磨损的零件。

(5) 用途

主要用于制造在工作中遭受强烈的摩擦磨损，同时又承受较大的交变载荷，特别是冲击载荷的零件，如汽车、拖拉机中的变速齿轮（图 7-6），内燃机上的凸轮轴、活塞销等机器零件。

图 7-6 变速箱齿轮

渗碳钢“外硬里韧”的力学性能要求，可通过选择低含碳量钢并合金化提高零件的淬透性，经过渗碳（930℃）、预冷淬火（830℃）、低温回火（200℃）后满足。

7.2.3 合金调质钢

调质钢就是经过淬火加高温回火处理而使用的结构钢，经调质处理后的组织为回火索氏体 $S_{回}$，这种组织有良好的综合力学性能，即高强韧性的统一。

(1) 成分特点

①中碳：一般为 0.25%~0.50%，以 0.4% 居多；

②主加元素：Mn、Cr、Ni、Si 等。主要目的是提高淬透性，保证零件整体具有良好的综合力学性能。

③辅加元素：W、Mo、V、Ti 等，主要作用是细化晶粒，提高回火稳定性和钢的强韧性，W、Mo 还可抑制第二类回火脆性的发生。

(2) 主要钢种

常用调质钢的钢号、热处理工艺、力学性能及用途见表 7-3。

表 7-3 常用调质钢的钢号、热处理工艺、力学性能及用途

类别	钢号	热处理（℃）		力学性能（不小于）				用途举例
		淬火	回火	σ_s (MPa)	σ_b (MPa)	δ_5 (%)	α_K (Jcm^{-2})	
低流传透性钢	45	840	600	355	600	16	50	主轴、曲轴、齿轮、柱塞等
	45Mn2	840 油	550 水油	750	900	10	60	直径 60mm 以下时，性能与 40Cr 相当，制造万向节头轴、蜗杆、齿轮、连杆等
	40Cr	850 油	500 水油	800	1000	9	60	重要调质件，如齿轮、轴、曲轴、连杆螺栓等
	35SiMn	900 水	590 水油	750	900	15	60	除要求低温（-20℃以下）韧性很高外，可全面代替 40Cr 作调质件

续表

类别	钢号	热处理（℃）		力学性能（不小于）				用途举例
		淬火	回火	σ_g（MPa）	σ_b（MPa）	δ_5（%）	α_R（Jcm^{-2}）	
	42SiMn	880 水	590 水	750	900	15	60	与 35SiMn 相同，并可作表面淬火件
	40MnB	850 油	500 水油	800	1000	10	60	取代 40Cr
中淬透性钢	40CrMn	840 油	520 水油	850	1000	9	60	代 40CrNi、40CrMo 作高速高载荷而冲击不大的零件
中淬透性钢	40CrNi	820 油	520 水油	800	1000	10	70	汽车、拖拉机、机床、柴油机的轴、齿轮、连接机件螺栓、电动机轴
中淬透性钢	42CrMo	850 油	580 水油	950	1100	12	80	代含 Ni 较高的调质钢，也作重要大锻件用钢，机车牵引大齿轮
中淬透性钢	30CrMnSi	880 油	520 水油	900	1100	10	50	高强度钢，高速载荷砂轮轴、齿轮、轴、联轴器、离合器等重要调质件
中淬透性钢	35CrMo	850 油	550 水油	850	1000	12	80	代替 40CrNi 制大截面齿轮与轴，汽轮发电机转子、480℃以下工件的紧固件
中淬透性钢	38CrMoAlA	940 水油	640 水抽	850	1000	15	90	高级氮化钢，制造>900HV 氮化件，如镗床镗杆、蜗杆、高压阀门
高淬透性钢	37CrNi3	820 油	500 水油	1000	1150	10	60	高强韧性的重要零件，如活塞销、凸轮轴、齿轮、重要螺栓、拉杆
高淬透性钢	40CrNiMoA	850 油	600 水油	850	1000	12	100	受冲击载荷的高强零件，如锻压机床的传动偏心轴，压力机曲等大轴等大截面重要零件
高淬透性钢	25Cr2Ni4WA	850 油	500 水油	950	1100	11	90	断面 200mm 以下，完全淬透的重要零件，也与 12CrNi4 相同，可作高级渗碳件
高淬透性钢	40CrMnMo	850 油	600 水油	800	1000	10	80	代替 40CrNiMo

40Cr：低淬透性合金调质钢，油淬临界直径为 30～40 mm，用于制造一般尺寸的重要零件。

35CrMo：中淬透性合金调质钢，油淬临界直径为 40～60mm，加入钼，不仅可提高淬透性，而且可防止第二类回火脆性。

40CrNiMo：高淬透性合金调质钢，油淬临界直径为 60～100 mm，铬镍钢中加入适当的钼，不但具有好的淬透性，还可消除第二类回火脆性。

（3）热处理

调质钢零件的热处理主要是毛坯料的预备热处理（退火或正火）以及粗加工件的调质处理（淬火加高温回火）。除要求综合力学性能外，当还需要表面有良好的耐磨性时，应在调质处理后精加工前再进行表面淬火或化学热处理（如氮化处理）等。40Cr 钢制造连杆螺栓的热处理工艺曲线见图 7－7。

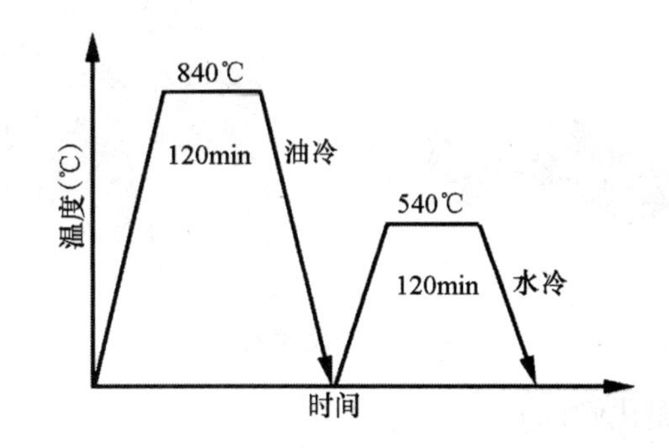

图 7－7　40Cr 钢制造连杆螺栓的热处理工艺曲线

（4）组织性能

例如某型号车床主轴为多阶梯中小尺寸轴，工作时承受交变弯曲和扭转应力，有时有冲击作用，花键等部分常有磕碰或相对滑动，其属于中速中载有滚动轴承的工作轴，可选 45 钢或 40Cr 钢，45 钢与 40Cr 钢调质后性能的对比见表 7－4。

表 7－4　45 钢与 40Cr 钢调质后性能的对比

钢号热处理状态	棒材直径/mm	σ_b/MPa	σ_s/MPa	δ_s/%	Ψ/%	α_k/（KJ/m^2）
45 钢 850℃ 水淬，550℃ 回火	50	700	500	15	45	700
40Cr 钢 850℃ 油淬，570℃ 回火	50（心部）	850	670	16	58	1000

主轴的加工工艺路线为：下料→锻造→预备热处理→粗加工→调质→铣键槽→局部感应淬火→磨削精加工→装配。其中，预备热处理为正火处理，可改善锻造组织缺陷，得到细小索氏体组织，材料硬度 220HBS，适合机械加工。材料经整体最终热处理即调质后组织为回火索氏体，使零件整体综合力学性能大大提高。而局部硬化采用表面感应淬火及自回火，得到表面组织为回火马氏体，使耐磨性提高，心部的组织性能则保持调质状态不变。

（5）用途

合金调质钢广泛用于制造承受多种工作载荷，受力情况比较复杂，要求高的综合力学性能，即具有高的强度和良好的塑性、韧性的重要零件，如机床主轴，汽车和拖拉机的后桥半轴、曲轴、高强螺栓等（图 7－8）。

7.2.4　合金弹簧钢

（1）成分特点

①中、高碳：一般为 0.5%～0.9%，但碳量不宜过高，否则材料变脆，疲劳抗力也下降。

②主加元素：Si、Mn，主要作用是提高淬透性，同时也提高了屈强比。

③辅加合金：重要用途的弹簧钢还必须加入 Cr、V、W 等元素，可克服 Si、Mn 钢的

a）曲轴

b）连杆

图 7-8 调质钢的应用

不足（如易过热，有石墨化倾向）。

（2）主要钢种

常用弹簧钢牌号、热处理、性能及用途见表 7-5。

表 7-5 常用弹簧钢牌号、热处理、性能及用途

类别	钢号	热处理		力学性能（不少于）			用途举例
		淬火	回火	σ_s（MPa）	σ_b（MPa）	δ_5（%）	
碳素弹簧钢	65	840 油	500	800	1000	9	小于 φ12mm 的一般机器上的弹簧，或拉成钢丝制作小型机械弹簧
	85	820 油	480	1000	1150	6	小于 φ12mm 的一般机器上的弹簧，或拉成钢丝制作小型机械弹簧
	65Mn	830 油	540	800	1000	8	小于 φ12mm 的一般机器上的弹簧，或拉成钢丝制作小型机械弹簧
合金弹簧钢	55Si2Mn	870 水油	480	1200	1300	6	φ20～25mm 的弹簧，工作温度低于 230℃
	60Si2Mn	870 油	480	1200	1300	5	φ25～30mm 的弹簧，工作温度低于 300℃
	50CrVA	850 油	500	1150	1300	10	φ20～25mm 的弹簧，制作工作温度低于 210℃的气阀弹簧
	60Si2CrVA	850 油	410	1700	1900	6	φ< 50mm 的弹簧，工作温度低于 250℃
	55SiMnMoV	880 油	550	1300	1400	6	φ<75mm 的弹簧，重型汽车、越野汽车大截面板簧

65Mn 和 60Si2Mn：以 Si、Mn 为主要合金元素的弹簧钢，价格便宜，淬透性明显优于碳素弹簧钢。Si、Mn 复合合金化，性能比只用 Mn 的好得多，这类钢主要用于汽车、拖拉机上的板簧和螺旋弹簧（图 7-9）。

50CrVA：含 Cr、V、W 等元素的弹簧钢。Cr、V 复合合金化，不仅大大提高钢的淬透性，而且提高钢的高温强度、韧性和热处理工艺性能。这类钢可制作在 350～400℃温度下承受重载的较大弹簧。

（3）热处理与组织性能

弹簧钢按其成形方法分为冷成形（强化后成形）及热成形（成形后强化）两类。其

图 7－9　火车螺旋弹簧

相应加工和热处理工艺如下：

①冷成形弹簧。小型弹簧一般用冷拔弹簧钢丝（片）卷成。在冷成形完成后必须进行一次消除内应力、稳定尺寸并提高弹性极限的定型处理，处理温度为 250℃～300℃，保温 1～2h。

②热成形弹簧。对于中大型弹簧，应加热至奥氏体区进行热卷成形，然后淬火和中温 450℃～550℃回火，获得回火屈氏体组织，保证了高的弹性极限和足够韧性。

为了提高弹簧的疲劳寿命，目前还广泛采用喷丸强化处理。由于加热过程易造成表面氧化和脱碳等缺陷，故一般要补充进行一道表面喷丸处理，这样可大大提高其疲劳强度和寿命。如汽车板簧用 60Si2Mn 钢热成形后，经喷丸处理可使其寿命提高 3～5 倍。

（4）用途

主要用于制造各种弹簧和弹性元件，如汽车板弹簧（图 7－10）、仪表弹簧、汽阀弹簧等。

图 7－10　汽车板簧

7.2.5　滚动轴承钢

（1）成分特点

①高碳。一般为 0.95%～1.10%，以保证其高硬度、高耐磨性和高强度。

②主加元素。Cr 为基本合金元素，适宜的铬质量分数为 0.40%～1.65%。铬提高淬透性，还形成合金渗碳体 $(Fe, Cr)_3C$，呈细密、均匀分布，提高钢的耐磨性，特别是疲劳强度。

③辅加元素。Si、Mn 进一步提高淬透性，便于制造大型轴承。V 部分溶于奥氏体中，部分形成碳化物 VC，提高钢的耐磨性并防止过热。

④高的冶金质量。轴承钢高的接触疲劳性能要求对材料的微小缺陷十分敏感，故材料中的非金属夹杂应尽量避免，即应大大提高其冶金质量，严格控制其 S、P 含量（S<0.02%，P<0.02%）。因此，轴承钢一般采用电炉冶炼和真空去气处理。

（2）主要钢种

轴承钢牌号、热处理、性能及用途见表7－6。其中，最常用的是GCr15，使用量占轴承钢的绝大部分。

表7－6　常用轴承钢牌号、热处理、性能及用途

牌号	化学成分/%				热处理/℃		回火硬度/HRC	用途
	C	Cr	Si	Mn	淬火温度	回火温度		
GCr6	1.05~1.15	0.40~0.70	0.15~0.35	0.20~0.40	800~820	150~170	62~66	<φ10mm的滚珠、滚柱和滚针
GCr9	1.0~1.1	0.90~1.12	0.15~0.35	0.20~0.40	800~820	150~160	62~66	<φ20mm的滚珠、滚柱和滚针
GCr9SiMn	1.0~1.1	0.9~1.2	0.4~0.7	0.9~1.2	810~840	150~200	61~65	壁厚<14mm的外径<250mm的轴套，φ25~φ50mm的钢球
GCr15	0.95~1.05	1.30~65	0.15~0.35	0.20~0.40	820~840	150~160	62~66	
GCr5SiMn	0.95~1.05	1.30~65	0.40~0.65	0.90~1.20	820~840	170~120	>6	壁厚≥14mm的外径、250mm的轴套、φ20~φ200mm的钢球

GCr15SiMn、GCr15SiMnMo：高淬透性。

GSiMnMoV、GSiMnMoVRE：为了节约铬，加入Mo、V所得到的无铬轴承钢，其性能与GCr15相近。

（3）热处理与组织性能

轴承钢的热处理主要为球化退火、淬火和低温回火。

以常用的GCrl5钢为例，其加工工艺过程为：锻造→正火+球化退火→机械粗加工→淬火+冷处理→低温回火→磨削→去应力回火。

轴承钢锻造组织为索氏体+少量粒状二次渗碳体，硬度255~340HBS。正火的目的是细化组织并消除锻造缺陷，球化退火的目的是降低硬度（≤210HBS）以便于切削加工，同时为最终热处理做好组织准备（球状珠光体）。GCr15钢的淬火温度严格控制在820℃~840℃，油淬获得隐晶马氏体后立即于-60℃~-80℃低温冷处理后再低温回火。回火的目的主要是消除内应力，提高韧性，稳定组织和尺寸。回火温度为150℃~160℃，时间为2~3h，此时其显微组织为回火马氏体+细小弥散碳化物。磨削后的时效在120℃~150℃进行2~3h，目的是进一步稳定尺寸并消除磨削应力。

（4）用途

主要用于制造滚动轴承的内套、外套、滚动体（图7－11）。从化学成分看，滚动轴承钢属于工具钢范畴，所以这类钢也经常用于制造各种精密量具、冷冲模具、丝杠、冷轧辊和高精度的轴类等耐磨零件。

7.3　合金工具钢

工具钢是用来制造刀具、模具和量具的钢。工具钢按成分可分为碳素工具钢和合金工

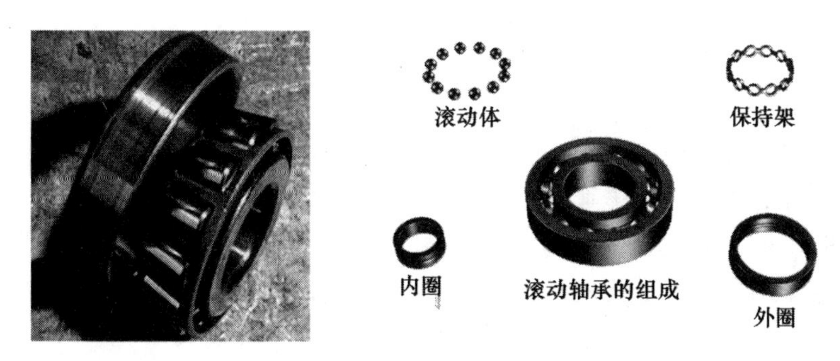

图 7－11　滚动轴承

具钢两种，碳素工具钢硬度可达 60～65HRC，耐磨性和加工性都较好，价格便宜，但缺点是红硬性差，当刃部温度大于 200℃时，硬度、耐磨性会显著降低。另外，由于淬透性差（直径厚度为 15～20mm 的试样在水中才能淬透），尺寸大的就淬不透。形状复杂的零件，水淬容易变形和开裂，所以碳素工具钢大多用于钳工、木工和形状简单受力不大的手工工具及低速、小走刀量的机用工具，也可做尺寸较小的模具和量具。

合金工具钢按用途分为刃具钢、模具钢和量具钢，但实际应用界限并非绝对的。

一般来说，工具钢的加工工艺过程为：坯料→锻造→预备热处理→机械加工→最终热处理→精加工及表面处理→装配。

由于工具钢一般含有较高的碳含量，其铸态组织常含有网状碳化物等缺陷；而当合金元素含量高时甚至出现共晶组织，因此工具钢必须进行严格而充分的锻造热加工，以完全消除其铸造缺陷。预备热处理一般为球化退火，当锻后组织不均匀或有网状碳化物时，预备热处理应为正火+球化退火，这主要是为获得球状珠光体，降低材料硬度，以利于切削加工。工具钢的最终热处理工艺主要由工具使用时的性能需求而定。

奇闻轶事：綦毋怀文的制刀工艺

北齐冶炼家綦毋怀文在制刀和热处理方面做出了杰出贡献，他做出的刀极其锋利，能够斩断铁甲 30 札。在綦毋怀文之前，我国古代的整把钢刀全部用百炼钢制成，因此价格昂贵且制作刀剑费时费力，一把东汉时期的名钢剑的价钱可以购买当时供 7 个人吃 2 年 9 个月的粮食。三国时，曹操命有司制作宝刀 5 把，用了 3 年时间。一般来说，刃口主要起刺杀作用，因而要求有比较高的硬度，这样才能保证刀的锋利，所以应该选择含碳量较高、硬度较大的钢来制造；刀背主要起一种支撑作用，要求有比较好的韧性，使刀在受到比较大的冲击时不致折断，这样就要选择含碳量较低、韧性较大的熟铁。綦毋怀文在制作刀具时将熟铁和钢巧妙结合起来，用灌钢法炼制的钢做成刀的刃部，而用含碳量低的熟铁作刀背，将二者恰到好处地用在合适的地方。这样制成的刀具刃口锋利而不易折断，刚柔兼备、经久耐用，既满足了钢刀的不同部分的不同要求，又节省了大量的昂贵钢材，利于钢刀的推广和普及。这种制刀工艺，今天还在沿用。

7.3.1 合金刃具钢

7.3.1.1 用途

用于制造各种金属切削刀具，如车刀、铣刀、钻头等。

7.3.1.2 工作条件及性能要求

刃具（图 7-12）在切削材料时，受工件的压力，刃部与切屑之间产生强烈的摩擦而发热，温度甚至高于 500℃。此外，还承受一定的冲击和震动，因而要求刃具材料具有如下性能：

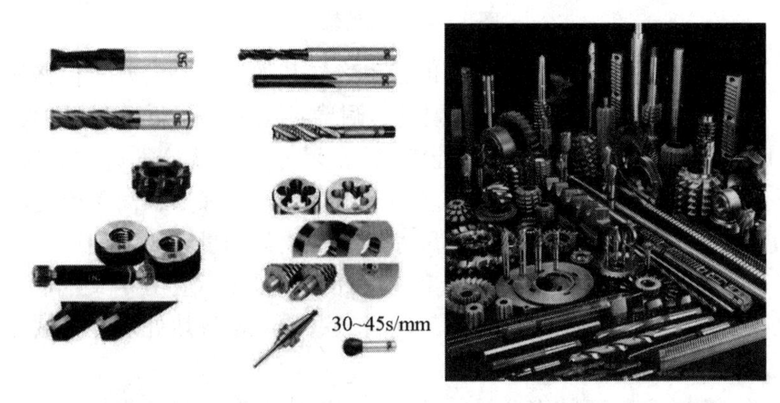

图 7-12 刃具

（1）高硬度、高耐磨性

金属切削刀具的硬度应远远大于工件硬度，一般都在 60 HRC 以上，而高耐磨性不仅取决于钢的硬度，而且与钢中硬化物的性质、数量、大小和分布有关，故应保证硬化相数量多、分布均匀且稳定。

（2）高的红硬性

红硬性是指钢在受热条件下仍能保持足够高的硬度和切削能力的特性。红硬性与钢的回火稳定性和特殊碳化物的弥散析出有关，即高的红硬性要求钢有高的回火抗力。

（3）足够的塑性和韧性

以防刃具受到拉压弯扭和冲击等作用时折断和崩刃。

7.3.1.3 钢种及其加工工艺

（1）低合金刃具钢

①成分特点。高碳：碳质量分数为 0.9%~1.1%，以保证高硬度和高耐磨性。合金元素：Cr、Mn、Si 主要用来提高钢的淬透性，Si 还能提高钢的回火稳定性。W、V 能提高硬度和耐磨性，并防止加热时过热，保持细小的晶粒。

②热处理。球化退火、机加工，然后淬火和低温回火。热处理后的组织为回火马氏体、碳化物和少量残余奥氏体。

③典型牌号。常用低合金工具钢的钢号、热处理及用途见表 7-7，低合金刃具及其热处理工艺曲线见图 7-13。

表 7-7　常用低合金刃具钢的钢号、热处理及用途

钢号	淬火			回火		用途举例
	温度（℃）	介质	HRC	温度（℃）	HRC	
Cr2	830~860	油	62	150~170	60~62	锉刀、刮刀、样板、量规、冷轧辊等
9SiCr	850~870	油	62	190~200	60~63	板牙、丝锥、绞刀、搓丝板、冷冲模等
CrWMn	820~840	油	62	140~160	62~65	长丝锥、长绞刀、板牙、量具、冷冲模等
9Mn2V	780~820	油	62	150~200	58~63	丝锥、板牙、样板、量规、中小型模具、磨床主轴、精密丝杠等

9SiCr 具有较高的淬透性、耐磨性和回火稳定性，在 250℃ ~300℃ 仍能保持 60HRC 以上，可用于制作形状复杂的、要求变形小的刀具，如丝锥、板牙等。

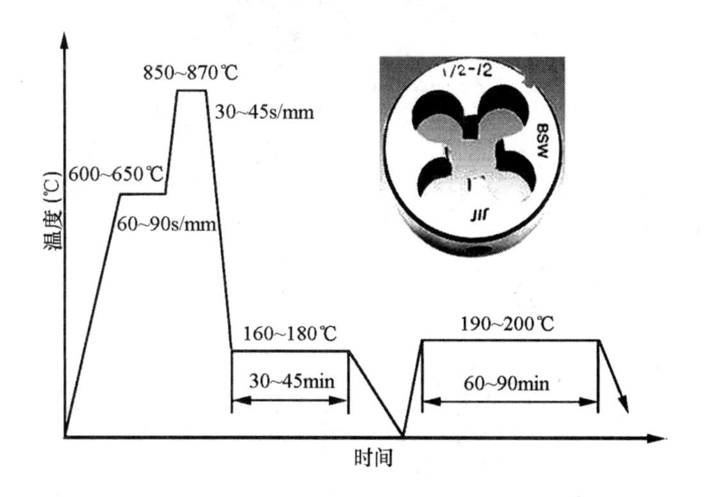

图 7-13　低合金刀具及其热处理工艺曲线（9SiCr）

CrWMn 钢的含碳量为 0.90% ~1.05%，铬、钨、锰同时加入，使钢具有更高的硬度（64~66 HRC）和耐磨性，但红硬性不如 9CrSi。CrWMn 钢热处理后变形小，故称微变形钢，主要用来制造较精密的低速刀具，如长铰刀、拉刀等。

（2）高速钢

低合金刃具钢基本上解决了碳素工具钢淬透性低、耐磨性不足的缺点，红硬性也有一定程度提高，但仍满足不了高速切削和高硬度材料加工的生产需求。为适应高速切削，发展了高速钢（高合金刃具钢），红硬性可达 600℃ 以上，强度比碳素工具钢提高 30% ~50%。

①成分特点。

高碳：一般在 0.70 % 以上，最高可达 1.5% 左右。碳的作用是既要溶于奥氏体基体中，获得高碳马氏体保证淬硬性，又要与碳化物形成元素 W、Mo、V、Cr 等形成碳化物，使淬火后有足够多的强化物相，细化晶粒，增大耐磨性。

W、Mo 元素：主要用于提高钢的红硬性，含大量 W、Mo 的马氏体有高的回火稳定性；且在 500~600℃ 回火时弥散析出细小稳定的特殊碳化物，具有二次硬化效应，大大提

高了材料的高温强度和耐磨性。

Cr：主要在奥氏体化时溶入奥氏体，大大提高钢的淬透性；同时回火时也能形成细小的碳化物，提高材料的耐磨性。

V：其碳化物十分稳定，能细化奥氏体晶粒，并提高耐磨性、红硬性。

生产中还常向钢中加入 Ti、Co、Al、B 等合金元素，它们都以提高材料硬度和红硬性为主要目的。

②热处理。

图 7－14 是高速钢 W18Cr4V 热处理工艺及回火性能曲线。高速钢热处理特点是淬火温度高，一般为 1220℃～1280℃，550℃～570℃回火三次。

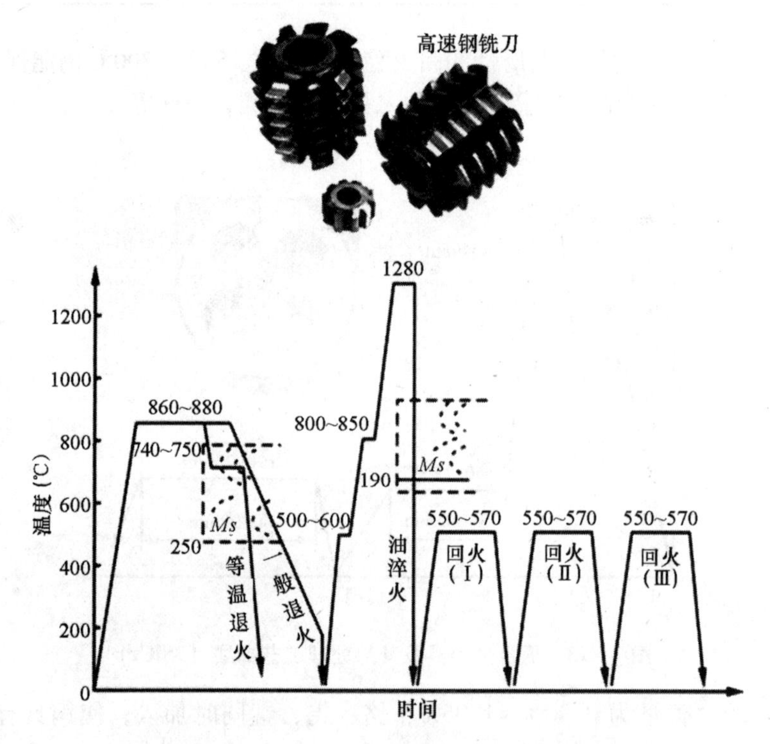

图 7－14　高速钢刀具及其热处理工艺曲线

由于高速钢的合金元素含量多，使得 C 曲线右移，淬火临界冷却速度大为降低，在空气中冷却就可得到马氏体组织，因此高速钢也称为“风钢”（锋钢）。高速钢中大量合金元素的存在使其铸态含有大量共晶莱氏体，共晶碳化物呈鱼骨状，脆性大，用热处理方法是不能消除的，一般通过反复轧制和锻压，将粗大的共晶碳化物和二次碳化物破碎，并使之均匀分布在基体中。高速钢锻后必须缓冷，并进行球化退火以防止产生过高应力甚至开裂。具体工艺为：加热保温 860℃～880℃，然后冷却到 720℃～750℃保温，炉冷至 550℃以下出炉，获得的索氏体+状碳化物组织硬度为 207～255HBS，可以进行机械加工。

高速钢的优越性能要经正确的淬火回火处理后才能获得，淬火温度高达 1250℃～1300℃，这样可以使较多的提高刃具红硬性的元素如 W、V 溶入奥氏体中，大大提高了淬透性。另外，合金元素多也使高速钢导热性差，传热速率低，所以淬火加热时采用分级预热，一次预热温度 600℃～650℃，二次预热在 800℃～850℃，这样的加热工艺可以避免由热应力而造成的变形或开裂。淬火冷却采用油中分级淬火法，正常淬火组织为隐晶马氏体

+粒状碳化物+20%～25%残余奥氏体。

高速钢常用回火工艺是：550℃～570℃保温 1h，并重复 3～5 次才能保证充分消除应力，减少残余奥氏体数量，稳定组织。其不同于其他材料的回火工艺的原因是由于马氏体中合金元素含量很高，高速钢淬火后残余奥氏体量大约为 30%，只有在 550℃～570℃温度才产生马氏体的明显分解。由于残余奥氏体多，第一次回火后仍有 10%左右的残余奥氏体未转变，三次回火后残余奥氏体才基本转变完成，但仍保留 3%～4%。与此同时，使碳化物析出量增多，产生二次硬化现象，提高了刃具使用性能。

高速钢回火后的组织为：极细的 $M_{回}$+较多粒状碳化物及少量 Ar（<3%），回火后硬度为 63～66HRC。为使高速钢中的残余奥氏体量减少到最低程度，往往还需进行冷处理。

③典型牌号。

高速钢按其成分特点可分为钨系、钼系和钨钼系等，表 7－8 是常用高速钢的性能特点。在我国，最常用的高速钢是 W18Cr4V 和 W6Mo5Cr4V2，通常简称“17－4－1”和“6－5－4－2”。W18Cr4V 的过热敏感性小，磨削性好，但由于热塑性差，通常适于制造一般高速切削刀具，如车刀、铣刀、绞刀等。由于 W6Mo5Cr4V2 的耐磨性、韧性和热塑性较好，适于制造耐磨性和韧性很好配合的高速刀具，如丝锥、齿轮铣刀、插齿刀等。

表 7－8　常用高速钢的牌号、性能及红硬性

种类	牌号	热处理/℃			硬度		红硬性/HRC
		退火温度（℃）	淬火温度（℃）	回火温度（℃）	退火 HBS≤	淬火+回火 HRC>	
钨系	W18Cr4V（18-4-1）	850～870	1270～1280	550～570	255	63	61～62
钼系	Mo8Cr4V2		1175～1215	540～560	255	63	60～62
钨钼系	W6Mo5Cr4V2（6-5-4-2）	840～860	1210～1245	540～560	241	64～66	60～61
	W6Mo5Cr4V3	840～885	1200～1240	560	255	64～67	64
超硬系	W18Cr4VCo10	870～900	1270～1320	540～590	277	66～68	64
	W6Mo5Cr4V2Al	850～870	1220～1250	540～560	255	68～69	64

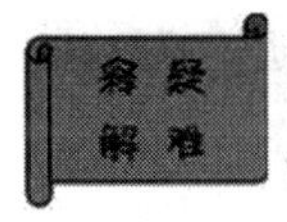

某厂采用 T10A 钢制造的麻花钻头加工一批铸铁件，钻 ϕ8mm 的深孔，钻几个孔后钻头很快磨损，经检验发现：钻头的材质热处理工艺、金相组织及硬度均合格。问：钻头失效的原因是什么？提出解决问题的方法。

答题要点：因该钻头打的是直径较小的深孔，由于铸铁导热性差，切削条件恶劣，T10 钢制钻头在切削时钻头刃部温度升高，造成局部高温回火，使其硬度下降，很快磨损。T10 钢性能不够，应当选用 W18Cr4V 高速钢钻头。由于其硬度高，红硬性好，并有一定的韧性，故可用来给铸铁件打直径较小的深孔。

7.3.2 模具钢

根据模具工作条件的不同，模具钢有冷作模具钢和热作模具钢之分。模具制造流程图如图 7-15 所示。

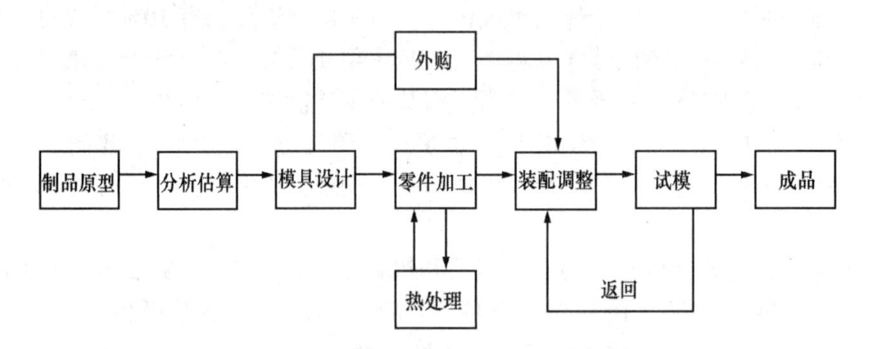

图 7-15 模具制造流程图

工程应用典例

汽车工业，一个车型的轿车共需 4000 多套模具，价值 2 亿~3 亿元。在各种类型的汽车中，平均一个车型需要冲压模具 2000 套，其中大中型覆盖件模具 300 套。

美国是世界超级经济大国，也是世界模具工业的领先国家，早在 20 世纪 80 年代末，美国的模具行业有约 12 万个企业，从业人员约 17 万人，模具总产值达 6447 亿美元。日本的模具工业是从 1957 年发展起来的，当年模具总产值只有 106 亿日元，到 1998 年总产值已超过 488 万亿日元，在短短的 40 余年内增加了 460 多倍，这也是日本经济飞速发展并在国际市场上占有一定优势的重要原因之一。早在 20 世纪 90 年代初，日本全国就有 13115 家模具工业企业，其中：生产冲模的占 40%，生产塑料膜的占 40%，生产压铸模的占 5%，生产橡胶模的占 4%，生产锻模的占 3%，生产铸造模的占 3%，生产玻璃模的占 3%，生产粉末冶金模的占 2%。

7.3.2.1 冷作模具钢

冷作模具钢用于制造冷冲模和冷挤压模等（图 7-16），工作温度大都接近室温，不超过 300℃。冲模零件的材料选用及热处理要求见表 7-9。

（1）工作条件与性能要求

用于冷态下变形加工材料的模具，如冷冲、冷镦、冷轧和拉丝模等。被加工的金属在模具中产生很大的塑性变形，模具的工作部分承受很大的压力、弯曲力、冲击载荷和摩擦，甚至有较大的应力集中，主要失效形式是磨损，也常出现崩刃、断裂和变形等失效现象。因此，冷模具钢应具有以下基本性能：

①高硬度、高耐磨性，一般为 58~62HRC，较刃具钢需要更高的耐磨性；

②足够的强韧性，以保证尺寸的精度并防止崩刃；

③良好热处理工艺性能，即淬透性高，热处理变形应尽可能小。

（2）成分特点

(a) 冷冲模具

(b) 冷镦模具

图7-16　冷作模具

①高碳。碳质量分数多在1.0%以上，个别甚至达到2.0%，以保证高的硬度和高耐磨性。

②合金元素：加入Cr、Mo、W、V，形成难熔碳化物，提高耐磨性，尤其是Cr。典型钢种是Cr12型钢，铬的含量高达12%。铬与碳形成M_7C_3型碳化物，能极大地提高钢的耐磨性，铬还显著提高钢的淬透性。

(3) 常用冷模钢

①9Mn2V、9SiCr、CrWMn：价格便宜，加工性能好，能基本上满足模具的工作要求。其缺点是淬透性差，热处理变形大，耐磨性较差，使用寿命较低。尺寸较小、形状简单且工作负荷不太大的模具，要求不高的冷模具用低合金刃具钢制造。

②Cr12大型冷模具用钢：高碳高铬钢，淬透性好，淬火变形小，耐磨性好，可用于制作负荷大、尺寸大、形状复杂的模具，如冷冲、挤压、滚丝和剪裁模等。除此之外，高速钢由于其优异的工艺和使用性能，也是很好的高档冷作模具用钢。

表7-9　冲模零件的材料选用及热处理要求

类别	模具名称	使用条件	推荐使用钢号	代用钢号	工作硬度HRC
冲裁模	轻载冲裁模 (料厚t<2mm)	t<0.3mm软料箔带 硬料箔带 小批量简单形状 中小批量 复杂形状 高精度要求 大批量生产 高硅钢片(小型) (中型) 各种易损小冲头	T10A MnCrWV T10A MnCrWV Cr2 MnCrWV Cr12MoV Cr6WV Cr12 Cr12MoV W6Mo5Cr4V2	T8A CrWMn Cr2 9Mn2V CrWMn 9CrWMn CrWMn 9CrWMn Cr4W2MoV Cr12MoV W18Cr4V	50~60 (凸模) 37~40 (凹模) 62~64 (凹模) 48~52 (凸模) 58~62 58~62 (易碎断件56~58) 58~62 58~62 58~62 59~61
	重载冲裁模	中厚钢板及高强度薄板 (易损小尺寸凸模)	Cr12MoV Cr4W2MoV W6Mo5Cr4V2	Cr6WV W18CrV	54~56 (复杂) 56~58 (简单) 58~61
			Cr12MoV Cr4W2MoV	Cr12 W6Mo5Cr4V2	61~63 (凹模) 60~62 (凹模)

续表

类别	模具名称	使用条件	推荐使用钢号	代用钢号	工作硬度 HRC
拉深模 弯曲模 成形模	轻载拉深度	简单圆筒浅拉深 成形浅拉深 大批量用落料拉深复合模（普通材料薄板）	T10A MnCrWV Cr12MoV	Cr2 9Mn2V CrWMn Cr6WV	60~62 60~62 58~60
	重载拉深模	大批量小型拉深模 大批量大、中型拉深模 耐热钢、不锈钢拉深模	SiMnMo Ni-Cr 合金铸铁 Cr12MoV(大型) CrW5（小型）	Cr12 球墨铸铁 YE65	60~62 45~50 65~67（氮化） 64~66
	弯曲、翻边模	轻型、简单 简单易裂 轻型复杂 大量生产用 高强度钢板及奥氏体钢板	T10A T7A MnCrWV Cr12MoV	9CrWMn -	57~60 54~56 57~0 57~60 65~67（氮化）

冷作模具钢牌号及用途见表 7－10。

表 7－10　冷作模具钢牌号及用途

类别/牌号	中国	美国	日本	瑞典	德国	用途
冷作模具钢	T_7A-T12A	W_1-7 W_1-1. 2C	SK_7-SK_2		C70W_1 C125W	形状简的单小型工模具，选用此材，可保证高强磨性、足够的韧性及耐用性
	GCr15	E52100	SUJ2	SKF3	100cr6	
	60si2Mn		SUP6	60si7		
	16Mn					电机轴
	CrWMn		SKS31	105WCr6		下料模、冲头、成形模、搓丝板顶出杆及小型塑等
	Cr12	D3	SKD1		X210Cr12	应用于小动载条件下要求高耐磨、形状简单的拉伸模
	Cr12MoV				X1656Cr Mov12	下料模、冲头、滚丝轮、剪刀片、冷镦模、陶土固塑料成形模等
	Cr12Mo1 V1D2		SKD11	XW-42	X155Cr VMo121	重型落料模、冷挤压模、深拉伸模、滚丝模、剪冷镦模、陶土模等

（4）热处理特点

Cr12 型钢的热处理包括预备热处理的球化退火，目的是消除应力，降低硬度以便于切削加工。退火组织为球状珠光体+均匀分布碳化物，硬度为 207~255HBS；最终热处理一般采用淬火（950℃~1000℃）+低温（150℃~180℃）回火，组织为 $M_{回}$+弥散粒状碳化物+少量 Ar，硬度可达 61~64 HRC。

7.3.2.2　热作模具用钢

热作模具钢用于制造各种热锻模、热挤压模和压铸模等（图 7－17），工作时型腔表面温度可达 600℃以上。

图 7－17　汽车四缸压铸模

（1）工作条件与性能要求

热模具在反复受热和冷却的条件下进行工作的，承受很大的冲击载荷、强烈的摩擦，剧烈的冷热循环所引起的不均匀热应变和热应力以及高温氧化，出现崩裂、塌陷、磨损、龟裂等失效形式，因此比冷作模具有更高要求。

①综合力学性能好：高的耐磨性和足够的韧性。

②良好的高温性能：高的热硬性、高的抗氧化性能、高的热强性以及高的热疲劳抗力以防止龟裂破坏。

③淬透性高：热模具一般较大，所以还要求热模具钢有高的淬透性。

④导热性好：减少热应力并避免型腔表面温度过高。

表 7－11　热作模具钢牌号、特性及用途

	中国 GB	美国 ASTM	日本 JIS	瑞典 ASSAB	德国 DIN	特性	交货状态 （HB）	淬火温度 （℃）	用途
热作模具钢	SCrMnMo					淬透性一般，价格较低，淬火后硬度和5CrNiMo相近，而塑性韧性相对低一些	197～241	820～850	用于制造形状简单，厚度小于250mm的小型热锤模
	5CrNiMo	L6			56Cr NiMoV7	淬火后综合力学性能较好，热强性、淬透性一般	197～241	830～860	用于制造形状简单、工作温度一般、厚度为250～350mm的中型热锤锻模块
	5CrNiMoV		SKT4			淬透性和淬硬性较5CrNiMo、5CrMnMo显著改善	≤240	830～880	用于制造厚度大于350mm、型腔复杂、受力载荷较大的大型锤锻模或锻造压力机热锻模

续表

中国 GB	美国 ASTM	日本 JIS	瑞典 ASSAB	德国 DIN	特性	交货状态（HB）	淬火温度（℃）	用途
4Cr5MoSiV 1SWG8407	H13 H13ESR	SKD61		X40Cr MoV51	具有良好的耐热性能，抗热疾劳性能及耐液态金属冲蚀性能，高淬透性能，优良的综合力学性能，较高的抗回火稳定性	≤235	1020~1050	用于制造冲击载荷较大、型腔复杂的长寿命锤锻模或锻造压力机用模具或镶块，以及铝合金挤压模、铝镁锌等金属长寿命压铸模具，部分高寿命耐磨塑料模具
4Cr5MoSiV	H11	SKD6	8402 8407	X38Cr MoV51	塑料及韧性较H13好，但高温强度、硬度及抗回火稳定性较H13差	≤235	1000~1050	用于制造冲击载荷较大，型腔复杂的长寿命锤锻模或锻造压力机用模具或镶块，以及铝合金挤压模、铝镁锌等金属长寿命压铸模具，部分高寿命耐磨塑料模具
3Cr2W8V	H21	SKD5			较5CrNiMo及H13在高温下有较高强度、硬度及抗回火稳定性，但韧性及抗热疲劳性能、抗熔融金属冲蚀性能不及H13	207~255	1100~1150	用于制造工作温度≥550℃并承受较高的静载荷，而冲击载荷较低的锻造压力机模或热挤压模具

（2）成分特点

①中碳：热模钢的含碳量取中碳范围（0.50%~0.60%），对于压铸模，其含碳量为0.30%。这一含碳量可保证淬火后的硬度，同时还有较好的韧性指标。

②主加元素：Cr、Ni、Mn、Si等，提高淬透性使模具表里的硬度趋于一致，提高回火稳定性并有固溶强化作用。

③其他元素：加入Mo、W、V等形成碳化物，产生二次硬化，提高了材料的耐磨性。Mo还能防止第二类回火脆性，提高高温强度和回火稳定性。

（3）常用热模钢

常用热模钢牌号及用途见表7-11。

5CrMnMo、5CrNiMo（在截面尺寸较大时使用）：用于韧性要求高而热硬性要求不太高的热锻模。

3Cr2W8V、4Cr5MoVSi：热强性更好的大型锻压模或压铸模。

（4）热处理特点

热模钢必须经过反复锻造使碳化物均匀分布，锻造后的预备热处理一般是完全退火，如表 7－12 所示。其目的是消除锻造应力、降低硬度（197～241HBS），以便于切削加工。

表 7－12　5CrNiMo 和 5CrMnMo 退火工艺

钢号	加热温度/℃	保温时间/h	冷却方法	退火状态硬度/HBS
5CrNiMo	780～800	4～6	炉冷（≤50℃/h）至 500℃左右，出炉空炉	197～241
5CrMnMo	800～870	4～6	炉冷至 680℃，保温 4～6h，炉冷至 500℃后，出炉空冷	197～241

最终热处理根据其用途有所不同：热锻模是淬火后模面中温回火、模尾高温回火。压铸模是淬火后在略高于二次硬化峰值的温度（600 ℃左右）多次回火，以保证热硬性，组织为回火马氏体、粒状碳化物和少量残余奥氏体，与高速钢类似。

7.3.3　量具用钢

量具钢是用于制造量具的钢，如游标卡尺（图 7－18）、千分尺、块规、塞尺等。

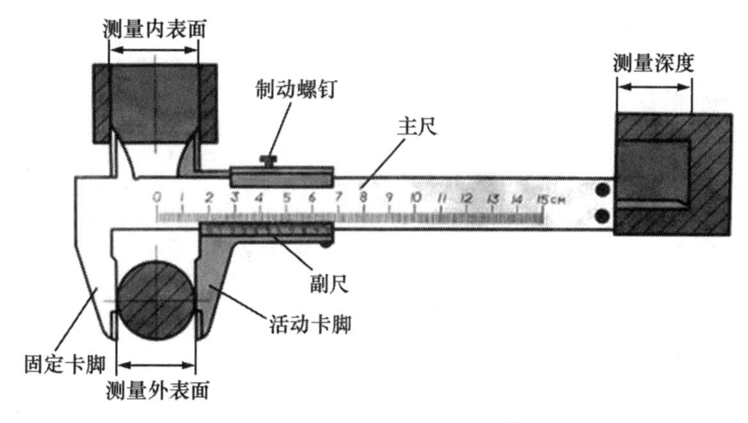

图 7－18　游标卡尺

7.3.3.1　工作条件与性能要求

量具（图 7－19）在使用过程中主要是受到磨损，因此对量具钢的主要性能要求是：
①高的尺寸精度，以保证长期存放和使用中尺寸不变、形状不变；
②高的硬度和耐磨性，以防止在使用过程中因磨损而失效；
③良好的磨削加工性。

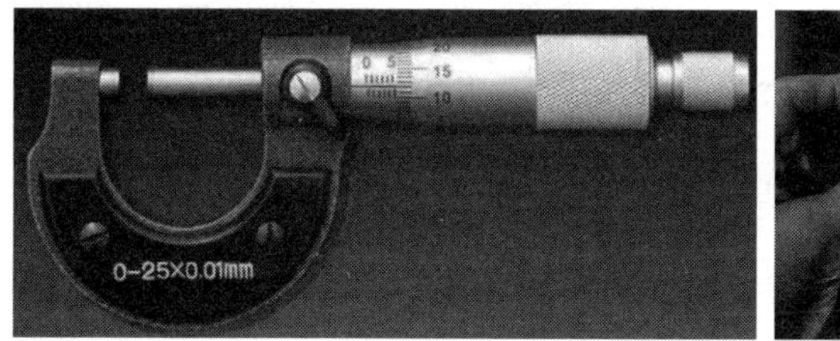

图 7－19　量具

7.3.3.2 成分特点

量具用钢的成分与低合金刃具钢相同，即为高碳（0.9%~1.5%）和加入提高淬透性的元素 Cr、W、Mn 等。

7.3.3.3 量具用钢

最常用的量具用钢为碳素工具钢和低合金工具钢，表 7-13 所示为量具用钢的选用举例。

尺寸小、形状简单、精度较低的量具，选用碳素工具钢制造；复杂的精密量具一般选用低合金刃具钢；精度要求高的量具选用 CrMn、CrWMn、GCr15 等制造。

CrWMn 钢：淬透性较高，淬火变形小，主要用于制造高精度且形状复杂的量规和块规。

GCr15 钢：耐磨性、尺寸稳定性较好，多用于制造高精度块规、螺旋塞头、千分尺。

9Cr18、4Cr13：在腐蚀介质中使用的量具。为了保证量具的精度，必须正确选材和采用正确的热处理工艺。

表 7-13 量具用钢的选用

用　　途	选用的钢号举例	
	钢的类别	钢　　号
尺寸小、精度不高、形状简单的量规、塞规、样板等精度不高，耐冲击的板、样板、直尺等	碳素工具钢 渗碳钢	T10A、T11A、T12A、15、20、15Cr
块规、螺纹塞规、环规、样柱、样套等	低合金工具钢	CrMn、9CrWMn、CrWMn
块规、塞规、样柱等	滚珠轴承钢	GCr15
各种要求精度的量具	冷作模具钢	9Mn2V、Cr2Mn2SiWMoV
要求精度和耐腐性的量具	不锈钢	4Cr13、9Cr18

7.3.3.4 热处理特点

例如用 GCrl5 制量规，其工艺路线为：锻造→球化退火→机加工→粗磨→淬火+低温回火→精磨→时效→涂油保存。量具热处理的关键在于减少变形和提高尺寸稳定性，因此在热处理过程中有以下几种对策：

①淬火前进行调质处理，得到回火索氏体。由于马氏体与回火索氏体之间体积差小，而其与珠光体间体积差大，调质有利于减少变形；

②淬火后立即进行-70℃~-80℃冷处理，使残余奥氏体尽可能地转变为马氏体，然后进行低温回火；

③精度要求高的量具，在淬火、冷处理和低温回火后，尚需进行 120℃~130℃、几小时至几十小时的时效处理，使马氏体正方度降低、残余奥氏体稳定和消除残余应力；

④许多量具在最终热处理后一般要进行电镀铬防护处理，可提高表面装饰性和耐磨耐蚀性。

7.4 特殊性能钢

特殊性能钢是指具有特殊物理化学性能并可在特殊环境下工作的钢，如不锈钢、耐热钢、耐磨钢及低温用钢等。

7.4.1 不锈钢

7.4.1.1 金属腐蚀与防护

金属腐蚀通常可分为化学腐蚀和电化学腐蚀两种类型。前者是指金属在干燥气体或非电解质溶液中的腐蚀，腐蚀过程不产生电流，钢在高温下的氧化属于典型的化学腐蚀；后者是指金属与电解质溶液接触时所发生的腐蚀，腐蚀过程中有电流产生，钢在室温下的锈蚀主要属于电化学腐蚀，大部分金属的腐蚀都属于电化学腐蚀。

当两种互相接触的金属放入电解质溶液时，由于两种金属的电极电位不同，彼此之间就形成一个微电池，并有电流产生。电极电位低的金属为阳极，电极电位高的金属为阴极，阳极的金属将不断被熔解，而阴极金属不被腐蚀。对于同一种合金，由于组成合金的相或组织不同，也会形成微电池，造成电化学腐蚀。例如钢组织中的珠光体，是由铁素体（F）和渗碳体（Fe_3C）两相组成的，在电解质溶液中就会形成微电池，由于铁素体的电极电位低，为阳极，就被腐蚀。而渗碳体的电极电位高，为阴极而不被腐蚀。

提高金属的抗电化学腐蚀能力，通常采取以下措施：

①尽量获得单相的均匀的金属组织，从而不会产生原电池作用。例如在钢中加入大于9%的Ni，可获得单相奥氏体组织，提高了钢的耐蚀性。

②通过加入合金元素提高金属基体的电极电位。例如在钢中加入大于13%的Cr，则铁素体的电极电位由-0.56V提高到0.2V，从而使金属的抗腐蚀性能提高。

③加入合金元素，在金属表面形成一层致密的氧化膜（又称钝化膜），把金属与介质分隔开，防止进一步腐蚀。如Cr、A1、Si等合金元素就易于在材料表面形成致密的氧化膜 Cr_2O_3、$A1_2O_3$、SiO_2 等。

奇闻轶事：“越王剑”为什么没生锈？

1965年，湖北省博物馆在江陵发掘楚墓时，发现了两把寒光闪闪的宝剑，金黄色的剑身上，还有漂亮的黑色菱形格子花纹，其中一把剑上铸有“越王勾践自作用剑”8个字，这就是极其有名的越王勾践剑。这两把宝剑在地下埋藏了两千多年，出土时仍然光彩夺目、锋利无比，并无丝毫锈蚀。难怪1973年该剑在国外展出时，不少参观者惊叹不已。

为了揭开这把宝剑的不锈之谜，就必须分析宝剑的化学组成，特别是宝剑表层的化学成分。不过，为了不损坏这些宝贵的文物，不能采用一般的化学分析法。考古工作者采用了多种现代仪器设备，对宝剑的组成进行了物理检测。根据检测分析，发现这些宝剑的成分是青铜，也就是铜锡合金。锡是一种抗锈能力很强的金属，因此青铜的抗蚀防锈本领自然要比铁器高明得多。不过更主要的，还在于这些宝剑的表面都曾被作过特殊的处理。

越王勾践剑剑身上的黑色菱形格子花纹及黑色剑格，是经过硫化处理的，这是用硫或硫化物和剑的表层金属发生化学作用后形成的，检测时还发现有一些别的元素。这种处理，不但使宝剑美观，同时也大大增强了宝剑的抗蚀防锈能力，这就是现代金属处理中所谓的表面钝化处理。

7.4.1.2 不锈钢的用途及性能要求

不锈钢在石油、化工、原子能、宇航、海洋开发、国防工业和一些尖端科学技术及日常生活中都得到广泛应用，例如化工装置中的各种管道、阀门和泵，热裂设备零件，医疗手术器械以及防锈刃具和量具等。

对不锈钢的性能要求最主要的是耐蚀性。除此之外，制作工具的不锈钢还要求高硬度、高耐磨性，制作重要结构零件的不锈钢要求高强度，某些不锈钢则要求有较好的加工性能。

7.4.1.3　不锈钢的成分特点

①碳含量：耐蚀性要求愈高，碳含量应愈低。大多数不锈钢的碳质量分数为 0.1%～0.2%。对碳质量分数要求较高（0.85%～0.95%）的不锈钢，应相应地提高铬含量。

②主加元素：Cr 是最重要的必加元素，不但提高铁素体电位，钢的耐蚀性也明显提高。同时，在金属表面形成致密氧化膜，使腐蚀过程受阻，从而提高钢的耐蚀性；Ni 是扩大奥氏体区元素，用于形成单相固溶体奥氏体组织，显著提高耐蚀性，也可提高材料电极电位，但镍稀缺，钢中 Ni 与 Cr 铬常配合使用则会大大提高其在氧化性及非氧化性介质中的耐蚀性。

③其他元素：加入 Mo、Cu 等元素，可提高钢在非氧化性酸中的耐蚀能力；加入 Ti、Nb，能优先同碳形成稳定碳化物，使 Cr 保留在基体中，避免晶界贫铬，从而减轻钢的晶界腐蚀倾向。加入 Mn、N 等，部分代替 Ni 以获得奥氏体组织，并能提高铬不锈钢在有机酸中的耐蚀性。

7.4.1.4　常用不锈钢

不锈钢按正火状态的组织可分为马氏体不锈钢、铁素体不锈钢、奥氏体不锈钢，常用不锈钢的成分、热处理、性能及用途见表 7－14。

奇闻轶事：垃圾堆中发现的珍宝

在第一次世界大战前夕，呛人的火药味已弥漫欧陆大地，英国政府为实战需要，决定研制一种耐磨、耐高温的枪膛钢材，以改进武器。于是，他们将冶炼钢的任务交给了冶金专家亨利·布列尔。1913 年，布列尔在一次研究过程中，用铬金属加在钢中试验，但实验没有成功。他只好失望地把它抛在废铁堆里。随着时间的推移，废钢也越堆越高，成了一座小山似的。废钢历经日晒雨淋，变得锈迹斑斑。一天，试验人员决定对这批废弃试件进行清理。在搬运时，人们发现在这堆被腐蚀的钢件中却有几块废钢闪闪发亮。为什么这几块钢没有出现锈迹？布列尔很奇怪，就把它们拣出来进行了详细研究。研究结果表明，含碳 0.24%、铬 12.8% 的铬钢在任何情况下都不易生锈，即使酸碱也不怕。但由于它太贵、太软，没有引起军部重视。布列尔只好与莫斯勒合办了一个餐刀厂，生产“不锈钢”餐刀。这种漂亮耐用的餐刀立刻轰动欧洲，而“不锈钢”一词也不胫而走。布列尔于 1916 年取得英国专利权并开始大量生产。至此，从垃圾堆中偶然发现的不锈钢便风靡全球，亨利·布列尔利也被誉为“不锈钢之父”。

表7-14　常用不锈钢的成分、热处理、性能及用途

类别	钢号	化学成分/%			热处理		力学性能（不小于）				用途举例
		C	Cr	其他	淬火/℃	回火/℃	σ_s (MPa)	σ_b (MPa)	δ/%	硬度	
马氏体不锈钢	1Cr13 GB121-84	≤0.15	12~14	–	1000~1050 水、油	700~790	420	600	20	HB187	汽轮机叶片、水压机阀、螺栓、螺母等抗弱腐蚀介质并承受冲击的零件
	2Cr13	0.16~0.25	12~14	–	1000~1050 水、油	660~770	450	600	16	HB197	
	3Cr13	0.26~0.25	12~14	–	1000~1050 油	200~300	–	–	–	HRC48	做耐磨的零件，如加油泵轴、阀门零件、轴承、弹簧以及医疗器械
	4Cr13 GB1220-75	0.35~0.45	12~14	–	1050~1100 油	200~300	–	–	–	HRC50	
铁素体不锈钢	0Cr13	≤0.08	12~14	–	1000~1050 水、油	700~790	350	500	24	–	抗水蒸汽及热含硫石油腐蚀的设备
	1Cr17	≤0.12	16~18	–	–	750~800	250	400	20	–	硝酸工厂 食品工厂的设备
	1Cr28	≤0.15	27~30	–	–	700~800	300	450	20	–	制浓硝酸的设备
	1Cr17Ti	≤0.12	16~18	Ti-0.8	–	700~800	300	450	20	–	同1Cr17，但晶间腐蚀抗力较高
奥氏体不锈钢	0Cr19Ni9	≤0.08	18~20	Ni 8~10.5	固溶处理 1050~1100 水	–	180	490	40	–	深冲零件 焊NiCr钢的焊芯
	1Cr19Ni9	0.04~0.10	18~20	Ni 8~11	固溶处理 1100~1150 水	–	200	550	45	–	耐硝酸、有机酸、盐、碱溶液腐蚀的设备
	1Cr18Ni9Ti	≤0.12	17~19	Ni 8~11 Ti0.8	固溶处理 1000~1100 水	–	200	550	40	–	做焊芯、抗磁仪表、医疗器械、耐酸容器、输送管道

注：表列奥氏体不锈钢中，Si<1%，Mn<2%；其余钢中，Si、Mn的含量一般不大于0.8%。

（1）马氏体不锈钢

常用马氏体不锈钢的含碳量为0.1%~0.45%，含铬量为12%~14%，属于铬不锈钢，通常指Cr13型不锈钢，典型钢号有1Cr13、2Cr13、3Cr13、4Cr13等。这类钢一般用来制作既能承受载荷又需要耐蚀性的各种阀、机泵等零件以及一些不锈工具等。

为了提高耐蚀性，马氏体不锈钢的含碳量都控制在很低的范围，一般不超过0.4%。含碳量越低，钢的耐蚀性就越好。含碳量越高，基体中的含碳量就越高，则钢的强度和硬度就越高；但含碳量越高，形成铬的碳化物量也就越多，其耐蚀性就变得差一些。由此不难看出，4Cr13的强度、硬度指标优于1Cr13，但其耐蚀性却不如1Cr13。

1Cr13、2Cr13钢：耐蚀性较好，且有较好的力学性能。一般采用调质处理，制作叶片、水压机阀、结构架、螺栓、螺帽等。

3Cr13、4Cr13：钢因碳含量增加，强度和耐磨性提高，但耐蚀性降低。采用淬火、低温回火处理，制作具有较高硬度和耐磨性的医疗工具、量具、滚珠轴承等。

（2）铁素体不锈钢

常用的铁素体不锈钢的含碳量低于0.15%，含铬量为12%～30%，也属于铬不锈钢，典型钢号有0Cr13、1Cr17、1Cr17Ti、1Cr28等。

由于含碳量相应地降低，含铬量相应地提高，铁素体不锈钢为单相铁素体组织，耐蚀性比Cr13型钢更好，塑性、焊接性也优于马氏体不锈钢。

这类钢在退火或正火状态下使用，塑性很好，但强度显然比马氏体不锈钢低，主要用于制造耐蚀性要求很高而强度要求不高的构件，例如硝酸和氮肥工业中的设备、容器和管道等。

铁素体不锈钢在450℃～550℃长期使用或停留会引起所谓“475℃脆性”，主要是由于共格富铬金属间化合物（含80%Cr和20%Fe）析出引起，可通过600℃加热快冷消除之。另外，其在600℃～800℃长期加热还会产生硬而脆的σ相而使材料脆化（即σ相脆化）。

（3）奥氏体不锈钢

目前，应用最多、性能最好的一类不锈钢是在含18%Cr的钢中加入8%～11%的Ni得到的18-8型的奥氏体不锈钢，其中1Crl8Ni9Ti是最典型的钢号。这类不锈钢碳含量很低（约0.1%），强度、硬度低，无磁性，塑性、韧性和耐蚀性均较Cr13型不锈钢更好。

由于镍的加入，扩大了奥氏体区，因而18-8型不锈钢在退火状态下呈现奥氏体+碳化物的组织。碳化物的存在，对钢的耐腐蚀性有很大损伤，故通常采用固溶处理进一步提高其耐蚀性，即把钢加热到1100℃后水冷，使碳化物溶解在高温下的奥氏体中，再通过快冷，就在室温下获得单相的奥氏体组织。

单相奥氏体不锈钢具有很强的加工硬化特性，奥氏体型不锈钢一般利用形变强化提高强度，其形变强化能力比铁素体型不锈钢要强。此外，还具有较好的耐热性，可在700℃下长期使用。这类钢不仅耐腐蚀性能好，而且钢的冷热加工性和焊接性也很好，广泛用于制作化工设备零件、输送管道、抗磁仪表、医疗器械等。

在450℃～850℃加热，或在焊接时，由于在晶界析出铬的碳化物（Cr23C6），使晶界附近的含铬量降低，在介质中会引起晶间腐蚀。故18-8型不锈钢中常加入Ti或Nb，以防止晶间腐蚀，也可以进一步降低钢的含碳量，即生产超低碳的不锈钢，如0Cr18Ni9、00Cr18Ni9等（其含碳量分别为≤0.08%和≤0.03%）。

对于已产生晶间腐蚀倾向的零件，也可通过固溶处理消除。

上述三类不锈钢的比较见表7-15。

表7-15　三类不锈钢比较

类别	典型钢号	热处理	性能特点	应用
A型 （18-8）	1Cr18Ni9 1Cr18Ni9Ti	形变强化 固溶处理	耐蚀性、耐热性很好；无磁性；塑性、韧性、焊接性能好；强度、硬度很低	化工设备及管道 抗磁仪表、医疗器械
F型	1Cr17 0Cr13Al 1Cr17Ti	不能热处理强化（淬火等）	具有较好的塑性，强度不高，抗大气、耐酸能力强，高温抗氧化性好（<700℃）	耐酸结构、抗氧化钢 （硝酸工厂设备） （食品工厂设备）

续表

类别	典型钢号	热处理	性能特点	应用
M 型	1Cr13 2Cr13	淬火+高温回火（调质，$S_{回}$）	耐蚀性、机械性能较好	抗弱腐蚀介质并承受冲击的结构件（零件）
	3Cr13 4Cr13	淬火+低温回火（$M_{回}$）	强度和耐磨性提高，耐蚀性、塑性、焊接性能降低	耐磨零件、医疗器械等（量具、轴承、手术工具）

7.4.2　耐热钢

在航空航天、发动机、热能工程、化工及军事工业部门，有许多机器零件是在高温下工作的，常常使用具有高耐热性的耐热钢（图 7－20）。耐热钢是指在高温下具有高的热化学稳定性和热强性的特殊钢。

a）航空发动机

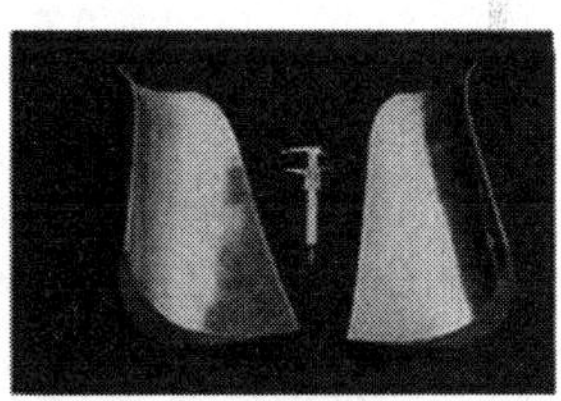

b）汽轮机叶片

c）汽车阀门

图 7－20　耐热钢的应用

7.4.2.1　性能要求

钢的耐热性包括高温抗氧化性和热强性两方面，即高温下对氧化作用的抗力和高温下承受机械负荷的能力。

（1）抗氧化性好

抗氧化性在很大程度上取决于金属氧化膜的结构和性能，因此提高钢的抗氧化性的最有效的方法是加入 Cr、Si、Al 等元素，形成高熔点致密的且与基体结合牢固的氧化膜，隔离了高温氧化环境与钢基体的直接作用，使钢不再被氧化。

（2）热强性高

在高温下钢的强度较低，当受一定应力作用时，发生蠕变（变形量随时间逐渐增大的现象）。由于材料在高温下，其晶界强度低于晶内强度，晶界成为薄弱环节，金属在高温下强度降低，主要是扩散加快和晶界强度下降的结果。提高高温强度最重要的办法是合金化，可通过加入钼、锆、钒、硼等晶界吸附元素，降低晶界表面能，稳定和强化晶界。

7.4.2.2　成分特点

（1）碳含量

碳是扩大 γ 相区的元素，对钢有强化作用。但碳质量分数较高时，由于碳化物在高温下易聚集，使高温强度显著下降；同时，碳也使钢的塑性、抗氧化性、焊接性能降低，故耐热钢的碳质量分数一般都不高，为 0.1%～0.2%。

（2）主加元素

耐热钢中不可缺少的合金元素是 Cr、Si 或 Al。特别是 Cr，既提高钢的抗氧化性，还有利于热强性。

（3）其他元素

Mo、W、V、Ti 等元素能形成细小弥散的碳化物，起弥散强化的作用，提高室温和高温强度。

7.4.2.3 常用耐热钢

根据热处理特点和组织的不同，耐热钢分为珠光体型、奥氏体型、马氏体型和沉淀硬化型四种，常用耐热钢的成分、热处理、性能及用途见表 7－16。

表 7－16 常用耐热钢的成分、热处理、性能及用途

类别	钢号	化学成分/%						热处理/℃		最高温度/℃	
		C	Cr	Mo	Si	W	其他	淬火	回火	抗氧化	热强性
珠光体钢	15CrMo	0.12~0.18	0.80~1.10	0.40~0.55	-	-		930~960（正火）	680~730	-	-
	12Cr1MoV	0.08~0.15	0.90~1.20	0.25~0.35	-	-	V0.15~0.3	980~1020（正火）	720~760	-	-
珠光体钢	1Cr13	0.08~0.15	12.00~14.00	-	-	-	-	1000~1050 水、油	700~790 油、水、空	750	500
	2Cr13	0.16~0.24	12.00~14.00	-	-	-	-	1000~1050 水、油	660~770 油、水、空	750	500
	1Cr1MoV	0.11~0.18	10.00~11.50	0.50~0.70	-	-	V0.25~0.40	1050 油	720~740 空、油	750	550
	1Cr12WMoV	0.12~0.18	11.00~13.00	0.50~0.70	-	0.70~1.1	V0.15~0.30	1000 油	680~700 空、油	750	580
	4Cr9Si2	0.35~0.50	8.00~10.00	-	2.00~3.0	-	-	1050 油	700 油	850	650
	4Cr10Si2Mo	0.35~0.45	9.00~10.50	0.70~0.90	1.9~2.6	-	-	1000~1100 油、空	700~80 空	850	650
珠光体钢	1Cr18Ni9Ti（18-8）	≤0.12	17.00~19.00	-	≤1.00	-	Ni8.0~10.5	1000~1100 水	-	850	650
	4Cr14Ni14W2Mo（14-14-2）	0.40~0.50	130.0~15.00	0.25~0.4	≤0.80	2.0~2.75	Ni 13~15	1000~1100 固溶处理	750 时效	850	750

（1）珠光体型耐热钢

常用珠光体型钢有 16Mo、15CrMo 和 12CrMoV，使用温度较低，一般为 350℃~550℃，主要用于制造锅炉，化工压力容器，热交换器，汽阀等耐热构件。

（2）奥氏体型耐热钢

常用钢种有 1Cr18Ni9Ti、2Cr21Ni12N、2Cr23Ni13、4Cr14Ni14W2Mo 等，这类钢除含有大量的 Cr、Ni 元素外，还可能含有较高的其他合金元素，如 Mo、V、W 等。这类钢一般进行固溶处理，也可通过固溶处理加时效提高其强度，化学稳定性和热强性都比铁素体型和马氏体型耐热钢强，工作温度可达 750℃~820℃。

当工作温度在 600℃~700℃时，应选用耐热性好的奥氏体型耐热钢制造比较重要的零件，如燃气轮机轮盘和叶片、排气阀、炉用部件等。

（3）马氏体型耐热钢

常用钢种为1Cr13、2Cr13、4Cr9Si2、1Cr11MoV等，这类钢含有大量的Cr，抗氧化性及热强性均高，淬透性好。经淬火后得到马氏体，高温回火后组织为回火索氏体。

马氏体型耐热钢的使用温度为550℃～600℃，主要用于制造600℃以下受力较大的零件如汽轮机叶片和汽油机或柴油机的气阀等。

（4）沉淀硬化型耐热钢

钢种有0Cr17Ni7Al、0Cr17Ni4Cu4Nb，经固溶处理加时效后抗拉强度可超过1000MPa，是耐热钢中强度最高的一类钢，主要用于高温弹簧、膜片、波纹管、燃气透平压缩机叶片、燃气透平发动机部件等。

7.4.3 耐磨钢

从广泛的意义上讲，表面强化结构钢、工具钢和滚动轴承钢等具有高耐磨性的钢种都可称作耐磨钢，但这里所指的耐磨钢主要是指在强烈冲击载荷或高压力的作用下发生表面硬化而具有高耐磨性的高锰钢。

7.4.3.1 成分特点

对耐磨钢的主要要求是有很高的耐磨性和韧性。

（1）高碳

保证钢的耐磨性和强度。但碳过高时，淬火后韧性下降，且易在高温时析出碳化物，一般不能超过1.4%。

（2）高锰

扩大奥氏体区，与碳配合，保证完全获得奥氏体组织。

（3）一定量的硅

可改善钢水的流动性，并起固溶强化的作用。但其含量太高时，易导致晶界出现碳化物，故其质量分数为0.3%～0.8%。

7.4.3.2 典型钢种

常用的钢的牌号有ZGMn13，这种钢的含碳量为0.8%～1.4%，保证了足够的耐磨性。含锰量为11%～14%，使钢在常温下呈现单相奥氏体组织，因此高锰钢又称为奥氏体锰钢。由于机械加工困难，故基本上是铸态下使用。

20世纪70年代初，由我国发明的Mn－B系空冷贝氏体钢是一种很有发展前途的耐磨钢。热加工后空冷组织为贝氏体或贝氏体-马氏体复相组织，免除了传统的淬火或淬火回火工序，降低了成本，避免淬火产生的变形、开裂、氧化和脱碳等缺陷。产品能够整体硬化，强韧性好，综合力学性能优良，得到广泛应用。

7.4.3.3 热处理特点

高锰钢都采用水韧处理，即将钢加热到1000℃～1100℃并适当保温，使碳化物完全溶入奥氏体中，然后在水中快冷，在室温下获得均匀单一的奥氏体组织。此时钢的硬度很低（约为210HBS），但韧性很高。当工件在工作中受到强烈冲击或强大压力而变形时，表面层产生强烈的加工硬化，同时还可能发生形变诱发奥氏体向马氏体转变，使表面硬度在受载区急剧上升至500～550HBS，获得高耐磨性，而心部仍为具有高韧性的奥氏体组织，故高锰钢具有很高的抗冲击能力和耐磨性。需要指出的是，高锰钢经水韧处理后，不可再回火或在高于300℃下工作，否则碳化物又会沿奥氏体晶界析出而使钢脆化。

在一般机器工作条件下，材料只承受较小的压力或冲击力，不能产生或仅有较小的加工硬化效果，也不能诱发马氏体转变，此时高锰钢的耐磨性甚至低于一般的淬火高碳钢或铸铁。

简要分析ZGMn13钢水韧处理的工艺参数。

答题要点：(1) 预热。ZGMn13钢由于其导热性差，加热时应缓慢，特别是700℃以下时，应控制在≤70℃/h为好。因此，在箱式电阻炉或井式炉第一次预热温度为600℃，保温时间为2min/mm。之后转入中温盐浴炉第二次预热800℃，保温时间为30~50s/mm。(2) 加热。要在高温盐浴炉中进行，加热温度应能保证所有的碳化物溶入奥氏体中，如果过高，则晶粒长大，屈服强度降低；过低，则韧性较差。温度一般为1050~1100℃。由于高温加热，需注意氧化与脱碳。(3) 冷却。水韧处理的冷却速度要越快越好，一般用流动清水，水温不得超过20℃。入水前的工件温度不应低于950℃，以免碳化物重新析出。

水韧处理后一般不回火，也不宜在250℃以上的环境中使用。

7.4.3.4 用途

耐磨钢主要用于运转过程中承受严重磨损和强烈冲击的零件，如坦克或某些重型拖拉机的履带板、铁路道叉和防弹钢板等（图7-21）。

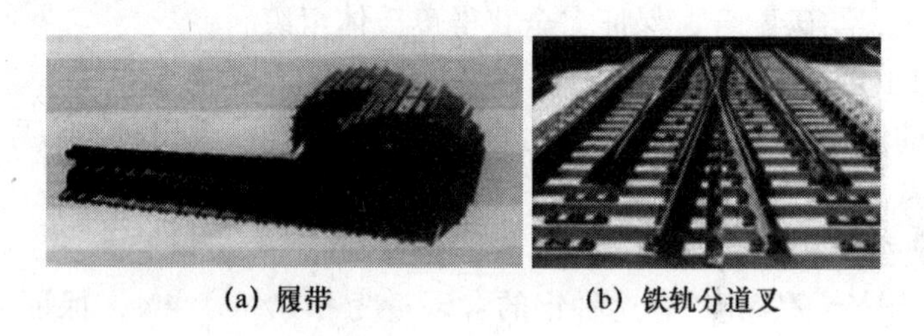

(a) 履带　　(b) 铁轨分道叉

图7-21 耐磨钢应用

本章小结

本章阐述了合金元素在钢中与铁、碳等元素的作用以及合金元素对铁碳合金状态图和钢的热处理的影响，合金结构钢和合金工具钢的分类、牌号、热处理工艺、性能及用途举例。着重以16Mn、20Cr、20CrMnTi、40Cr、5CrNiMo、65Mn、60Si2Mn、GCr15、9SiCr、Cr12、W18Cr4V等钢号为例，分述各典型钢号中合金元素的作用、成分特点、热处理工艺特点、使用状态的组织、性能和用途（表7-17）。

表7-17 低合金钢和合金钢的分类、成分特点、热处理、组织、主要性能、典型牌号及用途

类别	成分特点	热处理	组织	主要性能	典型牌号	用途
低合金高强度结构钢	低碳低合金	一般不用	F+P	高强度、良好塑性和焊接性	Q345	桥梁、船舶等
低合金耐候性钢	低碳低合金	一般不用	F+P	良好耐大气腐蚀能力	12MnCuCr	要求高耐候的结构件
合金调质钢	中碳合金	调质	回S	良好的综合力学性能	40Cr	齿轮、轴等零件
合金渗碳钢	低碳合金	渗碳+淬火+低温回火	表层：高碳回M+碳化物 心部：低碳回M	表面硬、耐磨，心部强而韧	20CrMnTi	齿轮、轴等耐磨性要求高受冲击的重要零件
合金弹簧钢	高碳合金	淬火+中温回火	回T	高的弹性极限	60Si2Mn	大尺寸重要弹簧
高锰耐磨钢	高碳高锰	高温水韧处理	A	在巨大压力和冲击下，才发生硬化	ZGMn13	高冲击耐磨零件，如坦克履带板等
轴承钢	高碳铬钢	淬火+低温回火	高碳回火M+碳化物	高硬度、高耐磨性	GCr15	滚动轴承元件
合金刃具钢	高碳低合金	淬火+低温回火	高碳回火M+碳化物	高硬度、高耐磨性	9SiCr	低速刃具，如丝锥、板牙等
冷作模具钢	高碳高铬	（1）淬火+低温回火 （2）高温淬火+多次回火	高碳回火M+碳化物	（1）高硬度、高耐磨性 （2）热硬性好、硬耐磨	Cr12MoV	制作截面较大、形状复杂的各种冷作模具。采用二次硬化法的模具，还适用于在400℃~450℃条件工作
热作模具钢	中碳合金	淬火+高温回火	回S或回T	较高的强度和韧性，良好的导热性、耐热疲劳性	5CrNiMo	500℃热作模具
高速工具钢	高碳高合金	高温淬火+多次回火	高碳回火M+碳化物	高硬度、高耐磨性、好的热硬性	W18Cr4V	铣刀、拉刀等热性要求高的刃具、冷作模具
不锈钢	低碳高铬或低碳高铬高镍	（以奥氏体不锈钢为例）高温固溶处理	A	优良的耐蚀性、好的塑性和韧性	1Cr18Ni9	用作耐蚀性要求高及冷变形成形的受力不大的零件
耐热钢	低中碳高铬或低中碳高铬高镍	（以铁素体耐热钢为例）800℃退火	F	具有高的抗氧化性	1Cr17	作900℃以下耐氧化部件，如炉用部件、油喷嘴等

复习思考题（七）

一、选择题

1. 钢的红硬性（热硬性）主要取决于________。

A. 钢的 ω_C　　B. 马氏体的 ω_C

C. 残余奥氏体 ω_C　　D. 马氏体的回火稳定性

2. 奥氏体型不锈钢 1Crl8Ni9Ti 进行固溶处理的目的是________。

A. 获得单一的马氏体组织，提高硬度和耐磨性

B. 提高抗腐蚀性，防止晶间腐蚀

C. 降低硬度，便于切削加工

3. 制造直径为 25mm 的连杆，要求整个截面上具有良好的综合力学性能，应该选用________。

A. 45 钢经正火处理　　B. 60Si2Mn 钢经淬火+中温回火

C. 40Cr 钢经调质处理

4. 制造高硬度、高耐磨的锉刀应选用________。

A. 45 钢经调质　　B. Crl2MoV 钢经淬火+低温回火

C. Tl2 钢经淬火+低温回火

5. 汽车、拖拉机的齿轮要求表面高硬度、高耐磨，中心有良好的强韧性应选用________。

A. T8 钢淬火+低温回火　　B. 40Cr 钢淬火+高温回火

C. 20CrMnTi 钢渗碳淬火+低温回火

6. 拖拉机和坦克履带受到严重的磨损及强烈冲击应选用________。

A. T12 钢淬火+低温回火　　B. ZGMn13 经水韧处理

C. W18Cr4V 钢淬火+低温回火

二、简答题

1. 为什么比较重要的大截面结构零件都必须用合金钢制造？与碳钢比较，合金钢有何优点？

2. 解释合金钢产生下列现象的原因（与碳钢对比）：

（1）高温轧制或锻造后，空冷下来能获得马氏体组织；

（2）在相同的 ω_C 和相同的热处理后，合金钢具有较高的综合力学性能；

（3）在相同 ω_C 情况下，合金钢的淬火变形、开裂现象不易发生；

（4）在相同 ω_C 情况下，合金钢具有较高的回火稳定性；

（5）在相同 ω_C 情况下，除了含 Ni、Mn 的合金钢外，其他大部分合金钢的热处理加热温度都比碳钢高。

3. 一般刃具钢要求什么性能？高速切削刃具钢要求什么性能？为什么？

4. 什么叫热硬性（红硬性）？它与“二次硬化”有何关系？W18Cr4V 钢的二次硬化发生在哪个回火温度范围？

6. 冷作模具钢所要求的性能是什么？为什么尺寸较大的、重负荷的、要求高耐磨和

微变形的冷冲模具大都选用 Cr12MoV 钢制造？

7. 热作模具钢性能要求有何特点？试分析 5CrNiMo 和 5CrMnMo 钢中合金元素的作用。

8. 为什么量具在保存和使用过程中尺寸会发生变化？采用什么措施，可使量具尺寸保持长期稳定？

9. 不锈钢的成分有何特点？Cr12MoV 是否为不锈钢？

第8章　有色金属及其合金

【教学目的】

1. 掌握有色金属的种类及其性能、粉末冶金的特点及应用；

2. 结合有色金属合金相图的特点，分析其主要强化方法（与钢对比）。

【教学重点】

铝及其合金、轴承合金。

8.1　铝及其合金

在工业生产中，通常把钢铁材料称为黑色金属，把其他的金属材料称为有色金属。与钢铁等黑色金属材料相比，有色金属具有许多优良的特性，是现代工业中不可缺少的材料，在国民经济中占有十分重要的地位。例如，铝、镁、钛等具有相对密度小、比强度高的特点，因而广泛应用于航空、航天、汽车、船舶等行业；银、铜、铝等具有优良导电性和导热性的材料，是电器仪表和通信领域不可缺少的材料；镍、钨、钼、钽及其合金熔点高、耐热性好，是制造高温零件和电真空元器件的优良材料。另外，还有专用于原子能工业的铀、镭、铍；用于石油化工领域的钛、铜、镍等。

铝及铝合金具有以下特点：

①纯铝的密度为2.7g/cm^3，仅为铁的1/3。铝合金的密度与纯铝相近，强化后铝合金与低合金高强钢的强度相近，铝合金的比强度要比一般高强钢高许多。

②优良的理化性能。铝的导电性好，仅次于银、铜和金，在室温时的导电率约为铜的64%。铝及铝合金有相当好的抗大气腐蚀能力，铝及铝合金磁化率极低，接近于非铁磁性材料。

③可加工性能良好。铝及退火状态下的铝合金塑性很好，可以冷成形，切削性能很好，铸铝合金的铸造性能也极好，还可通过热处理获得很高的强度。

由于上述优点，铝及铝合金在电气工程、航空及宇航工业、一般机械行业和轻工业中都有广泛的用途。

工程应用典例

大量采用铝合金材料是汽车轻量化的一个发展方向，这是源于燃油消耗、降低排放方面的需求。欧洲铝协会材料表明：汽车重量每降低100千克，每百公里可节约0.6升燃油。例如大量使用铝合金的汽车，平均每辆汽车可降低重量300千克，寿命期内排放可降低20%。从1974年到2005年，北美铝合金材料在汽车上的应用平均翻了两倍多，达到270磅；奥迪从A2起基本实现全铝车身，包括车体和外围构件。奔驰、宝马、美洲豹汽车等大量采用了铝合金零件，宝马系列新的发动机还采用了镁铝合金复合的曲轴箱体。中国首辆具有完全自主知识产权的铝合金铁路客车在长春轨道客车股份有限公司下线，采用国际上先进的铝合金鼓形车体，与以往的碳钢车相比车体自重减轻了三四吨，同时可以降低客车运行中的空气阻力，其本身还具有很强的耐腐蚀性，大大缩短中国铁路客车同国际水平的差距。

8.1.1　纯铝

铝在地壳中储量丰富，占地壳总重量的 8.2%，居所有金属元素之首。

纯铝是银白色金属，密度小，熔点低（660℃），导电、导热性优良，具有良好的塑性和韧性，可以很容易通过压力加工制成铝箔和各种尺寸规格的半成品。纯铝还具有好的工艺性能，易于铸造和切削。铝极易与氧形成致密的表面氧化铝薄膜，从而阻止铝继续氧化，故在空气中具有良好的耐蚀性。

工业纯铝含铝量在 98.0% ~ 99.0%，牌号有 L1、L2、L3、L4、L5 和 L6。字母“L”后面的数字表示纯度，数字越大，纯度越低。由于强度低，室温下仅为 45 ~ 50MPa，故工业纯铝一般不宜用作结构材料，主要用于制作电线、电缆、器皿及配制合金。

8.1.2　铝合金

通过向铝中加入适量的某些合金元素，并进行冷变形加工或热处理，可大大提高其力学性能，其强度甚至可以达到钢的强度指标，σ_b 可达 400 ~ 700MPa，可用于制造承受较大载荷的机器零件和构件。目前铝中加入的合金元素主要有 Cu、Mg、Si、Mn、Zn 和 Li 等，由此得到多种不同工程应用的铝合金。

8.1.2.1　铝合金分类

工程上常用的铝合金大都具有与图 8 - 1 类似的相图。

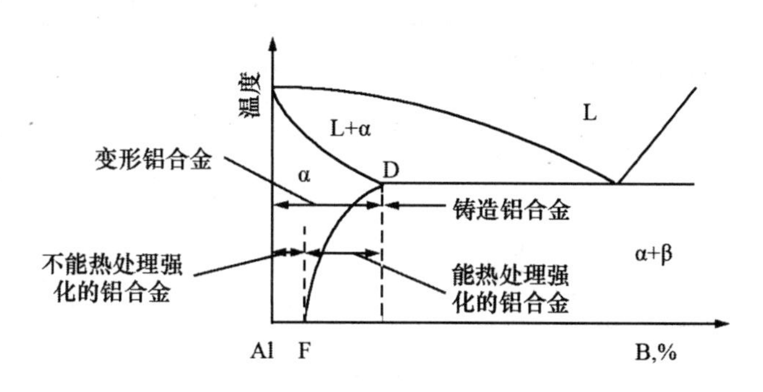

图 8 - 1　铝合金分类示意图

（1）变形铝合金

凡位于相图上 D 点成分以左的合金，在加热至高温时能形成单相固溶体组织，塑性变形能力好，适合于冷热加工（如轧制、挤压、锻造等）而制成类似半成品或模锻件，所以称为变形铝合金。变形铝合金中成分低于 F 的合金，因不能进行热处理强化，称为不可热处理强化的铝合金；成分位于 F 和 D 之间的合金，可进行固溶和时效强化，称为可热处理强化的铝合金。

（2）铸造铝合金

凡位于 D 点成分以右的合金，因含有共晶组织，熔液流动性好，收缩性好，抗热裂性高，具有良好的铸造性能，可直接浇铸在砂型或金属型内制成各种形状复杂的甚至薄壁的零件或毛坯，所以称为铸造铝合金。

8.1.2.2 铝合金的强化

(1) 固溶强化

纯铝中加入合金元素 Cu、Mg、Zn、Mn、Si 等，形成铝基固溶体，造成晶格畸变，阻碍了位错的运动，起到固溶强化的作用，可使其强度提高。

(2) 时效强化

铝具有面心立方晶体结构，无同素异构转变，因此，铝具有与钢完全不同的强化原理（图 8-2）。

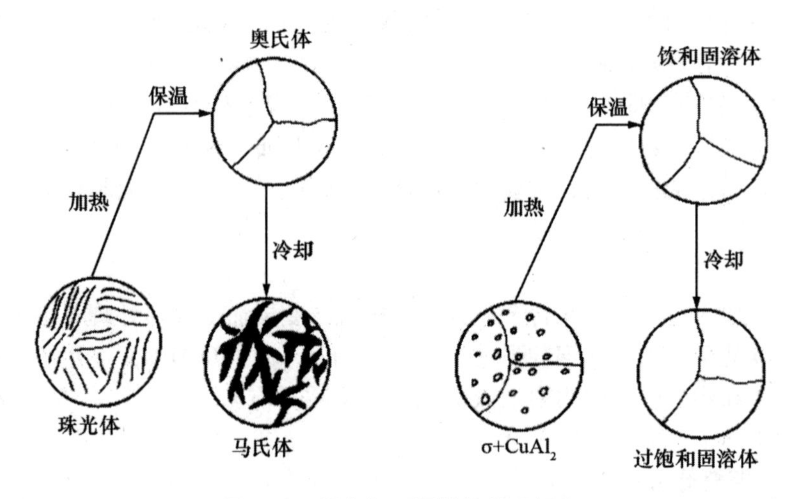

图 8-2 铝与钢不同的热处理相变

单独靠固溶作用对铝合金的强化作用是很有限的，合金元素对铝的另一种强化作用是通过固溶（淬火）处理+时效热处理实现的（图 8-3）。

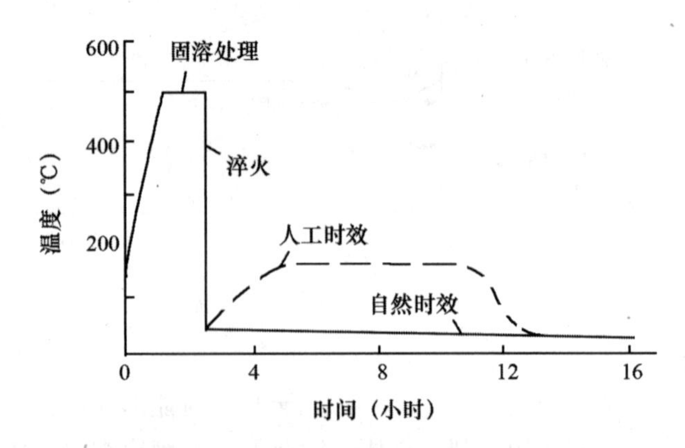

图 8-3 铝合金时效工艺流程示意图

合金发生时效的条件是合金能在高温形成均匀的固溶体，并且固溶体中溶质的溶解度必须随温度的降低而显著降低，同时淬火后形成的过饱和固溶体在时效过程中能析出均匀、弥散的共格或半共格的亚稳相，在基体中能形成强烈的应变场。在上述几种主要合金元素中，Cu 的沉淀强化效果最好，其他元素比较一般。

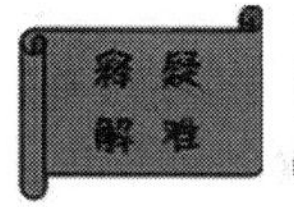

分析 4% Cu 的 Al－Cu 合金固溶处理与 45 钢淬火两种工艺的不同点及相同点。

答题要点：4% Cu 的 Al－Cu 合金固溶处理是将合金加热到单相 α 组织，加热时无相变发生，然后快冷（水冷），目的是为了将高温时的单相组织保留到室温，冷却时也无相变发生；而 45 钢的淬火是将 45 钢加热到 840℃左右，获得单相 A 组织，加热时发生了相变，然后快冷（水冷），目的是为了获得马氏体组织，冷却时也发生了相变。两者的工艺过程相同，但目的和实质不同。

含碳量较高的钢，在淬火后其强度、硬度立即提高，塑性则急剧降低。由于铝没有同素异构转变，所以其热处理相变与钢不同。当铝合金经加热到某一温度淬火后，可以得到过饱和的铝基固溶体 α，保温后在水中快冷，其强度和硬度并没有明显升高，塑性却得到改善，这种热处理也称淬火（或固溶处理）。淬火后，铝合金的力学性能随时间而发生显著变化的现象称为时效或时效硬化。在室温下进行的时效称为自然时效，在加热条件下进行的时效称为人工时效。

奇闻轶事：维尔姆与杜拉铝“时效”

铝在 1886 年以前，比黄金还贵重。因为那时的铝是用金属钠还原氧化铝来制取的，成本极高。直到电解铝法实际用于生产后，铝才得以广泛使用。众所周知，将碳素钢加热急冷（淬火），可增强钢的强度。当时人们也试图用此法把铝强化。1906 年，柏林的冶金学家维尔姆接受了这项研究任务。他所研究的这种铝合金即是后来闻名于世界的硬铝（杜拉铝），这种铝合金含有 4.5% 的铜，0.5% ~ 1.0% 的镁和 0.5% 的锰。维尔姆在多次实验中，把类似这种成分的合金加热到几乎开始溶化时，接着进行水淬，然而强度并未增大。有一次，维尔姆把一些经过这种热处理后的样品交给他的实验员去进行试验。不过，当时正好是星期六，天气晴朗，于是实验员决定把这次实验拖到下星期进行。到了星期一，原来在室温条件下放了两昼夜的样品已经得到了相当高的强度。于是维尔姆作出了正确的结论，他认为，硬铝是在淬火之后经过一段时间发生硬化的，这种过程称为“时效”。

例如含铜量 4% 并含有少量镁、锰元素的铝合金，在退火状态下，抗拉强度 σ_b 为 180 ~ 200MPa，延伸率 δ 为 18%，经淬火后其强度为 240 ~ 250MPa，延伸率为 20% ~ 22%，如再放置四五天，则强度显著提高，σ_b 可达 420MPa，延伸率下降为 18%。

图 8－4 表示铝合金淬火后，在室温下其强度随时间变化的自然时效曲线。由图可知，自然时效在最初一段时间内，对铝合金强度影响不大，这个时期称为孕育期。在这期间内对淬火后的铝合金可进行冷加工（如铆接、弯曲、校直等），随着时间的延长，铝合金才逐渐显著强化。

铝合金的时效强化的效果还与淬火后的时效温度有关，图 8－5 是硬铝合金在不同温度下的时效曲线。可见，提高时效温度，可以使时效速度加快，但获得的强度值比较低，

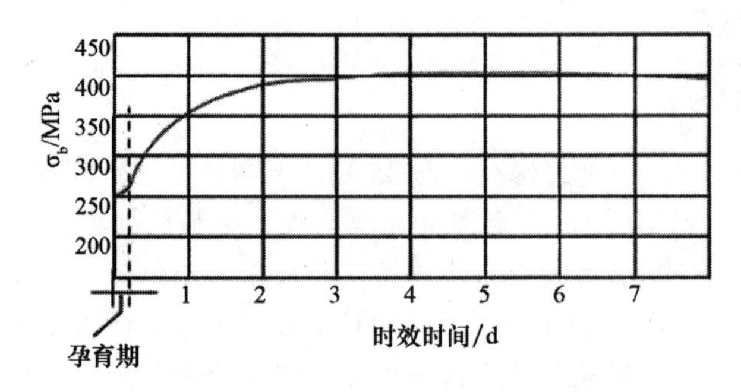

图 8-4 Al-4% Cu 的自然时效曲线

强化效果不好。在自然时效条件下，原子扩散不易进行，时效进行得十分缓慢，需 4~5 天才能达到最高强度值。如果人工时效的时间过长或温度过高，反而使合金软化，这种现象称为过时效。

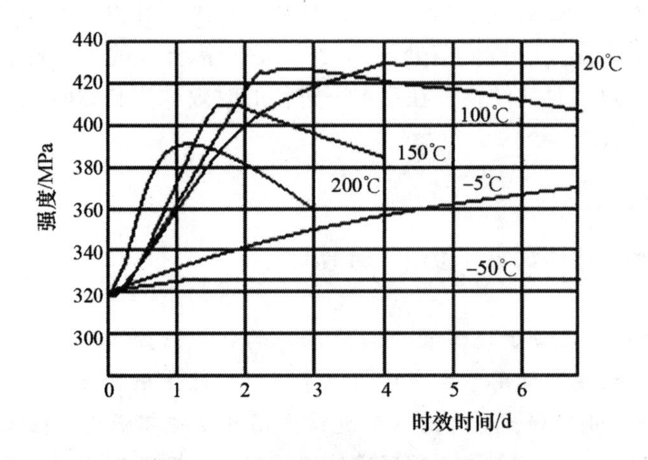

图 8-5 时效温度对时效过程的影响

在-50℃时效，时效过程基本停止，各种性能没有明显变化，所以降低温度是抑制时效的有效办法。生产中，某些需要进一步加工变形的零件如铝合金铆钉等，可在淬火后于低温状态下保存，使其在需要加工变形时仍具有良好的塑性。部分形变铝合金的淬火和时效温度的确定可参考表 8-1。

表 8-1 部分形变铝合金的淬火和时效温度的确定

合金牌号	半成品	淬火			时效	
		最低温度（℃）	最佳温度（℃）	过烧危险温度（℃）	时效温度（℃）	时效时间（H）
LY12	板材、挤压件	485 ~ 490	495 ~ 503	505	185 ~ 195	6 ~ 12
LY16	各类	520 ~ 525	530 ~ 542	545	160 ~ 175 200 ~ 220	10 ~ 16 8 ~ 12
LY17	各类	515	520 ~ 530	-	180 ~ 195	12 ~ 16
LY2	各类	490	495 ~ 508	512	165 ~ 175	10 ~ 16
LD2	各类	510	525 ± 5	596	150 ~ 165	6 ~ 15

续表

合金牌号	半成品	淬火			时效	
		最低温度（℃）	最佳温度（℃）	过烧危险温度（℃）	时效温度（℃）	时效时间（H）
LD5，LD6	各类	500	515 ± 5	545	150 ~ 165	6 ~ 15
LD7	各类	520	535 ±5	545	180 ~ 195	8 ~ 12
LD8	各类	510	525 ~ 535	545	165 ~ 180	8 ~ 14
LD9	挤压件	510	510 ~ 530	–	135 ~ 150	2 ~ 4
LD10	各类	490	500 ± 5	515	175 ~ 185	5 ~ 8
LC4	包铝板	450	455 ~ 480	525	120 ~ 125	24
	不包铝板				135 ~ 145	16
	型材				120 ± 5	3
					160 ± 3	3
LC6	模锻件				100 ± 5	5
					155 ~ 160	8~9
		450	455 ~ 473		145 ± 5	16
LC9	挤压件	450	455 ~ 480	520 ~ 530	140 ± 5	16
	模锻件				110 ± 5	6~8
					117 ± 5	6~10

形变铝合金淬火装炉应注意哪些问题?

答题要点：①到温装炉，不允许采用超过淬火温度上限的高温入炉。②装炉量要限制在工艺规定范围内，防止装炉时炉温下降太多。③为方便操作与减少变形，工件应装在一定夹具内，或以铝带、铝丝绑扎。夹具不能用铜制作，不能用铜丝绑扎。④在硝盐槽中加热时，应保证工件至槽壁、槽底及液面距离不小于100mm，在空气电炉中加热时，除保持与炉门、隔板有一定距离外，工件放置位置不应妨碍热风正常循环。⑤铝板加热时，各片之间应有一定间隙，使其受热均匀。

（3）过剩相强化

当合金元素加入量超过其极限溶解度时，合金固溶处理时就有一部分第二相不能溶入固溶体，这部分第二相称为过剩相。过剩相一般为强硬脆的金属间化合物，当其数量一定且分布均匀，对铝合金有较好的强化作用，但会使合金塑性韧性下降，数量过多还会脆化合金，其强度也会下降。

（4）形变强化

对合金进行冷塑性变形，利用金属的加工硬化效应提高合金强度，这对不能热处理强化的铝合金提供了强化方法。

（5）细化组织强化

许多铝合金组织都是由 α 固溶体和过剩相组成的。若能细化铝合金的组织，包括细化 α 固溶体或细化过剩相，既提高合金的强度，还会改善合金的塑性和韧性。

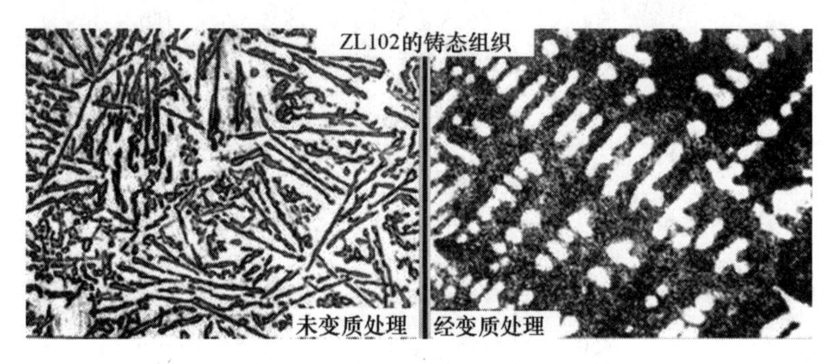

图 8－6　铸造铝合金的变质处理

例如，由于铸造铝合金组织比较粗大，所以在生产中必须进行变质处理（图 8－6）来提高 Al－Si 系铸造铝合金的强度，即浇铸前向合金熔液中加入微量钠或钠盐，以增加结晶核心，细化组织，使铸造合金的组织由 Al（α）+粗大针状共晶 Si 变为细小均匀的共晶体+初生 α 固溶体组织，从而显著地提高铝合金的强度及塑性。例如，简单硅铝明变质前 σ_b<140Mpa，δ<3%；变质后，σ_b 达 180Mpa，δ 达 8%。

铆接为什么必须在 LY10 刚淬火状态下（孕育期内）进行?

答题要点：室温下进行的时效称为自然时效，加热条件下进行的时效称为人工时效。硬铝 LY10 合金淬火固溶处理后常采用自然时效，硬铝合金自然时效一般在室温停留 4~6 天后即可达到最高强度。由铝合金淬火后自然时效曲线图可知，自然时效在最初一段时间内，对铝合金强度影响不大，这个时期称为孕育期。在这期间内对淬火后的铝合金可进行冷加工（如铆接、弯曲、校直等），随着时间的延长，铝合金才逐渐显著强化。

8.1.2.3　常用铝合金

（1）变形铝合金

变形铝合金包括防锈铝合金、硬铝合金、超硬铝合金及锻铝合金等。变形铝合金的牌号采用汉语拼音字母加顺序号表示，如防锈铝为 LF，后跟顺序号（如 LF2 等）；而硬铝、超硬铝和锻铝则分列表示为 LY、LC 和 LD，后跟顺序号，如 LY12、LC4 和 LD5 等。

①防锈铝合金。主要是 A1-Mg 系和 Al-Mn 系合金，加入镁可适当提高强度，加入锰能提高耐蚀性。防锈铝合金锻造退火后是单相固溶体，抗腐蚀能力高，塑性好，适合进行压力加工、铆接和焊接，在航空航天等领域有广阔的应用前景（图 8－7）。

这类铝合金不能进行时效硬化，属于不能热处理强化的铝合金，但可冷变形加工，利用加工硬化，提高合金的强度。

图 8－7　卫星天线（LF2）

工程应用典例

我国早期发行的 1 分、2 分、5 分和新发行的 1 角币就是用含 3.5% 左右镁的铝-镁合金制造的，20 世纪 50 年代后期发行的分币若妥善保存，至今仍会银光闪烁，不失当年风采。因为铝是一种化学活性很强的金属，一与空气接触便会与氧形成一层只有几微米厚的氧化铝膜。这层氧化铝膜呈银白色，非常致密，能阻止氧进入，且本身具有很高的抗蚀性。铜自古以来就用于造币，我国新版 5 角人民币就是用黄铜制的，但不是普通的含 40% 左右锌或约 30% 锌的所谓“46”或“37”黄铜，而是一种多元铜合金，即除含主要合金元素锌外，还添加了若干种起特殊作用的微量元素，以增加其耐磨性、抗变色性和耐腐蚀能力。此外，该合金还具有加工造币性能优良、防假性强、原材料丰富、成本较低的特点。

②硬铝合金。主要是指 A1－Cu－Mg 系合金，合金含量越高，强度越高，而塑性韧性变差。硬铝合金时效强化后，最高强度可达 420MPa，比强度则与钢接近。根据 Mg、Cu 含量的高低，硬铝合金又可分为低合金硬铝（LY1、LY10）；中合金硬铝（LY11），此即标准硬铝；高合金硬铝（LY12、LY6）。低合金硬铝主要用作铆钉，现场操作的变形件；中合金硬铝用作中等强度的零构件和半成品，如骨架、螺旋桨叶片、螺栓、大型铆轧材冲压件等；高合金硬铝主要用作高强度的重要结构件，如飞机翼肋、翼梁（图 8－8）、重要的销铆钉等，是最为重要的飞机结构材料。

图 8－8　飞机翼梁（腹板为硬铝合金）

硬铝也存在许多不足之处：一是耐蚀性差，特别是在海水等环境中；二是固溶处理的加热温度范围很窄，这对其生产工艺的实现带来了困难。所以，在使用或加工硬铝时应予以注意。

③超硬铝合金。超硬铝属 A1－Cu－Mg－Zn 系合金，LC4、LC6 是室温强度最高的铝合金，时效后的强度可高达 $\sigma_b = 680$MPa，已接近超高强度钢，但高温软化快，耐蚀性差，

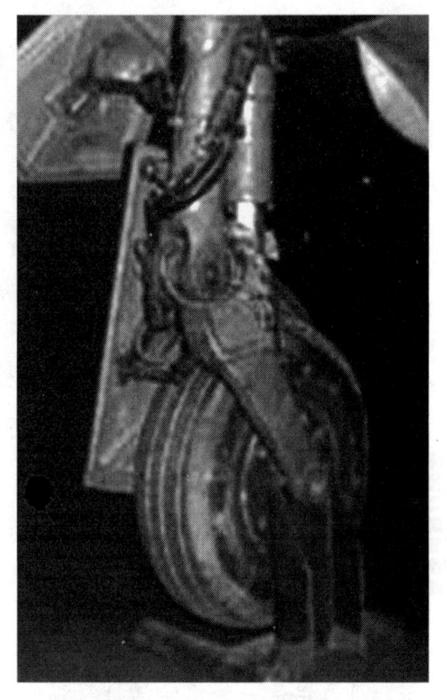

图 8-9　飞机主起落架

采用包 Al-1%Zn 合金来提高耐蚀性。

超硬铝常加工成板、棒、管、线以及锻件供应，主要用于受力较大的重要结构和零件如飞机大梁、起落架（图 8-9）、加强框等。

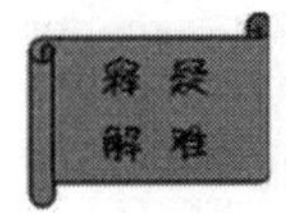

经固溶处理的 LY12 合金在室温下成型为形状复杂的零件，该零件要求具有高的抗拉强度。下述两种热处理方案哪个较为合理？

①成型后的零件随后进行高于室温的热处理。

②成型后的零件随后不进行高于室温的热处理。

答题要点：硬铝如 LY12 合金淬火固溶处理后常采用自然时效（高温工作构件除外）。室温下进行的时效称为自然时效，加热条件下进行的时效称为人工时效。硬铝合金自然时效一般在室温停留 4~6 天后即可达到最高强度。人工时效虽然使强化过程加快，但获得的最高强度低，且具有更大的晶间腐蚀倾向，故一般不采用。所以成型后的零件 LY12 合金由于要求具有高的抗拉强度，热处理方案即②成型后的零件随后不进行高于室温的热处理较为合理。

④锻铝合金。主是指 Al-Mg-Si-Cu 系合金，合金元素较多，但含量较低，故有优良热塑性，热加工性能好，铸造性和耐蚀性较好，力学性能可与硬铝相当，通常都要进行固溶处理和人工时效。该类合金主要用作复杂、承受重载荷的航空及仪表锻件和模锻件，如叶轮、支杆等，也可作耐热合金（工作温度 200℃~300℃），如内燃机活塞、压气机叶片（图 8-10）及气缸头等。

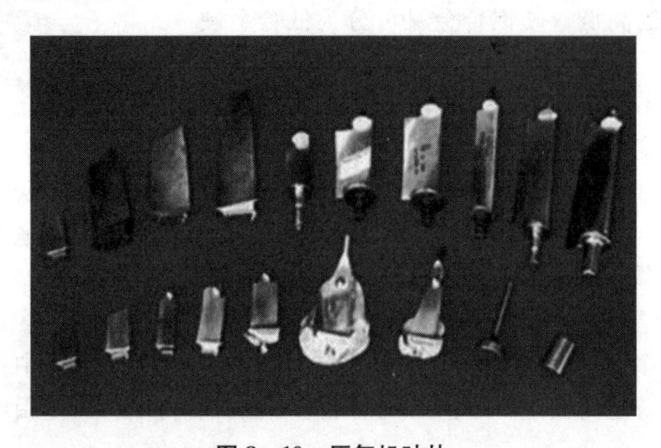

图 8-10　压气机叶片

变形铝合金的牌号、成分、性能及主要用途见表 8-2。

表 8－2　变形铝合金的牌号、化学成分、力学性能及主要用途

类别	牌号	化学成分/%						力学性能			主要用途
		Cu	Mg	Mn	Zn	其他	Al	σ_b (MPa)	δ (%)	HB	
防锈铝合金	LF5		4.0~5.0	0.3~0.6			余量	280	15	70	中载零件、铆钉、焊接油箱、油管
	LF11		4.8~5.5	0.3~0.6		Ti0.02-0.1	余量	280	15	70	同上
	LF21			1.0~1.6			余量	130	20	30	管道、容器、铆钉、轻载零件及制品
硬铝合金	LY1	2.2~3.0	0.2~0.5				余量	300	24	70	中等强度、100℃以下工作的铆钉
	LY11	3.8~4.8	0.4~0.8	0.4~0.8			余量	380	15	100	中等强度构件，加骨架、叶片铆钉
	LY12	3.9~4.9	1.2~1.6	0.3~0.9			余量	430	10	105	高强度构件及150℃以下工作铆钉
超硬铝合金	LC4	1.4~2.0	1.8~2.8	0.2~0.6	5.0~7.0	Cr0.1~0.25	余量	540	6		主要受力构件及高载荷零件，如飞机大梁、加强框、起落架
	LC6	2.2~2.8	2.5~3.2	0.2~0.5	7.6~8.6	Cr0.1~0.25	余量	680	7	190	同上
超硬铝合金	LD5	1.8~2.6	0.4~0.8	0.4~0.8		Si0.7~1.2	余量	390	10	100	形状复杂和中等强度的锻件及模锻件
	LD7	1.9~2.5	1.4~1.8			Fe1.0~1.5 Ni1.0~1.5 Ti0.02~0.1	余量	400	5	117~148	高温下工作的复杂锻件和结构件、内燃机活塞
	LD10	3.9~4.8	0.4~0.8	0.4~1.0		Si0.5~1.2	余量	440	10	120	高载荷锻件和模锻件

注：防锈铝合金均为在退火状态时的力学性能；硬铝合金均为在淬火加自然时效状态时的力学性能；超硬铝合金均为挤压棒材在淬火加人工时效时的力学性能；锻铝合金均为淬火加人工时效状态时的力学性能。

近年还开发了新型的 A1－Li 合金，由于 Li 的加入使 Al 合金密度降低 10%~20%，而且 Li 对铝的固溶和时效强化效果十分明显。该类合金综合力学性能和耐热性好，耐蚀性较高，已达到部分取代硬铝和超硬铝的水平，使合金的比刚度比强度大大提高，是航空航天等工业的新型的结构材料，应用中具有极大的技术经济意义，并且已经在飞机和航天器中有部分应用。

如何选择时效方式？

答题要点：在确定采用自然时效还是人工时效及人工时效温度和时间时，应对合金的成分与特点，对合金力学性能与抗蚀性能要求，加以综合考虑。例如：①普通硬铝合金可以自然时效也可以人工时效。在自然时效后能获得最高强度，并具有较高的抗蚀性。只有在高温下使用的普通铝合金<例如：LY12（2A12））为了提高屈服强度时才采用人工时效。②超硬铝合金均采用人工时效，以提高抗应力腐蚀能力。③耐热铝合金 LY16（2A16）、LY17（2A17）、LD7（2A70）、LD8（2A80）等必须使时效温度高于工件工作温度，因此必须用人工时效。

（2）铸造铝合金

铸造铝合金一般含较多的合金元素，可直接铸造成型各种形状复杂的零件，并有足够的力学性能和其它性能，还可通过热处理等方式改善其力学性能，且生产工艺和设备简单，成本低，因此尽管其力学性能水平不如变形铝合金，但在许多工业领域仍然有着广泛的应用。铸造铝合金的牌号、铸造方法、执处理状态、机械性能及主要用途见表 8－3。

表 8－3　铸造铝合金的牌号、铸造方法、执处理状态、机械性能及主要用途

类别	合金牌号	铸造方法	热处理状态	机械性能			主要用途
				σ_b/MPa	δ/%	HBS	
铝硅合金	ZL101	J S S·B	Ts Ts T_6	210 200 230	2 2 1	60 60 70	形状复杂的零件，如飞机、食品零件、抽水机壳体
	ZL104	S·B J	T_6 T_6	230 240	2 2	70 70	形状复杂、工作温度为 200℃以下的零件，如电动机壳体、汽缸体
	ZL105	S J S	T_5 T_5 T_6	200 240 230	1 0.5 0.5	70 70 70	250℃以下工作的、承受中等载荷的零件，如中小型发动机汽缸头、机匣、油泵壳体
	ZL107	S·B J	T_6 T_6	250 280	2.5 3	90 100	可用金属型铸造在较高温度下承受重大载荷的零件
	ZL109	J J	T_1 T_1	200 250	0.5	90 100	需有较高的高温强度和低膨胀系数的发动机活塞
	ZL110	J S	T_1 T_1	150 170		80 90	汽车发动机活塞及其他在高温下工作的零件
铝铜合金	ZL201	S S	T_4 T_5	300 340	8 4	70 90	工作温度为 175℃～300℃的零件，如内燃机汽缸头、活塞
	ZL202	S·J	T_6	170		100	需有高温强度、结构复杂的机件
	ZL203	S J	T_5 T_6	220 230	3 3	70 70	需要高强度、高塑性的零件以及工作温度不超过 200℃并要求切削性能好的小零件

续表

类别	合金牌号	铸造方法	热处理状态	机械性能			主要用途
				σ_b/MPa	δ/%	HBS	
铝镁合金	ZL301	S	T_4	280	9	60	大气或海水中工作的零件，承受冲击载荷、外形不大复杂的零件，如舰船配件、氨用泵体等
	ZL302	J	T_1	240	4	70	在腐蚀介质下工作的中等载荷零件以及在严寒大气及 200℃ 以下工作的零件，如海轮配件等
铝镁合金	ZL401	S J	T_1 T_1	200 250	2 1.5	80 90	压力铸造零件，工作温度不超过 200℃ 的结构形状复杂的汽车、飞机零件
	ZL402	S J	T_1 T_1	220 240	4 4	65 70	结构形状复杂的汽车、飞机、食品零件，也可制造日用品

注：S—砂型铸造；J—金属型铸造；B—变质处理；T_1—时效处理；T_4—淬火加自然时效；T_5—淬火和部分人工时效；T_6—淬火和完全人工时效

铸造铝合金的铸件，由于形状较复杂，组织粗糙，化合物粗大，并有严重的偏析，因此热处理与变形铝合金相比，淬火温度应高一些，加热保温时间要长一些，以使粗大析出物完全溶解并使固溶体成分均匀化。淬火一般用水冷却，并多采用人工时效。

Al-Si 系铸造铝合金是应用最广泛的铸造铝合金，其中以 ZL102 使用最为普遍，又称硅铝明。Al-Si 系铸造铝合金的特点是具有极好的铸造性，收缩小，还有高气密性及优良耐蚀性，常用于浇铸或压铸密度小而重量轻的有一定强度和复杂形状的中小型零件，尤其是薄壁零件，如仪器仪表、活塞（图 8－11）及抽水机壳等。

含 11%～13% Si 的简单铝硅明（ZL102）铸造后几乎全部是粗大的针状共晶组织，使合金的力学性能降低，所以在生产中必须采用变质处理。

A1-Cu 系铸造铝合金热强性最好，但其强度和铸造性能不如 Al-Si 系合金，最大缺点是耐蚀性差，一般只用作要求强度高且工作温度较高的零件，如活塞、内燃机汽缸头（图 8－12）等。

A1-Mg 系铸造铝合金（图 8－13）的特点是：密度最小而且强度高，耐蚀性最好且抗冲击，切削加工性好，但铸造性和耐热性差，冶炼复杂。因此，常用来制造受冲击、耐腐蚀和外形简单的零件以及接头等，如舰船配件、雷达底座、螺旋桨等。

A1-Zn 系铸造铝合金（图 8－14）由于能溶入大量的锌，故其强度显著提高，突出优点是价格便宜，铸造、焊接和尺寸稳定性较好，缺点是耐热耐蚀性差，一般只用于制作工作温度低（<200℃）但形状复杂且受载小的压铸件及型板、支架等。

8.2　铜及铜合金

铜及铜合金具有以下特点：

①优异的理化性能。纯铜导电性、导热性极佳，铜合金的导电、导热性也很好，无磁性，在碰撞冲击时无火花。铜具有很好的化学稳定性，对大气和水的抗蚀能力很高。

②良好的加工性能。塑性很好，容易冷、热成形；铸造铜合金有很好的铸造性能。

图8-11 活塞（裙部为铝硅合金）

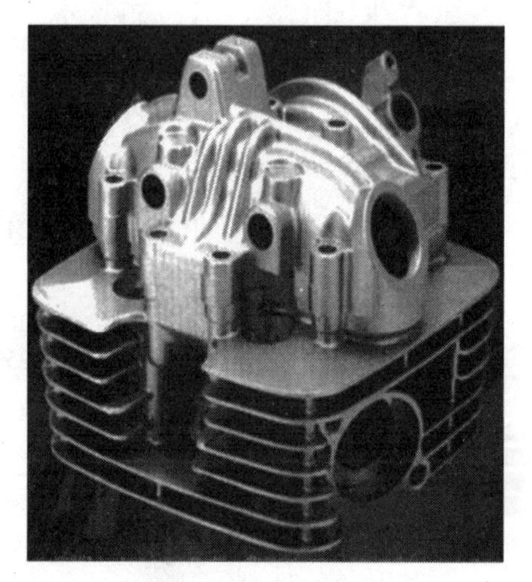

图8-12 汽缸头

图8-13 鼓风机用密封件（ZL102）

图8-14 大型空压机活塞（ZL401）及抗空架件（ZL301）

③具有某些特殊力学性能。例如：优良的减摩性和耐磨性（如青铜及部分黄铜），高的弹性极限和疲劳极限（如铍青铜等）。

④色泽美观。由于有以上优良性能，铜及铜合金在电气工业、仪表工业、造船工业及机械制造工业部门获得了广泛的应用。但铜的储藏量较小，价格较贵，属于应节约使用的材料之一，只有在特殊需要的情况下，例如要求有特殊的磁性、耐蚀性、加工性能、力学性能以及特殊的外观等条件下，才考虑使用。

奇闻轶事：金属“元老”

铜是人类最早发现和使用的金属之一，它的问世比铁要早一千五百多年，比锌早一千六百多年，比铝早三千多年，所以，有人把铜称作金属的“元老”。商朝是我国青铜文化的灿烂时期，其代表是司母戊鼎和四羊方尊。四羊方尊是我国现存商器中最大的方尊，重近34.5千克，造型雄奇，集线雕、浮雕、圆雕于一器，1938年出土于湖南宁乡县黄村月山铺转耳仑的山腰上，现藏于北京中国历史博物馆。保加利亚西部城市加布罗沃的图书馆内，陈列着一本世界上罕见的铜书。该书记录了保加利亚和世界著名学者、作家的警句格言，全部用青铜铸成，共22页，每页长0.18米，宽0.2米，重4千克。铜书制作者是保加利亚18世纪著名工匠科斯托维，用了近10年时间才铸成这本铜书。由于科斯托维的精湛技艺和保管人员的悉心爱护，迄今仍完整无损，光彩照人。

8.2.1 纯铜

纯铜因表面易氧化而呈紫红色，常称为紫铜。纯铜密度约为8.9g/cm^3，熔点1083℃，具有面心立方结构，无同素异构转变，强度较低，但塑性极好，适宜进行压力加工，焊接性能优良，但切削加工性能较差。

工业纯铜中含有锡、铋、氧、硫、磷等杂质，都会使铜的导电能力下降。根据杂质的含量，工业纯铜可分为四种：T1、T2、T3、T4。“T”为铜的汉语拼音字头，编号越大，纯度越低。

纯铜主要用于导电导热及兼有耐蚀性要求的结构件，如电动机、电器、电线电缆、电刷、防磁机械、化工换热及深冷设备等，也用于配制各种性能的铜合金。

8.2.2 铜合金

工业中常按化学成分特点对铜合金分类，包括黄铜、青铜和白铜三大类；按铜合金的成形方法可将其分为变形铜合金及铸造铜合金。

铜的合金化与铝相似，合金元素只能通过固溶、淬火时效和形成过剩相来强化材料，提高合金的性能。

8.2.2.1 黄铜

黄铜（图8－15）具有良好的塑性和耐腐蚀性、良好的变形加工性能和铸造性能，在工业中有很强的应用价值。根据其成分特点，又分为普通黄铜和特殊黄铜。常用黄铜的牌号、性能和主要用途列于表8－4。

（1）普通黄铜

普通黄铜是指铜锌二元合金，其锌含量一般不超过45%。牌号以“H”加数字表示，数字代表铜的百分含量，如H62表示含Cu62%和Zn38%的普通黄铜。

黄铜的含锌量对其力学性能有很大的影响，如图8－16所示。若Zn≤32%时，则为单相α黄铜，如图8－17的（a）所示。随着含锌量的增加，强度和延伸率都升高。α相是

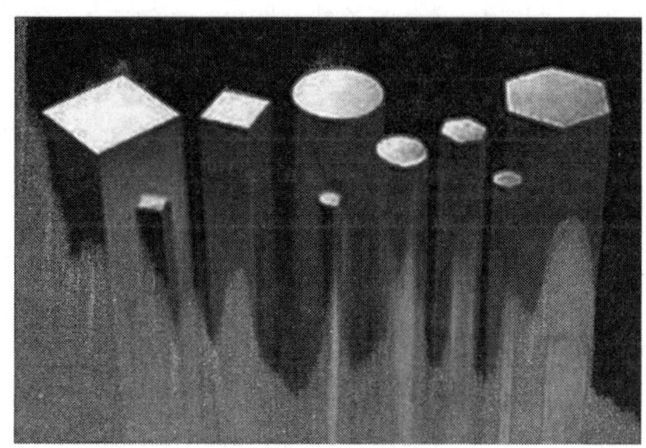

图8－15 黄铜棒

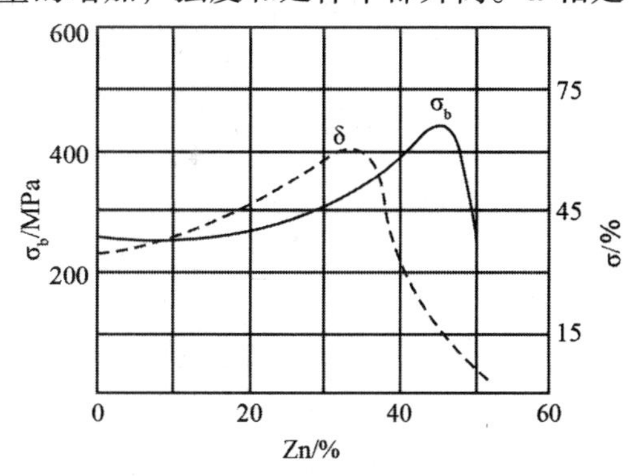

图8－16 锌对黄铜力学性能的影响

锌溶于铜中的固溶体，其溶解度随温度的下降而增大。α 相具有面心立方晶格，塑性和韧性良好，能进行各种冷、热加工成形，并有优良的铸造、焊接和镀锡的能力，对大气、海水具有相当好的抗蚀能力，且成本低、色泽美丽，但 α 黄铜强度较低。常用的 α 黄铜有 H80、H70、H68 等，用于制作弹壳、冷凝器、防护镀层等。

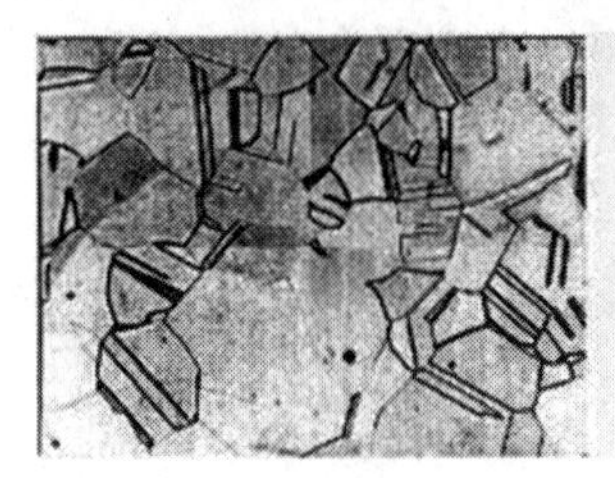

(a) 单相黄铜（α）

(b) 双相黄铜（α+β）

图 8－17　黄铜的显微组织

当 Zn>32%后，如 H59、H62 等因组织中出现 β 相，则为双相（α+β）黄铜，如图 8－17 的 b）所示。由于 β 相是以电子化合物 CuZn 为基的有序固溶体，具有体心立方晶格，性能硬而脆。所以双相黄铜塑性开始下降，而强度在 Zn ＝ 45%附近达到最大值。含 Zn 更高时，黄铜的组织全部为 β 相，强度与塑性急剧下降。双相黄铜不能进行冷变形加工，但可进行热加工（>500℃），一般轧成板材、棒材，再经切削加工制成各种耐蚀零件，如弹簧、螺栓等。

普通黄铜易产生脱锌腐蚀和应力腐蚀。采用低锌黄铜或加入少量的砷可避免或抑制脱锌腐蚀；黄铜零件采用 260~280℃去应力退火或表面喷丸或表面沉积防护层（如电镀 Zn、Sn），可以防止应力腐蚀。

表 8－4　黄铜的牌号、性能及主要用途

类别	牌号	化学成分/%		状态	力学性能			用　途
		Cu	其他		σ_b/MPa	δ/%	HBS	
黄铜	H96	95.0~97.0	Zn：余量	T L	240 450	50 2	45 120	冷凝管、散热器管及导电零件
	H62	60.5~63.5	Zn：余量	T L	330 600	049 3	56 164	铆钉、螺帽、垫圈、散热器零件
特殊黄铜	HPb59-1	57.0~60.0	Pb：0.8~0.9 Zn：余量	T L	420 550	45 5	75 149	用于热冲压和切削加工制作的各种零件
	HMn58-2	57.0~60.0	Mn：1.0~2.0 Zn：余量	T L	400 700	40 10	90 178	腐蚀条件下工作的重要零件和弱电流工业零件
	HSn90-1	88.0~91.0	Sn：0.25~0.75 Zn：余量	T L	280 520	40 4	58 148	汽车、拖拉机弹性套管及其它耐蚀减摩零件
铸造黄铜	ZeuZn38	60.0~63.0	Zn：余量	S J	295 295	30 30	59 69	一般结构件及耐蚀零件，如法兰、阀兰、阀座、支架等
	ZcuZn31A12	66.0~68.0	AL：2.0~3.0 Zn：余量	S J	295 390	12 15	79 89	制作电机、仪表等压铸件及船舶、机械中的耐件

续表

类别	牌号	化学成分/%		状态	力学性能			用　　途
		Cu	其他		σ_b/MPa	δ/%	HBS	
	ZcuZn38Mn2Pb2	57.0~60.0	Mn:1.5~2.5 Pb:1.5~2.5 Zn：余量	S J	245 345	10 14	69 79	一般结构件，船舶仪表等使用的外形简单的铸件，如套筒、轴瓦等
	ZcuZN16Si4	79.0~81.0	Si:2.5~4.5 Zn：余量	S J	345 390	15 20	89 98	船舶零件，内燃机零件，在气、水/油中的铸件

表中符号的意义：T—退火状态；L—冷变形状态；S—砂型铸造；J—金属型铸造。

（2）特殊黄铜

为了获得更高的强度、耐蚀性和良好的铸造性能，在铜锌合金中加入铝、铁、硅、锰、镍等元素，形成各种特殊黄铜。

特殊黄铜的编号方法是："H+主加元素符号+铜含量+主加元素含量"。特殊黄铜可分为压力加工黄铜（以黄铜加工产品供应）和铸造黄铜（图 8－18）两类，其中铸造黄铜在编号前加"Z"。例如：HPb60－1 表示平均成分为 60% Cu，1% Pb，其余为 Zn 的铅黄铜；ZCuZn31A12 表示平均成分为 31% Zn、2% Al，其余为 Cu 的铝黄铜。

图 8－18　黄铜铸件

在特殊黄铜中，除主加元素 Zn 外，按主要的辅加元素又分为锰黄铜、铝黄铜、铅黄铜、硅黄铜等。这些元素的加入除可不同程度地提高黄铜的强度硬度外，还具有以下作用：

Mn 用于提高耐热性；

Si 可改善合金的铸造性能，硅黄铜具有良好的铸造性能，并能进行焊接和切削加工，主要用于制造船舶及化工机械零件；

Pb 改善了材料的切削加工性能和润滑性等，压力加工铅黄铜主要用于要求有良好切削加工性能及耐磨的零件如钟表零件，铸造铅黄铜可以制作轴瓦和衬套；

Sn 可显著提高黄铜在海洋大气和海水中的耐蚀性，也可使黄铜的强度有所提高，锡黄铜广泛应用于制造海船零件。

8.2.2.2　青铜

除了黄铜和白铜（铜与镍的合金）外，所有的铜基合金都称为青铜。最早使用的是铜锡合金，称为锡青铜。后来由于需要，发展了不含锡而加入其他元素的青铜，称为特殊青铜或无锡青铜。其中工业用量最大的为锡青铜和铝青铜，强度最高的为铍青铜。

青铜牌号为"Q+主加元素符号+主加元素含量（+其他元素含量）"，"Q"表示青的汉语拼音字头。如 QSn4－3 表示成分为 4% Sn、3% Zn、其余为铜的锡青铜。若为铸造青铜，则在牌号前再加"Z"。常用青铜的牌号、机械性能和主要用途列于表 8－5。

表 8-5 青铜的牌号、机械性能及主要用途

类别	牌号	化学成分/%		状态	机械性能			主要用途
		主加元素	其他		σ_b/MPa	δ/%	HBS	
锡青铜	QSn4-3	Sn:3.5~4.5	Zn:2.7~3.7 Cu：其余	T L	350 550	40 4	60 160	制作弹性元件、化工设备的耐蚀零件、抗磁零件、造纸工业刮刀
	QSn7-0.2	Sn:6.0~8.0	P0.10~0.25 Cu：其余	T L	360 500	64 15	75 180	制作中等负荷、中等滑动速度下承受摩擦的零件，如抗磨垫圈、轴套、蜗轮等
	ZcuSnSPb5Zn5	Sn:4.0~6.0	Zn:4.0~6.0 Pb:4.0~6.0 Cu：其余	S J	180 200	8 10	59 64	在较高负荷、中等滑动速度下工作的耐磨、耐蚀零件，如轴瓦、衬套、离合器等
	ZCuSn10P1	Sn:9.0~11.0	P:0.5~1.0 Cu：其余	S J	220 250	3 5	79 89	用于高负荷和高滑速下工作的耐磨零件，如轴瓦等
铅青铜	ZCuPb30	Pb:27.0~33.0	Cu：其余	J			25	要求高滑速的双金属轴瓦减磨零件
	ZCuPb15Sn8	Sn:7.0~9.0 Pb:13.0~17.0	Cu：其余	S J	170 200	5 6	59 64	制造冷轧机的铜冷却管、冷冲击的比金属轴承等
铝青铜	ZCuA19Mn2	Al：8.5~10.0	Mn:1.5~2.5 Cu：其余	S J	390 440	20 20	83 93	耐磨、耐蚀零件，形状简单的大型铸件和要求气密性高的铸件
	ZCuA19Fe4Ni4Mn2	Ni:4.0~5.0 Al:8.5~10.0 Fe:4.0~5.0	Mn:0.8~2.5 Cu：其余	S	630	16	157	要求强度高、耐蚀性好的重要铸件，可用于制造轴承、齿轮、蜗轮、阀体等
铍青铜	QBe2	Be:1.9~2.2	Ni:0.2~0.5 Cu：其余	T L	500 850	40 4	90 250	重要的弹簧和弹性元件，耐磨零件以及在高速、高压和高温下工作的轴承

（1）锡青铜

锡青铜（图 8-19）是我国历史上使用最早的有色合金，也是最常用的有色合金之一。

图 8-19 锡青铜管

锡青铜具有较高的强度和硬度，其塑性和韧性随锡含量的变化发生明显的改变，图 8-20 表示了锡对锡青铜力学性能的影响曲线。当 Sn≤5%~6%时，Sn 溶于 Cu 中，形成面心立方晶格的 α 固溶体，随着含锡量的增加，合金的强度和塑性都增加。当 Sn≥5%~6%时，组织中出现极硬而脆的 δ 相，虽然强度继续升高，但塑性却会下降。当 Sn>20%时，由于出现过多的 δ 相，使合金变得很脆，强度也显著下降。

因此，工业上用的锡青铜的含锡量一般为 3%~

14%。Sn<5%的锡青铜适宜于冷加工，含锡 5%～7%的锡青铜适宜于热加工，大于 10% Sn 的锡青铜适合铸造。

锡青铜的铸造收缩率很小，可铸造形状复杂的零件。但铸造流动性较差，易生成分散缩孔，使致密度降低，在高压下容易渗漏。锡青铜导热性和耐蚀性较好，不易受大气、海水腐蚀，但在氨水、盐酸和硫酸中耐蚀性较差。

锡青铜在造船（图 8－21）、化工、机械、仪表等工业中广泛应用，适于铸造形状复杂但对外形和尺寸要求精确的铸件，如轴套、轴瓦等耐磨零件和弹簧等弹性元件，以及抗蚀、抗磁零件等，但不适于铸造要求组织致密的机器零件。

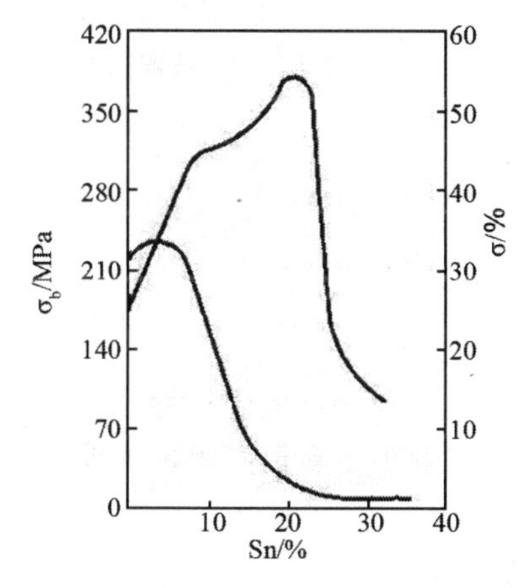

图 8－20　锡含量对锡青铜力学性能的影响

图 8－21　船用青铜软管快速接头阀（锡青铜阀体、阀盖）

（2）铝青铜

铝青铜中含铝量一般控制在 12%以内，工业上压力加工用铝青铜的含铝量一般低于 5%或 7%。含铝 10%左右的合金强度高，可用于热加工或铸造用材。最常用的为 QAl9－4，俗称九四铜。

与黄铜和锡青铜相比，铝青铜具有更好的耐蚀性和耐磨性。此外，铝青铜铸造性好，故易获得致密的铸件。因此铝青铜在结构件上应用极广，主要用于制造齿轮、轴套、蜗轮等在复杂条件下工作的高强度抗磨零件（图 8－22），以及弹簧和其他高耐蚀性弹性元件。

（3）铍青铜

指含铍 1.7%～2.5%的铜合金，如 QBe2。铍青铜的弹性极限、疲劳极限和导电导热性都很高，耐磨性、耐蚀性、耐寒性也很优异，并具有良好的导电性和导热性，无磁性，受冲击时不产生火花。

铍青铜通过淬火时效，可获得很高的强度和硬度，抗拉强度可达 σ_b=（1250～1500）MPa，HBS=350～400，远远超过了其他铜合金，且可与高强度合金钢相媲美。因此广泛应用于航空、航海、仪器、仪表及机械工业，制造重要弹性元件、航海罗盘仪中的零件和防爆工具等（图 8－23）。但其生产工艺复杂，价格昂贵，不便大量推广使用。

图 8－22　大型水力发电设备中的抗磨环

图 8－23　铍青铜制品

8.3　钛合金与镁合金

8.3.1　钛及其合金

钛及钛合金具有密度小、比强度高、耐高温、耐腐蚀以及良好低温韧性等优点，同时资源丰富，具有很高的塑性便于冷热加工，所以在现代工业中占有极其重要的地位，在航空、化工、导弹、航天及舰艇制作等方面，钛及其合金得到广泛的应用（图 8－24）。

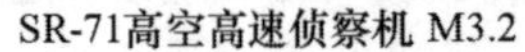

SR-71高空高速侦察机 M3.2

图 8－24　钛及钛合金的应用

目前由于钛在高温时异常活泼，因此钛及钛合金的熔炼、浇铸、焊接和热处理等都要在真空或惰性气体中进行，加工条件严格复杂，成本较高，使其应用受到限制。

工程应用典例

在久负盛名的第 38 届法国巴黎国际航空展览会上，一架银灰色的飞机非常引人注目，这就是后来人们所熟知的苏-27 歼击战斗机，该机所做的“眼镜蛇”飞行表演，在现代空军发展史上是前所未有的。苏-27 飞机标准型的机身基本上是全金属结构材料制造，主要采用了大量的高性能钛合金与铝合金材料。特别是焊接技术的应用，对减轻机身重量起了很大的作用。飞机重要部件大都采用了钛合金的焊接结构，例如带加强筋的中央翼壁板，它是一个支撑整个飞机的关键构件，采用钛合金焊接结构后，使重量减轻 100 千克，可见焊接技术促进了钛合金材料的应用。除前机身外，遍布机体的多个次受力部位的框、梁、肋及壁板等，都使用了较多比强度高的铝锂合金材料。复合材料在标准型飞机上总的用量较少，其中机头罩、垂尾前缘、前舱仪表护罩等采用玻璃纤维复合材料，座舱盖保护风挡蒙皮采用碳纤维复合材料，发动机涡轮叶片采用耐高温合金材料，并应用了新的工艺技术，使燃气温度高于叶片材料 100℃时，叶片强度仍可满足使用要求。

8.3.1.1　纯钛

纯钛为银白色金属，在地壳中蕴藏丰富，仅次于铝、铁、镁而居第四位。钛密度小，仅 4.54 g/cm^3，熔点高达 1680℃，热膨胀系数小，导热性差，塑性好、强度低，容易加工成形，可制成细丝和薄片。

钛在固态有两种结构，具有同素异物转变：β-Ti→α-Ti。在 882℃以下为密排六方晶格的 α-Ti，在 882℃以上直到熔点为体心立方晶格的 β-Ti，α-Ti 具有良好的塑性。

钛在大气和海水中有优良的耐蚀性，在硫酸、盐酸、硝酸、氢氧化钠等介质中都很稳定。钛的化学性质极为活泼，但钛表面可以生成一层致密的氧化膜，在大气、海水、高温气体等介质中具有极高耐蚀性，钛的抗氧化能力优于大多数奥氏体不锈钢；但高温高浓度盐酸和硫酸、干燥氯气、氢氟酸和高浓度磷酸等介质对钛有较大的腐蚀作用。

工业纯钛按其杂质含量和力学性能不同有 TAl、TA2、TA3 三个牌号，牌号顺序增大，表明杂质含量增多。

纯钛常用于制造在 350℃以下工作的、强度要求不高的零件及冲压件，如飞机蒙皮、构架、隔热板、发动机部件、柴油机活塞、连杆及耐海水等腐蚀介质下工作的管道阀门等。

8.3.1.2　钛合金

为了进一步提高强度，可在钛中加入合金元素。合金元素溶入 α-Ti 中形成 α 固溶体，溶入 β-Ti 中形成 β 固溶体。铝、碳、氮、氧、硼等元素使同素异晶转变温度升高，称为 α 稳定化元素；而铁、钼、镁、铬、锰、钒等元素使同素异晶转变温度下降，称为 β 稳定化元素。锡、锆等元素对转变温度影响不明显，称为中性元素。

纯钛和部分钛合金的牌号、化学成分、力学性能及主要用途见表 8－6。

表 8-6　纯钛和部分钛合金的牌号、化学成分、力学性能及主要用途

类别	牌号	化学成分	室温力学性能			高温力学性能			主要用途
			热处理	σ_b/MPa	δ（%）	温度/℃	σ_b/MPa	σ_s/MPa	
工业纯钛	TA1	工业纯钛	退火	300~500	30~40	–	–	–	在 350℃以下受力不大、要求高塑的冲压件，如飞机骨架、船舶管道
	TA2	工业纯钛	退火	450~600	25~30	–	–	–	
α 钛合金	TA4	Ti-3Al	退火	700	12	–	–	–	在 400℃以下工作的零件，如导弹燃料罐、超音速飞机的涡轮机匣
	TA5	Ti-4Al-0.005B	退火	700	15		–	–	
β 钛合金	TB1	Ti-3Al-8Mo-11Cr	淬火	110	16	–	–	–	350℃以下工作的零件，压气机叶片、轴轮盘等重载荷旋转件
			淬火+时效	1300	5				
	TB2	Ti-5Mo-3V-8Cr-3Al	淬火	1000	20	–	–	–	
			淬火+时效	1350	8				
α+β 钛合金	TC1	Ti-2Al-1.5Mn	退火	600~800	20~25	350	350	350	在 400℃以下工作的零件，有一定高温强度的发动机零件，低温用部件
	TC4	Ti-6Ai-47	退火	950	10	400	630	580	
			淬火+时效	1200	8				

（1）钛合金的热处理

钛合金的热处理主要有退火及淬火时效。退火的主要目的是提高合金塑性和韧性，消除应力及稳定组织，淬火时效的目的是相变强化合金。

①退火。退火的目的主要是为了消除钛合金在机械压力加工及焊接时的内应力、恢复塑性、细化晶粒等。钛合金可进行消除应力退火和再结晶退火，消除应力退火通常在 450℃~650℃加热，对机加工件其保温时间可选用 0.5~2h，焊接件选用 2~12h；再结晶退火温度为 750℃~800℃，保温 1~3h。

②淬火和时效。钛合金的淬火和时效是其主要的热处理强化工艺，但钛合金的强化效果远不如钢。这是因为钢淬火后得到的马氏体是间隙型的过饱和固溶体，体积变化较大，所以有显著的强化作用。而钛合金中，合金元素与钛形成置换固溶体，体积变化小，因而强化作用不大。淬火后一定要进行时效处理才能达到满意的性能，时效主要是利用淬火组织中保留下来的 β 相，在加热过程中析出高度弥撒的 α 相来提高合金的强度。

淬火温度一般选在 α+β 两相区，淬火加热时间根据工件厚度而定，冷却条件可以是水冷或空冷。钛合金的时效温度为 450℃~550℃，时效时间根据具体要求可从数小时到数十小时不等。

钛合金在热处理加热时必须严格注意以防污染和氧化，最好在真空炉或在惰性气体保护下进行。钛合金的热处理工艺参数可参考表 8-7。

表 8-7　钛合金的热处理工艺参数

牌号	消除应力退火工艺			完全退火工艺			固溶淬火工艺			时效处理工艺		
	温度/℃	时间/min	冷却	温度/℃	时间/min	冷却	温度/℃	时间/min	冷却	温度/℃	时间/min	冷却
TB2	480-650	30-60	空冷	800-820	60-100	空冷	800-820	30-60	水冷	480-500	8-12	空冷
TC1	550-650	30-60		700-750	60-120		-	-		-	-	
TC2	550-650	50-150		700-750	60-120		-	-		-	-	
TC3	550-650	60-150		700-800	60-120		820-900	30-60		480-560	4-8	
TC4	550-650	60-150		700-800	60-120		850-950	30-60		400-560	4-8	
TC6	550-650	60-150		750-850	60-120		860-900	30-60		540-580	6-10	
TC7	550-650	60-150		850-900	60-120		-	-		-	-	
TC9	550-650	60-150		600-650	60-120		900-950	60-90		500-600	4-8	
TC10	550-650	60-150		750-780	60-120		850-900	60-90		500-600	5-10	

（2）钛合金的性能与应用

根据使用状态的组织，钛合金可分为三类：α 钛合金、β 钛合金、（α+β）钛合金。牌号分别以 TA、TB、TC 加上编号表示，如：TA4~TA8 表示 α 型钛合金，TB1-TB2 表 β 型钛合金，TCl-TC10 表示 α+β 型钛合金。三种类型钛合金的特性比较见表 8-8。

表 8-8　三种类型钛合金的特性比较

类　型	典型牌号	特　性	用　途
α 型钛合金	TA7	①密度小，室温强度低于其他钛合金，但高温（500~600 ℃）强度高，并且组织稳定，具有很好的耐蚀性和抗氧化性； ②优良的焊接性能； ③由于 α 钛合金的组织全部为 α 固溶体，故不可处理强化，主要依靠固溶强化，热处理只进行退火	可作 500℃以下长期工作的零件，如压气机盘和叶片等
β 型钛合金	TB1	①较高的强度、优良的冲压性能； ②淬火和时效后强化效果显著，σ_b 可达 1300MPa，是目前高强度钛合金的基本类型； ③密度较大，耐热性差，抗氧化性能低； ④贵重元素多，冶炼工艺复杂，焊接较困难	全部是 β 相的钛合金在工业上很少应用。主要用来制造飞机中使用温度不高但要求高强度的零部件，如弹簧、紧固件及厚截面构件
α+β 型钛合金	TC4	（α+β）钛合金兼有 α 和 β 钛合金两者的优点： ①室温强度较高，有较好的综合力学性能； ②塑性很好，容易锻造、压延和冲压，但组织稳定性差，焊接性较差； ③热加工性较好，可通过淬火和时效进行强化，生产工艺也比较简单	应用比较广泛，可作 400℃以下长期工作的零件，如压气机盘和叶片等，是应用最广泛的钛合金

8.3.2　镁及镁合金

镁在地球上的储量也十分丰富，仅次于铝、铁而居第三位，年产量约 40 万吨。

镁及镁合金的主要优点是密度小，比强度、比模量高，抗震能力强，可承受较大的冲击载荷，并且其切削加工和抛光性能优良。但镁的化学性质很活泼，抗腐蚀性能差，熔炼技术复杂，冷变形困难，缺口敏感性大，因而阻碍了其发展。

镁合金是结构材料中最轻的一种金属，因此镁合金在飞机、导弹、仪表、汽车（图8－25及表8－9）等制造业中应用广泛，目前以铸造镁合金的应用为主。

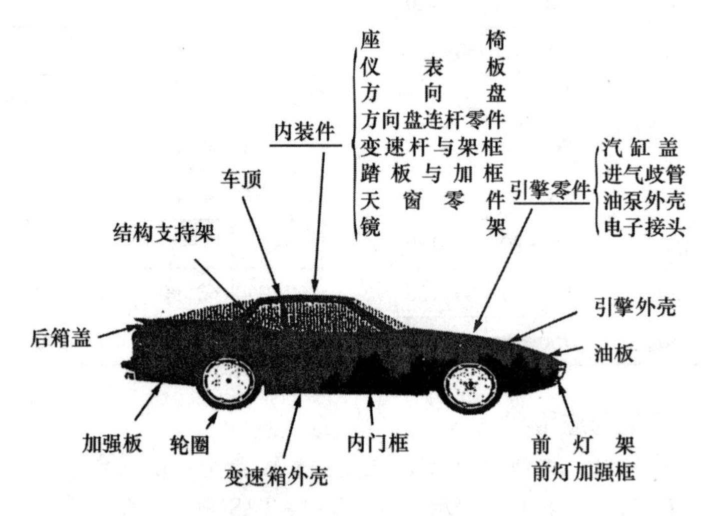

图8－25　镁合金概念车

表8－9　欧美车型使用镁合金的状况

公司	车型	每辆车镁合金的用量（kg）
GM	FullSize Van，Sabana 及	最大 26.3
GM	Express	最大 16.7
Ford	Mini-Van，Safari 及 Astron	14.9
Chrysler	F150 大卡车	5.8
Buick	Mini-Van	9.5
VW	Pack Avenue	13.6~14.5
Posche	Pasat，AudiA4 及 A5	9.9
Alfa-Romeo	Boxter Roadster	9.3
Bebz	156	17.0~20.3

8.3.2.1　纯镁

纯镁是银白色的金属，密度为 1.74g/cm^3，熔点为 651℃，呈密排六方晶格。纯镁的强度、硬度、塑性均较小。

纯镁的化学性质很活泼，在空气中会迅速氧化，而在表面生成一层氧化镁薄膜，这层薄膜不像纯铝的氧化膜那样紧密，故镁的耐蚀性差。镁还极易燃烧，燃烧时能放出大量的热并发出强烈白光。

纯镁除配制镁合金外，在航空上用来制作燃烧弹、照明弹、信号弹中的燃烧剂、照明剂、信号剂等。冶炼中，镁常作脱氧剂或作为合金元素加入。

8.3.2.2　镁合金

镁合金中主要合金元素是铝、锌、锰等。铝和锌都能溶于镁中形成固溶体，使合金基体的晶格歪扭而强化，还能与镁形成化合物，使合金可以通过淬火和时效来提高强度和硬度。锰除了能细化晶粒和提高耐蚀性，还有固溶强化作用。

（1）镁合金的性能

①比强度高：镁合金的强度一般为 200～300MN/m^2，远不如其他合金，但镁合金的比重只有 1.8g/cm^3 左右，故其比强度仍与结构钢相近。

②具有较好的减震能力，能承受较大的冲击或震动载荷。因此，飞机起落架轮毂采用镁合金制作。

③具有优良的切削加工性，镁合金硬度低、导热性高，可采用高速切削，加工表面光洁度好且刀具磨损小。

镁合金的最大缺点是耐蚀性差，使用中要采取防护措施，如氧化处理、涂漆保护等。镁合金也容易燃烧，若发生燃烧时只能用砂子覆盖，不能用水或二氧化碳灭火器扑灭。

（2）镁合金的牌号

镁合金按其加工工艺可分为变形镁合金（压力加工镁合金）和铸造镁合金两大类。常用镁合金的牌号和用途见表 8－10。

①变形镁合金：用字母“MB”后面加数字表示，数字是合金的顺序编号。例如：MB7 表示 7 号变形镁合金。

②铸造镁合金：用字母“ZM”后面加数字表示，数字表示顺序号。例如：ZM5 表示 5 号铸造镁合金。

表 8－10　常用镁合金的牌号和用途

类　型	牌　号	用　途　举　例
变形镁合金	MBl	辗压后退火，做飞机油箱、发动机罩等
	MB2	不经热处理压制管子、板材、棒材等
	MB5	退火后做发动机架、摇臂等
	MB7	可热处理强化，做增压器叶轮等
	MB8	直升机蒙皮、汽油滑油系统附件等
	MBl5	可热处理强化，做大负荷的锻件等
铸造镁合金	ZM4	发动机附件、仪表壳体等
	ZM5	仪表壳体、刹车轮毂等
	ZM6	无线电仪器、光学仪器外壳、照相机部件等
	ZM7	不经热处理，制造在 200℃以下工作的发动机零件

（3）镁合金的热处理

镁合金的热处理和铝合金很相似，但由于合金性质的关系，镁合金热处理强化效果不如铝合金，为此大多数变形镁合金在退火状态下使用。铸造镁合金一般采用均匀化处理，即将带有粗大夹杂物的铸造金属进行长时间的加热后，用沸水或空气冷却，使夹杂物均匀地溶解在固溶体中，从而提高了力学性能。而 ZM－5 合金淬火（即均匀化）后还需进行时效处理，才能最大限度地发挥材料的性能。常用镁合金的热处理工艺参见表8－11。

表8－11　常用镁合金的热处理工艺

代号	淬火			时效（或同火）		
	加热温度（℃）	保温时间（h）	淬火介质	加热温度（℃）	保温时间（h）	冷却介质
MB7	410~425	2~6	空冷或热水	175~200	8~16	空冷
MB15	510±5	24	空冷	165±5	24	空冷
570±5	18	空冷	200±5	16	空冷	
ZM5	分级加热： 1 360±5 2 420±5	3 13	– 空冷	1 175±5 2 200±5	16 8	空冷 空冷
	空冷 415±5	8~16	空冷	1 175±5	2 200±5	16 8

（4）常用镁合金

目前航空上使用的变形镁合金有MB1、MB2、MB3、MB8和MB15等数种，其中MB3、MB8属于中等强度，MBl5属于强度较高的变形镁合金，MB1、MB2则属于塑性较好的变形镁合金。变形镁合金常用来制作飞机蒙皮、翼肋、油箱、发动机罩等。

航空上使用的铸造镁合金有ZM1、ZM2、ZM3和ZM5等四种，其中ZM1是飞机上使用最多的一种镁合金。ZM5是含有铝、锌、锰的铸镁合金，具有良好的铸造性和高的比强度，不但可铸还可焊接，用于制作飞机、发动机、仪表及其他结构的高负荷零件，如飞机刹车毂、增压机匣、操纵杆等。

8.4　滑动轴承合金

轴承是汽车、机床等机械设备中广泛使用的零件。目前使用的轴承有滚动轴承和滑动轴承两类，滑动轴承的结构如图8－26所示。滚动轴承的应用比较广泛，但由于滑动轴承具有承压面积大、工作平稳、噪音小等优点，在重载高速的场合广泛应用。

滑动轴承在工作时，承受轴传来的一定压力，有时还会有冲击作用，并和轴颈之间存在摩擦，因而产生磨损。由于轴的高速旋转，工作温度升高。轴承合金是制造滑动轴承中的轴瓦及内衬的材料。根据轴承的工作条件，轴承合金应具有下述基本性能：

①具有足够的强度，能支撑轴的转动；

②具有足够的硬度和耐磨性，以免过早磨损而失效；

③有一定的塑性和疲劳强度，避免在冲击载荷和交变载荷作用下发生破坏；

④有良好的导热性和小的膨胀系数。为满足上述基本性能的要求，轴瓦材料不能选用高硬度的金属，以免轴颈受到磨损；也不能选用

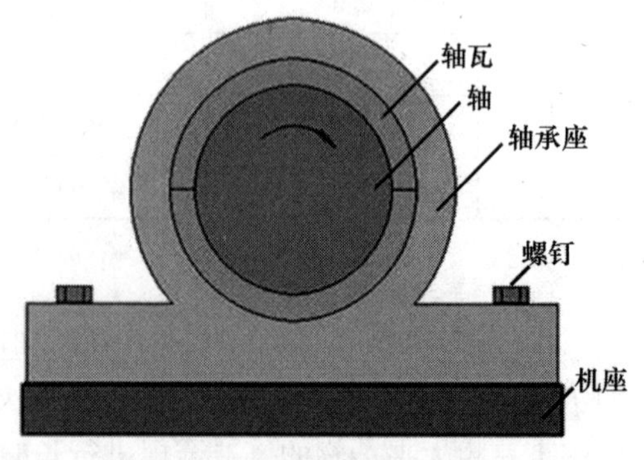

图8－26　滑动轴承的结构

软的金属，防止承载能力过低。因此轴承合金应既软又硬，具备如下特征：软基体上分布有均匀硬质点或硬基体上分布有均匀的软质点。

当滑动轴承工作时，软基体受磨损而凹陷，硬质点就凸出于基体上，减小轴与轴瓦间的摩擦系数，同时使外来硬物能嵌入基体中，使轴颈不被擦伤。软基体还能承受冲击和振动，并使轴与轴瓦很好地磨合。采取硬基体上分布软质点，也可达到上述目的。

常用的轴承合金按主要化学成分可分为锡基、铅基、铝基和铜基等，前两种称为巴氏合金，表 8－12 是三种轴承合金的性能比较。

轴承合金编号方法为："ZCh+基本元素符号+主加元素符号+主加元素含量+辅加元素含量"，其中"Z""Ch"分别是"铸""承"的汉语拼音字首。例如，ZChSnSb11－6 表示含 11.0%Sb、6%Cu 的锡基轴承合金。

表 8－12　轴承合金性能比较

种　类	抗咬合性	磨合性	耐蚀性	耐疲劳性	合金硬度/HBS	轴颈处硬度/HBS	最大允许压力/MPa	最高允许温度/℃
锡基轴承合金	优	优	优	劣	20～30	150	600～1000	150
铅基轴承合金	优	优	中	劣	15～30	150	600～800	150
铝基轴承合金	劣	中	优	良	45～50	300	200～2800	100～150

8.4.1　锡基轴承合金

锡基轴承合金是一种软基体硬质点类型的轴承合金，以 Sn、Sb 为基础，并加入少量其他元素 Cu、Pb 形成，又称锡基巴氏合金。

常用的牌号是 ZChSnSb11－6（含 11%Sb 和 6%Cu，其余为 Sn），显微组织为 α+β′+Cu6Sn5（图 8－27）。其中黑色部分是 α 相软基体，白方块是 β′相硬质点，白针状或星状组成物是 Cu6Sn5。α 相是锑溶解于锡中的固溶体，为软基体。β′相是以化合物 SnSb 为基的固溶体，为硬质点。Cu6Sn5 的硬度比 β′相高，也起硬质点作用，进一步提高合金的强度和耐磨性。

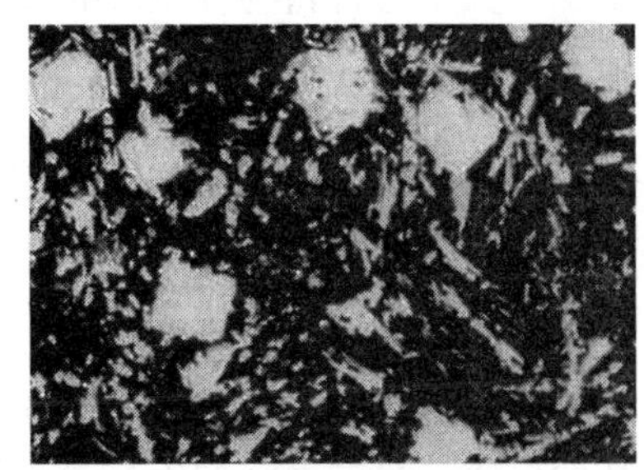

图 8－27　ZSnSb11Cu6 合金的显微组织（α 基体+白亮块状 SnSb+星状 Cu3Sn）

锡基轴承合金的摩擦系数和膨胀系数小，塑性和导热性好，耐蚀性优良，缺点是疲劳强度不高，工作温度较低（一般不大于 150℃），成本高。适于制作最重要的轴承，如浇注汽轮机、发动机和压气机等大型机器的高速轴瓦。但锡基轴承合金的疲劳强度较低，许用温度也较低（不高于 150℃）。

8.4.2　铅基轴承合金

铅基轴承合金也是一种软基体硬质点类型的轴承合金，在 Pb－Sb 基合金基础上加入 Sn 和 Cu 元素形成，又称铅基巴氏合金。典型牌号有 ZChPbSb16－16－2（成分为 16%Sb、16%Sn、2%Cu，其余为 Pb），显微组织为（α+β′）+β′+Cu6Sn5（图 8－28），（α+β′）共晶体为软基体，白方块为以 SnSb 为基的 β 固溶体，起硬质点作用，白针状晶体为化合物 Cu6Sn5。

铅基轴承合金的硬度、强度、韧性、耐蚀性和导热性都比锡基轴承合金低，但摩擦系数较大，价格较便宜，铸造性能好。铅基轴承合金应用很广，可用于制造中、低载荷的轴承，如汽车的曲轴、连杆轴承及电动机轴承，但其工作温度不能超过120℃。

铅基、锡基巴氏合金的强度都较低，需要把它镶铸在钢的轴瓦（一般用08钢冲压成型）上，形成薄而均匀的内衬，才能发挥作用，这种工艺称为挂衬。

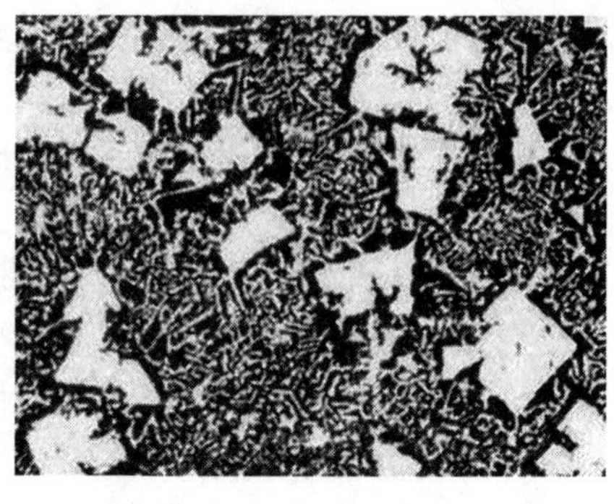

图8－28　ZPbSb16Sn16Cu2合金的显微组织（基体+方块状SnSb+针状Cu3Sn）

8.4.3　铝基轴承合金

铝基轴承合金是一种新型减摩材料，组织为硬的铝基体上均匀分布着软的粒状锡质点。按化学成分可分为A1－Sn系、A1－Sb系和铝石墨系三类。

铝基轴承合金的特点是密度小，导热性好，疲劳强度高，耐蚀性和化学稳定性好，并且原料丰富，价格低廉；缺点是膨胀系数较大，抗咬合性低于巴氏合金。这类合金并不直接浇铸成形，而是一般用08钢作衬背，一起轧成双合金带料，然后制成轴承使用。

A1－Sn系合金具有疲劳强度高，耐热耐磨的特点，因此适用于制造高速、重载条件下工作的轴承；A1－Sb系合金疲劳抗力高，耐磨但承载能力不大，用于低载（<20MPa）低速（<10m/s）下工作的轴承；Al－石墨系有优良的自润滑和减震作用，耐高温性能好，适用于制造活塞和机床主轴的轴承。

除上述之外，还有锌基轴承合金、铜基轴承合金以及充分利用不同材料的特性而制作的多层轴承合金，如将上述轴承合金与钢带轧制成的双金属轴承材料等。还有非金属材料轴承，其所用材料为酚醛夹布胶木、塑料、橡胶等，它们主要用于不能采用机油润滑而只能采用清水或其他液体润滑的轴承，如自来水深井泵中的滑动轴承。

8.5　粉末冶金材料

粉末冶金法就是将极细的金属粉末或金属与非金属粉末混合并于模具中加压成形，然后在低于材料熔点的某温度下加热烧结，得到所需材料，其主要用于难熔材料、难冶炼材料的生产。粉末冶金的生产过程是：粉末制取→粉末混料→粉末压制→烧结。

硬质合金是用粉末冶金方法制成的，主要用于制造切削金属用的刀具、模具及部分工具的材料。目前常用的硬质合金有金属陶瓷硬质合金和钢结硬质合金。

8.5.1　金属陶瓷硬质合金

金属陶瓷硬质合金是将一些高硬难熔金属碳化物粉末（如WC、TiC等）和粘结剂（Co、Ni等）混合加压成形，再经高温烧结而成，其与陶瓷烧结成形方法相似。常用金属陶瓷硬质合金的牌号、成分及应用见表8－13。

表 8-13　常用金属陶瓷硬质合金的牌号、成分及应用

类别	国际标准ISO代号		牌号	化学成分/%				物理、力学性能		
				WC	TiC	TaC	Co	密度 ρ /g·cm^3	HRA	σ_b/MPa
									不小于	
钨钴类硬质合金	K红色	K01	YG3X	96.5	-	<0.5	3	15.0~15.3	91.5	1079
		K20	YG6	940.0	-	-	6	14.6~15.0	89.5	1422
		K10	YG6X	93.5	-	<0.5	6	14.6~15.0	91.0	1373
		K30	YG8	92.0	-	-	8	14.5~14.9	89.0	1471
			YG8N	91.0	-	1	8	14.5~14.9	89.5	1471
		-	YG11C	89.0	-	-	11	14.0~14.4	86.5	2060
		-	YG15	85.0	-	-	15	13.0~14.2	87	2060
		-	YG4C	96.0	-	-	4	14.9~15.2	89.5	1422
		-	YG6A	92.0	-	2	6	14.6~15.0	91.5	1373
		-	YG8C	92.0	-	-	8	14.5~14.9	88.0	1716
钨钛钴类硬质合金	P蓝色	P30	YT5	85.0	5	-	10	12.5~13.2	89.5	1373
		P10	YT15	79.0	15	-	6	11.0~11.7	91.0	1150
		P01	YT30	66.0	30	-	4	9.3~9.7	92.5	883
通用硬质合金	M黄色	M10	YW1	84~85	6	3~4	6	12.6~13.5	91.5	1177
		M20	YW2	82~83	6	3~4	8	12.4~13.5	90.5	1324

牌号中 X 表示细颗粒合金、C 表示粗颗粒合金，其余为一般颗粒的合金，A 表示含有少量 TaC 的合金。

（1）性能特点

①硬度高（69~81 HRC），热硬性好（可达 900℃~1000℃），故耐磨性优良。

这类材料制造的刀具切削速度比高速钢提高 4~7 倍，而刀具寿命可提高 5~80 倍。可用于切削高速钢刀具、难加工的高加工硬化合金，如奥氏体耐热钢及不锈钢，以及高硬度（50 HRC 左右）的硬质材料。

②抗压强度高（可达 6000MPa），但抗弯强度较低。

③耐蚀性和抗氧化性良好。

④脆性和导热性差，不能进行机械加工。

金属陶瓷硬质合金常制成一定规格的刀片，镶焊在刀体上使用。目前金属陶瓷硬质合金除作切削刀具外，还广泛用于模具、量具等耐磨件制造，以及采矿、石油及地质钻探等的钎头和钻头等。

（2）常用的金属陶瓷硬质合金

①钨钴类。主要化学成分为 WC 及 Co。牌号有 YG3、YG6、YG8 等，YG 表示钨钴类硬质合金，后边的数字表示钴含量的百分数。合金含钴多，材料韧性好，但硬度、耐磨性降低。

②钨钴钛类。主要化学成分为 WC、TiC 及 Co，该类合金除含有 Co 和 WC 外，还有硬度比 WC 更高的 TiC 硬质粉末。牌号有 YT5、YT15、YT30 等，Y 表示硬质合金，T 表示含 TiC，后面的数字是 TiC 的百分含量。该类合金耐磨性高、热硬性好，但强韧性较低。一般用于制作切削钢材的工具。

③YW 类。该类合金含有 TaC，因而使合金热硬性显著提高。这是新型硬质合金，又称通用硬质合金或万用硬质合金。该合金适宜切削耐热钢、不锈钢、高锰钢和高速钢等切

削性能差的钢材的刀具。

8.5.2 钢结硬质合金

钢结硬质合金是一种新型的模具材料，其性能介于高速工具钢和硬质合金之间。钢结硬质合金的硬化相仍为 TiC、WC 等，但黏结剂以各种合金钢（如高速钢、铬钼钢）代替了 Co、Ni，制作方法与上述硬质合金类似，经配料、混料、压制和烧结而成。

钢结硬质合金具有很好的使用和工艺性能，故其特点是可像钢一样进行锻造、热处理、焊接和切削加工。经退火后，即可进行切削加工，还可进行淬火回火等工艺处理，使其具有相当硬质合金的高硬度和高耐磨性，适用于制造各种形状复杂的刀具，如麻花钻头、铣刀等，也可制作高温下工作的模具或耐磨零件等。

本章小结

本章简述了铝及其合金、镁及其合金、钛及其合金、铜及其合金以及滑动轴承合金的牌号、成分与用途。简要介绍了粉末冶金的主要生产过程，硬质合金的分类、牌号、成分、性能及应用。

复习思考题（八）

一、填空题

1. 铜合金按其合金化系列可分为________、________和________三大类。

2. 钛有两种同素异形体，在 882.5℃以下为________，在 882.5℃以上为________。钛合金根据其退火状态下组织可分________、________和________三类。

3. H62 是________的一个牌号，其中 62 是指含________量为________。

4. 铝合金淬火后的强度和硬度比时效后的________而塑性比时效后的________。

二、问答题

1. 有色金属和合金的强化方法与钢的强化方法有何不同？

2. 铝合金性能上有何特点？为什么在工业上能得到广泛的应用？

3. 铸造铝合金（如 A1－Si 合金）为何要进行变质处理？

4. 钛合金的性能有何特点？简述其应用前景和存在的问题。

5. 轴承合金在性能上有何要求？在组织上有何特点？

6. 经固溶处理的 LY12 合金在室温下成形为形状复杂的零件，该零件要求具有高的抗拉强度。问：下述两种热处理方案哪个较为合理？

①成形后的零件随后进行高于室温的热处理。

②成形后的零件随后不进行高于室温的热处理。

第9章　零件的选材与加工

【教学目的】

1. 掌握零件选材的一般原则和方法及热处理工序位置；

2. 掌握典型零件的材料选用及加工工艺路线。

【教学重点】

零件选材的原则和方法，热处理工序位置，典型零件材料的选择、成形方法的分析过程。

9.1　零件的失效

9.1.1　概述

失效是指零件在使用过程中，由于尺寸、形状或材料的组织与性能发生变化而失去原设计的效能。零件失效的具体表现如下：

①零件完全破坏，不能继续工作；

②零件虽能工作，但不能保证安全；

③零件虽保证安全，但已不能完成规定的功能。

零件的失效，特别是那些没有明显征兆的失效，往往会带来巨大的损失，甚至导致严重事故。例如，高压容器的紧固螺栓若发生过量变形而伸长，就会使容器渗漏；又如，变速箱中的齿轮若产生过量塑性变形，就会使轮齿啮合不良，甚至卡死、断齿，引起设备事故。

工程应用典例

20世纪40年代，我国著名的冶金学家李薰对英国的一架坠毁飞机进行失效分析，初步揭开了金属氢脆的奥秘。50年代，美国先后发生了数起电站设备的飞裂事故，失效分析使人们对“氢脆”有了进一步认识。为了降低钢中氢的含量，发展了碱性电炉和真空冶炼技术。

例如，20世纪50年代，日本汽车的质量每况愈下，一度以质量低劣闻名于世，汽车公司濒临倒闭。后来，研究人员系统地分析了主要零部件的失效情况，查找质量低劣的原因，并同国外优质汽车对比，提出改进措施。不久，各国纷纷传出：“车到山前必有路，有路必有日本车”。

9.1.2　失效模式与机理

零件失效的原因很多，涉及设计、材料、加工和安装使用四个方面，图9－1是导致零件失效的主要原因的示意图。

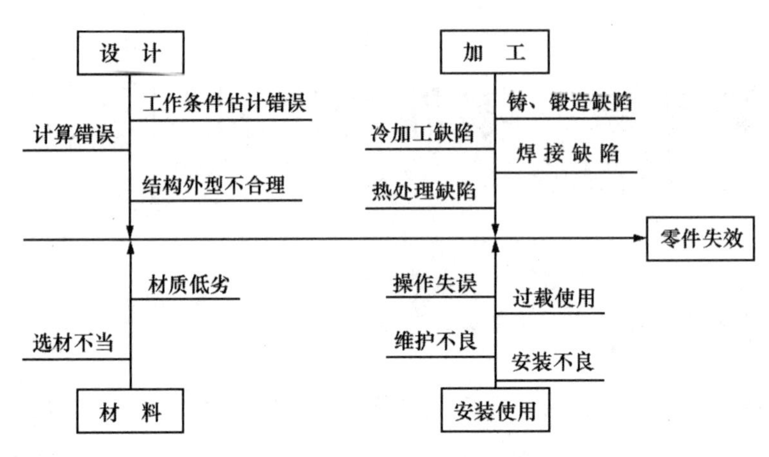

图 9-1 零件失效的主要原因

对零件失效进行分析，查出失效原因，提出预防措施是十分重要的。一个零件可能有几种失效模式，但其中只有一种起决定作用。一般机器零件常见的基本失效模式、机理与预防措施如下：

（1）过量变形（表 9-1）

表 9-1 过量变形失效的机理与预防措施

过量变形分类	过量弹性变形	过量塑性变形
失效机理	零件刚性（刚度）不足	工作应力超过材料屈服强度
防止措施	1. 选用弹性模量高的材料（陶瓷、难熔金属、钢铁） 2. 改进零件结构形状，增大零件截面	1. 增加零件受力面积，减小工作应力； 2. 提高材料屈服强度（钢+强化处理）

（2）断裂（表 9-2）

表 9-2 断裂失效的机理与预防措施

断裂分类	韧性断裂	低应力脆性断裂	疲劳断裂
失效原因	工作应力高于屈服强度，断裂前发生塑性变形，有先兆	工作应力低于屈服强度，断裂前无塑性变形，无先兆	受交变应力长时作用，断裂前无先兆
防止措施	提高材料屈强比	提高材料韧性（大型、带缺口、高强度件，低温、受冲击件）	提高材料疲劳强度（强度、表面强度、表面压应力、表面质量）

（3）表面损伤（表 9-3）

表 9-3 表面损伤失效的机理与预防措施

表面损伤分类	磨损	表面接触疲劳	腐蚀
失效原因	相对滑动的接触表面因摩擦损耗，引起尺寸、形状变化	滚动摩擦接触表面，因长时交变接触应力作用，出现点状剥落	电化学或化学腐蚀

续表

表面损伤分类	磨损	表面接触疲劳	腐蚀
防止措施	提高材料硬度，组织存在较多耐磨相；配对摩擦副材料不同类，减小摩擦系数，具自润滑	提高材料硬度与表面强度，并具一定塑韧性，材料纯度高	选耐蚀材料：陶瓷、塑料、铜、铝、不锈钢

9.1.3　失效分析过程

失效分析的目的就是要找出零件损伤的原因，并提出相应的改进措施。失效分析是一项系统工程，只有对零件设计、选材、工艺、安装使用等各方面进行系统分析，才能找出失效原因。失效分析的结果对于零件的设计、选材、加工以至使用，都有很大的指导意义。

失效分析的一般过程为：事故（失效）→收集零件的残骸→失效现场的全面调查（部位、特点、环境、时间）→综合分析（断口分析、性能测试、组织分析、化学分析和无损探伤）→确定失效原因→提出改进措施。

奇闻轶事

美国“挑战者”号航天飞机发生了举世震惊的爆炸事故以后，有关当局投入了六千多人和一百多架（只）飞机和舰船，经过七个多月的海底打捞和陆地搜寻，找回了飞机的大部分残骸和碎片。通过失效分析，确认飞机失事的原因是：火箭助推器的连接组件断裂，使密封装置失效引起燃料泄漏而发生爆炸。

9.2　零件的选材

在机械制造工业中，如果要获得质量高且成本低的零部件，就必须解决如下三个关键问题：

①正确设计零部件的结构；

②合理选择材料；

③保证良好的冷、热加工质量。

零部件材料的设计是其中的一个重要因素，也是一个复杂而至关重要的工作。在正确设计零件结构之后，合理选材与正确确定热处理方法，直接关系到产品的质量和经济效益，必须全面综合考虑。

许多机械工程师把选材看成一种简单而不太重要的任务。当碰到零件的选材问题时，他们一般参考相同零件或类似零件的用材方案，选择一种传统上使用的材料（这种方法称为经验选材法）；当无先例可循，同时对材料的性能（如耐腐蚀性能等）又无特殊要求时，他们仅仅根据简单的计算和手册提供的数据，信手选定一种较万能的材料，例如 45 钢。这种简单化的处理方法已日益暴露出种种缺点，并证明是许多重大质量事故的根源。

所以，选材正在逐渐变成一种严格地建立在试验与分析基础上的科学方法。掌握这种选材方法的要领，了解正确选材的过程，显然具有很大的实际价值。

9.2.1 选材的原则

机械零件的选材是一项十分重要的工作。选材是否恰当，特别是一台机器中关键零件的选材是否恰当，将直接影响到产品的使用性能、使用寿命及制造成本。选材不当，严重的可能导致零件的完全失效。

判断零件选材是否合理的基本标志是：能否满足必需的使用性能，能否具有良好的工艺性能，能否实现最低成本。选材的任务就是了解我国的资源和生产情况，从实际情况出发，求得三者之间的统一，以保证产品性能优良、成本低廉、经济效益最佳。

(1) 使用性原则

使用性能是保证零件工作安全可靠、经久耐用的必要条件，因此是选材考虑的最主要依据。选材的首要任务是准确地判断所要求的主要使用性能，然后根据主要的使用性能指标选择较为合适的材料。对于一般的机械零件和工程构件，则主要以其力学性能作为选材依据；对于一些特殊条件下工作的零件，则必须根据要求考虑到材料的物理、化学性能。

①以要求较高综合力学性能为主时的选材。在机械制造中有相当多的结构零件，如轴、杆、套类零件等，在工作时均不同程度地承受着静、动载荷的作用，其失效形式可能为变形失效和断裂失效，所以这类零件要求具有较高的强度和较好的塑性与韧性，即良好的综合力学性能。

②以疲劳强度为主时的选材。疲劳破坏是零件在交变应力作用下最常见的破坏形式，如发动机曲轴、齿轮、弹簧及滚动轴承等零件的失效，大多数是因疲劳破坏引起的。

③以抗磨损为主时的选材。可分为两种情况：一是磨损较大、受力较小的零件，其主要失效形式是磨损，故要求材料具有高的耐磨性，如钻套、各种量具、刀具、顶尖等，选用高碳钢或高碳合金钢，进行淬火和低温回火处理，获得高硬度的回火马氏体和碳化物组织，即能满足耐磨的要求；二是同时受磨损及交变应力作用的零件，主要失效形式是磨损，过量的变形与疲劳断裂，如传动齿轮、凸轮等。

为了更准确地了解零件的使用性能，还必须分析零件的失效方式，从而找出对零件失效起主要作用的性能指标，如表 9-4 列举所示。

表 9-4 常用零件的工作条件、常见的失效形式及所要求的主要机械性能

零件	工作条件			常见的失效形式	要求的主要机械性能
	应力种类	载荷性质	受载状态		
紧固螺栓	拉，剪应力	静载	—	过量变形，断裂	强度，塑性
传动轴	弯，扭应力	循环，冲击	轴颈摩擦，振动	疲劳断裂，过量变形，轴颈磨损	综合机械性能
传动齿轮	压，弯应力	循环，冲击	摩擦，振动	齿折断，磨损，疲劳断裂，接触疲劳（麻点）	表面高强度及疲劳极限，心部强度、韧性
弹簧	扭，弯应力	交变、冲击	振动	弹性失稳，疲劳破坏	弹性极限，屈强比，疲劳极限

续表

零件	工作条件			常见的失效形式	要求的主要机械性能
	应力种类	载荷性质	受载状态		
冷作模具	复杂应力	交变，冲击	强烈摩擦	磨损，脆断	硬度，足够的强度，韧性

在对零件的工作条件、失效形式进行全面分析，并根据零件的几何形状和尺寸、工作中所受的载荷及使用寿命，通过力学计算确定出零件应具有的主要力学性能指标及其数值后，即可利用手册选材。

（2）工艺性原则

工艺性原则是指所选用的材料能否保证顺利加工制造成零件。工艺性好坏，对零件加工难易程度、生产成本、生产率影响很大。

①铸造性。如果用铸造成形，最好选择共晶成分或接近共晶成分的合金。

②锻造性。如果用锻造成形，最好选用组织呈固溶体的合金。

③焊接性。如果是焊接成形，最适宜的材料是低碳钢或低碳合金钢。

④切削加工性能。为了便于切削加工，可通过热处理来调整其组织和性能，使金属材料硬度控制在 170~230HBS。

⑤热处理工艺性能。碳钢的淬透性差，强度不很高，加热时易过热而使晶粒长大，淬火时也易变形和开裂。因此，制造高强度、大截面、形状比较复杂的零件，一般应选用合金钢。

与使用性能比较，材料的工艺性能常处于次要地位，但在某些特殊情况下，工艺性能也会成为选材的主要依据。例如，为了提高生产效率而采用自动机床实行大量生产时，零件的切削性能可成为选材时考虑的主要问题。此时，应选用易切削钢之类的材料。

（3）经济性原则

材料的价格在产品的总成本中占有较大的比重，据有关资料统计，在许多工业部门中可占产品价格的 30%~70%。因此，选材在满足前面两条原则的前提下，应注意尽量降低零件的总成本。

零件的总成本包括材料的价格、加工费、管理费及安装、维修费等其他附加费用，因此经济性涉及材料的成本高低，材料的供应是否充足，加工工艺过程是否复杂，成品率的高低以及同一产品中使用材料的品种、规格等。从经济性原则考虑，应尽可能选用价廉、货源充足、加工方便、成本低的材料，以取得最大的经济效益，提高产品在市场上的竞争力，而且尽量减少所选材料的品种与规格以便于采购、运输和管理，减少不必要的附加费用，尽量使用简单设备，减少加工工序数量，采用少切削或无切削加工等措施，以降低加工费用。此外，选用材料还应立足于我国的资源情况，并考虑我国的生产和供应情况。

通常，在满足零件使用性能的前提下，尽量优先选用价廉的材料，能用非合金钢的，不用合金钢；能用硅锰钢的，不用铬镍钢。碳钢和铸铁的价格比较低廉，加工方便，可降低产品的成本，故在满足零件使用性能的前提下，应尽量选用。低合金钢的强度比碳钢高，工艺性能接近碳钢，选用低合金钢往往经济效益比较显著。有色金属、铬镍不锈钢、高速工具钢价高，应尽量少用。

表 9-5 材料参考价格

材　料	价格/（美元·t^{-1}）	材　料	价格/（美元·t^{-1}）
工业用金刚石	900 000 000	MgO	1990
铂	26 000 000	Al_2O_3	1110~1760
金	19 100 000	锌，加工的板材、棒材、管材	950~1740
硼-环氧树脂复合材料	330 000	锌锭	961
（基体占成本60%，纤维占40%）		铝锭	961
CFRP①	200 000	环氧树脂	1650
Co/WC 金属陶瓷(即硬质合金)	66 000	玻璃	1500
钨	26 000	泡沫塑料	880~1430
钴	17 200	天然橡胶	1430
钛合金	10 190~12 700	聚丙烯	1280
聚酰亚胺	10100	聚乙烯（高密度）	1250
镍	7031	聚苯乙烯	1330
有机玻璃	5300	硬木	1300
高速钢	3995	聚乙烯（低密度）	1210
尼龙66	3289	SiC	440~770
GFRP②	2400~3300	聚氯乙烯	790
不锈钢	2400~3100	胶合板	750
铜，加工的板材、管材、棒材	2253~2990	低合金钢	385~550
铜锭	2253	低碳钢，加工的角钢、板材棒材	440~480
聚碳酸酯	2550	铸铁	260
铝合金，加工的板材、棒材	2000~2440	钢锭	238
铝合金锭	2000	软木	431
黄铜，加工的板材、管材、棒材	1650~2336	钢筋混凝土（梁、柱、板）	275~297
黄铜锭	1505	燃油	200
		煤	84
		水泥	53

①碳纤维增强环氧树脂复合材料；②玻璃纤维增强复合材料。

工程应用典例

选材问题对于产品设计人员十分重要，对于一般的工程技术人员和管理人员等也非常重要。2000年，三峡水电站大坝工程由日本进口了一批50mm厚低碳钢板，这批钢板是用来制造坝底输水管的，要承受很大的压力而且应该是无限长寿命，因此要求材料必须达到一定的强度、塑性指标。但进口检查发现这批钢板性能不合格，为此中方提出退货、索赔的要求。日方起初根本不承认，后经多次抽样、性能测试，日方不得不承认这批钢板在生产时工艺有所调整，导致性能不合，同意退换并赔偿中方所造成的一切经济损失。显然，从事大坝施工的技术人员与这起对外贸易有关的海关人员、管理人员、律师等都得对选材原则有所了解。

9.2.2　选材的步骤

选材一般可分为以下几个步骤（图 9－2）：

①对零件的工作特性和使用条件进行周密的分析，找出主要的失效方式，从而恰当地提出主要性能指标。

②根据工作条件需要和分析，对该零件的设计制造提出必要的技术条件。

③根据所提出的技术要求和工艺性、经济性方面的考虑，对材料进行预选择。材料的预选择通常是凭积累的经验，通过与类似的机器零件的比较和已有实践经验的判断，或者通过各种材料选用手册来进行选择。

④对预选方案材料进行计算，以确定是否能满足上述工作条件要求。

⑤材料的二次选择。二次选择方案也不一定只是一种方案，也可以是若干种方案。

⑥通过实验室试验、台架试验和工艺性能试验，最终确定合理的选材方案。

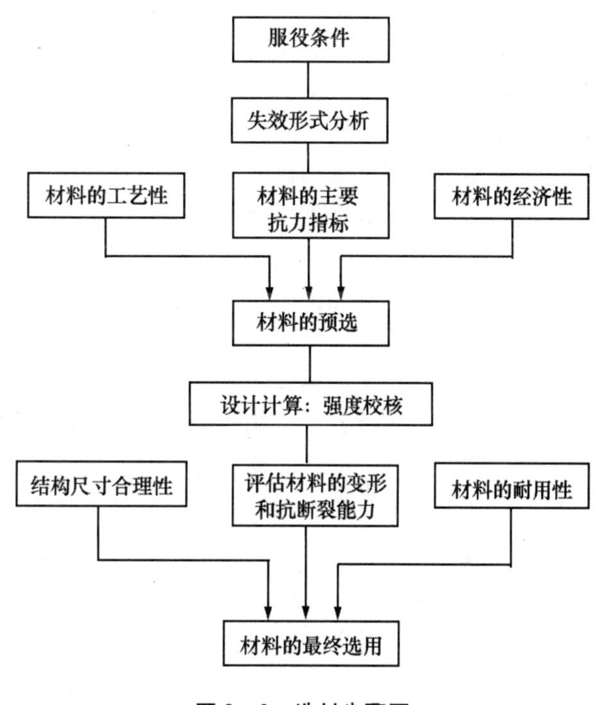

图 9－2　选材步骤图

⑦最后，在中、小型生产的基础上，接受生产考验，以检验选材方案的合理性。

9.3　毛坯的选择

用于零件成形的金属材料，一般先要制成与成品零件的形状、尺寸相近的毛坯件，通过切削加工完成最终的成形，把这个毛坯件称为零件的毛坯。不同的加工方法，选用具有适宜的结构工艺性的材料。不同的用途，需要一定的毛坯形状和毛坯的质量等要求。

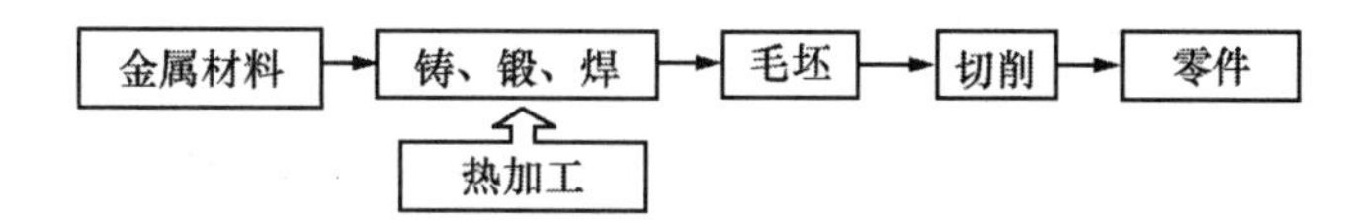

9.3.1　毛坯的分类

常用机器零件的毛坯，可以根据材制造方法、形状特征及用途等进行分类。按制造方法不同，常用的毛坯有铸件、锻造和冲压件、型材件、焊接件等四种；按形状特征和用途不同，常可分为轴类零件、套类零件、轮盘类零件、箱座类零件等四类。

9.3.1.1 按制造方法分类

（1）铸件毛坯

铸铁、非铁金属以及碳的质量分数为 0.45%～0.5 %的钢，由于它具有良好的铸造工艺性能，均可用铸造方法获得铸件毛坯。铸造生产，一次成形，工艺灵活性大，不受零件尺寸、形状和重量的限制，应用十分广泛。铸铁件主要用于受力不大或以承压为主的零件，以及要求减振、耐磨零件等。如：机床床身、立柱，大型水压机机身、底座等零件，采用铸铁件毛坯主要是因为其具有良好的承压能力和减振性，而煤粉锅炉的粉煤制造设备——球式磨煤机中所用的铸铁球，则利用了铸铁件具有良好的耐磨性。非铁金属铸件应用，如照相机壳体、发动机壳体、阀体等，受力不大但形状相对复杂。铸钢件则应用在工作环境恶劣、承受载荷类型复杂的场合，如在选矿机上应用的铸钢链条等。

（2）锻造和冲压件毛坯

适宜于锻造方法加工的材料包括非合金钢、合金钢和非铁金属合金。非合金钢因为化学成分与组织结构都比较简单，塑性好、变形抗力小、锻造温度范围较宽，被广泛应用。而合金钢因导热性差、热应力过大，因在晶界处存在的较多低熔点杂质，加热时易过烧，以及碳化物偏析等因素，应用受到限制。非铁金属及合金导热性好，但锻造温度范围很狭窄，并且韧性较差，锻造时易产生折叠和裂纹。用作制造冲压件的材料主要是塑性较好的薄板件。如低碳钢、压力加工铝合金、压力加工黄铜、青铜等材料。

锻件所用的原材料，除大型锻件直接用钢锭外，其余均用型材作锻件的原材料。锻件主要用于承受重载、动载或多种载荷共同作用的重要零件。板料冲压多用于压制形状复杂的薄壁零件，并且能使其强度高、刚度大、重量轻，冲压件表面光滑且有足够的尺寸精度，互换性好，如制造客车、轿车的壳体。

（3）型材件毛坯

通过轧制成形的型材称为型材件毛坯件。非合金钢型材件主要以低碳钢和中碳钢为主，因为低碳钢和中碳钢具有良好的塑性和较低的变形抗力，利于轧制。部分非合金钢型材件又分为冷轧和热轧两种，如线材、管材等。冷轧件由于有加工硬化现象，强度、硬度较高，但韧性、塑性较差。常用的型材根据断面形状不同，有圆钢、方钢、线材、钢带、型钢、管材、钢板等多种类型。具体的形状、尺寸、供应状态性能，国标中有明确的规定。

选用时应根据零件的形状与尺寸，选择相近的型材，以减少加工余量。一般用于中、小型简单零件的毛坯，如销、杆、小轴等。型钢经过简单的机械加工作为机械结构件使用，如支架等。在建筑业中，把型钢作为承载结构使用。管材则主要用于流体的输送。总之，型材作为毛坯被广泛地应用于各行各业。

（4）焊接件毛坯

以焊接工艺作为成形手段的毛坯件称为焊接件毛坯。适用于焊接加工的金属，可以用金属可焊性来评定。低碳钢由于具有良好的可焊性，常作为焊接金属使用，如常使用的低碳钢型材。主要用于钢板组合的罩壳，型钢组合的机架、箱体和某些钢制组合件。焊接毛坯后续机械加工一般比较简单。非铁金属也可以用以制造焊接件毛坯，由于焊接性能较差，常用一些特殊焊接方法。

请为下列零件选择合适的毛坯生产方法：①成批大量生产的垫片；②成批大量生产的变速箱体；③单件生产的机架；④形状简单、承载能力较大的轴；⑤家庭用的液化气钢瓶；⑥大批量生产的直径相差不大的轴。

答题要点：①冲压件；②铸造件；③焊接件；④锻件；⑤锻后焊接件；⑥锻件。

9.3.1.2　按形状和用途分类

（1）轴类零件

轴类零件是回转体零件，一般其长度远远大于直径。按其结构形状，可分为光滑轴、阶梯轴、空心轴和曲轴等四类。在机械中，轴类零件主要用来支承传动零件（如齿轮、带轮）和传递转矩。

（2）套类零件

套类零件的结构特点是：具有同轴度要求较高的内、外旋转表面，壁薄而易变形，端面和轴线要求垂直，零件长度一般大于直径。套类零件材料一般为钢、铸铁、青铜和黄铜。套类零件起支承或导向作用，在工作中承受径向力或轴向力和摩擦力。例如，滑动轴承导向套和油缸等。

（3）轮盘类零件

轮盘类零件的轴向尺寸一般小于径向尺寸，或两个方向尺寸相差不大。属于这一类零件的有齿轮、皮带轮、飞轮、模具、法兰盘、刀架、联轴器和手轮等。一般承受的载荷类型比较复杂，需要良好的综合机械性能。

（4）箱座类零件

箱座类零件一般结构复杂，有不规则的外形和内腔，壁厚不均，重量从几千克到数十吨不等。工作条件相差很大，如机身、底座等以承压为主，要求有较好的刚性和减振性。有些机身、支架往往同时承受拉、压和弯曲应力，甚至还有冲击载荷，要求有较好的综合机械性能。工作台和导轨等零件则要求有较好的耐磨性。而齿轮箱、阀体等箱体类零件一般受力不大，但要求有较好的刚度和密封性。

9.3.2　毛坯质量及经济性

金属毛坯的质量主要取决于毛坯的成形方法，在每一种加工方法中，都有一些常见的加工缺陷，可以说这些缺陷直接影响了毛坯的加工性能及最终获得的零件使用性能。毛坯生产方法不同，也决定了毛坯生产过程中的经济性优劣。因此，有必要了解工业生产中各种毛坯的质量和经济性。

9.3.2.1　毛坯的质量

毛坯的质量就是其加工性能和使用性能的综合表现。分析毛坯的质量就是分析毛坯在加工生产过程中产生的组织、结构等缺陷，以及对毛坯在后续机械加工过程及零件最终成形后使用过程中性能的影响（见表9-6）。

表 9-6 毛坯的内在质量比较

成形方法		组织特征	性能特点	改善方法
铸造		铸态组织，晶粒粗大	较差	增加过冷度，变质处理等
锻造		再结晶组织，有锻造流线	较好	
焊接	熔焊	接头组织复杂	不均匀	选择合适焊条、焊丝及热处理等
	压焊	接头具有再结晶或加工硬化组织	较好或不均匀	
	钎焊	接头具有合金铸态组织	不均匀	增加搭接面积，提高承载能力

（1）铸件毛坯

铸件组织不均匀、存在多种缺陷。铸件表面，特别是突起部分，由于冷却速度较快，晶粒较细，但容易获得白口组织，心部则容易获得粗大的枝状晶。铸件缺陷形成原因比较复杂，有铸件材料、铸件结构、铸造工艺过程等多种原因。常见缺陷有浇不足、冷隔、缩孔、气孔、粘砂、裂纹等类型。

另外，因铸造合金各组元凝固点不同，枝状晶在形成过程中，高熔点的组元在晶粒内部先析出而低熔点的组元在晶界处后析出，而形成了晶粒内部和晶界成分不均匀（偏析）。铸件在冷却过程中，由于组织转变和内外冷速不均匀，也产生了大量组织应力和热应力。因此，铸件的机械性能较低。为了消除白口组织，并使组织和成分均匀，铸件毛坯在机械加工之前，应进行退火处理。

（2）锻件

在锻造过程中，金属除了通过塑性变形来改变形状和尺寸外，还要发生再结晶过程，可以使钢锭和钢坯的晶粒细化，并且使气孔、缩孔、缩松及微裂纹得到焊合，化学成分不均匀（偏析）也有所改善，从而提高钢的力学性能（特别是韧性和塑性）。

锻件组织致密，锻造可以获得符合零件受力要求的纤维组织。有时，为使钢中的碳化物细化和均匀分布，即使毛坯形状简单，也需锻造而不直接采用型材件。

锻件在锻造过程中，常由于变形不统一，晶粒粗细不均，或有过热、加工硬化和内应力等存在，因此，锻件毛坯应进行退火或正火处理，以改善锻件的组织结构，消除内应力和改善切削加工性。

（3）型材件

型材毛坯组织致密，机械性能好，选用方便，故对没有成形要求的钢件毛坯均直接选用型材件。型材件也均具有一定的纤维组织，纤维组织方向沿轧制方向。因此，如所选型材的纤维组织不合零件结构要求，或有一定成形要求的毛坯，均不能直接使用型材毛坯。型材件在出厂前已经正火或退火（包括球化退火）处理，故加工前不必再经预备热处理。

和锻造毛坯类似，金属在轧制工艺过程中，在高温下发生了塑性变形，同时发生了再结晶过程，可以使钢锭和钢坯的晶粒细化，同时使气孔、缩孔、缩松及微裂纹得到焊合，化学成分不均匀（偏析）也得到改善，从而提高钢的力学性能。如果原始钢坯中存在非金属夹杂物，在轧制过程中，很容易沿夹杂物周围形成裂纹，如应用冷轧钢管作为流体输送管道产生渗漏，有的就是这种原因。

（4）焊接件

在焊接生产过程中，由于焊接结构设计、焊接工艺参数选择、焊前准备和操作方法等不当原因，往往会产生各种焊接缺陷。焊接缺陷会影响焊接结构使用的可靠性。由于焊缝处可能存在气孔、疏松、裂纹、夹渣等缺陷，降低了焊缝区的机械性能。咬边、未焊透等缺陷，降低了结合区的强度。热影响区晶粒粗大，产生过热，机械性能必然下降。焊接生产过程中，由于局部加热，产生了较大的内应力，焊后很容易产生变形和开裂。故对于重要毛坯件在焊接后应进行退火处理，以改善焊缝及热影响区的组织、性能，消除内应力。

9.3.2.2　毛坯生产的经济性对比分析

毛坯生产的经济性对比分析，就是在材料利用率、所需的生产设备、生产周期、适宜的生产批量等方面进行全面分析比较，为正确地选择机械加工毛坯奠定基础。下面根据毛坯成形方法的不同，分别加以说明。

（1）铸造毛坯

铸造金属材料利用率较高，可以将舰船和桥梁等、拆除的废钢铁和机械加工产生的铁屑等废旧金属材料回收利用，就连铸造产生的浇口、冒口等也可以回收利用。其所需的生产设备简单，常用的砂型铸造更是如此，生产一次性投资小。如：砂型铸造所用的模具多采用木材、塑料等材料制造，加工方便，辅助性工序少，生产周期短；生产规模灵活，可以单件、小批量生产，也可以大批量生产；生产效率低，自动化程度低。

（2）锻造和冲压毛坯

自由锻锻件毛坯材料利用率低，一方面，毛坯尺寸与零件尺寸差异较大，切削余量较大。另一方面，自由锻通常需要反复加热锻打，氧化烧损严重。模锻毛坯材料利用率相对提高，因为毛坯尺寸与零件尺寸接近，但氧化烧损依然存在。自由锻所用设备简单，生产周期短，效率低，不适合大批量生产。而模锻虽需要加工模具，增加辅助工艺过程，延长了生产周期，但生产效率高，适合于批量生产，易于实现工业自动化。冲压件材料利用率较高，生产效率高，生产周期长，适合于大批量生产。

（3）型材轧制毛坯

型材毛坯件材料利用率高，生产设备投入大，生产效率高，生产批量大。一般由专业厂家生产，材料市场一般有现货供应。形状尺寸、性能质量由国家统一监测，质量容易保证，在毛坯件选择时，方便快捷，是首选的毛坯件。

（4）焊接毛坯

焊接件一般结构比较简单，材料利用率高，焊接设备简单，生产周期短，生产效率高，生产规模灵活，应用十分广泛。

9.3.2.3　毛坯生产方式的选择原则

毛坯生产方式的选择需要综合考虑金属材料、加工质量、经济性等多方面因素。通常选择毛坯类型及其加工方法时，应遵循以下原则：

（1）满足零件的使用要求

零件的使用要求包括对零件形状和尺寸的要求以及工作条件对零件性能的要求。

（2）降低制造成本

一个零件的制造成本包括其本身的材料费以及消耗的燃料和动力费用、人工费、各项设备及工具折旧费和其他辅助性费用。

（3）考虑生产条件

根据零件使用要求和制造成本分析所选定的毛坯制造方法，在一个特定的企业部门是否可行。

上述三条原则中，满足零件的使用要求是第一位的，一切产品必须达到质量标准，否则就会造成严重的浪费。

9.3.3 典型零件毛坯的选择

9.3.3.1　轴类零件毛坯

轴是机械工业中重要的基础零件之一，一切作回转运动的零件如齿轮、带轮等都要安装在轴上。

（1）工作条件

①承受交变弯曲与扭转应力；

②轴颈处承受摩擦；

③受到一定冲击或过载。

（2）失效形式

根据工作特点，轴的失效形式主要包括疲劳断裂、断裂失效、磨损失效、变形失效等几种。疲劳断裂是由交变载荷长期作用，造成疲劳断裂。疲劳分扭转疲劳和弯曲疲劳两种。断裂失效是由于大载荷或冲击载荷的作用，轴发生折断或扭断。磨损失效是由于润滑中的杂质微粒、轴瓦材料选择不当、轴装配间隙不匀等，造成轴的磨损失效。变形失效是指在规定弹性变形范围内工作的轴，往往由于刚度不足而引起弹性变形失效，或由于强度不足而发生塑性变形失效。

（3）性能要求

①优良的综合力学性能；

②高的疲劳强度；

③轴颈处具高硬度与耐磨性。

在特殊条件下工作的轴，还应有特殊的性能要求。如：在高温下工作的轴，要求有高的蠕变抗力；在腐蚀性介质环境中工作的轴，则要求由耐该介质腐蚀的材料制成。

（4）材料选择

主要考虑材料强度，兼顾韧性和耐磨性。总体来说，作为轴的材料，若选用高分子材料，弹性模量小，刚度不足，极易变形；若选用陶瓷材料，则太脆，韧性差。因此，作为重要的轴，几乎都选用金属材料。承受拉压应力轴可选淬透性好的调质钢，承受弯扭应力轴可选淬透性不很高的调质钢，磨损严重、冲击较大的轴可选用渗碳钢，高速传动、精度轴可选用氮化钢。另外，精密淬硬丝杠可选低合金工具钢，曲轴、凸轮轴等主要考虑刚度及以承受静载荷为主的轴，如采用 QT900－2。选材时，须同时考虑处理工艺。

（5）成形工艺选择

①阶梯轴用锻造毛坯：铸造成形的轴最大的不足之处就在于它的韧性低，在过载或受大的冲击载荷作用时，易产生脆断。因而，对于以强度为设计依据的轴，大多采用锻造成形。锻造成形的轴常用材料为中碳钢或中碳合金调质钢，这类材料锻造性能较好，锻造后配合适当的热处理，可获得良好的综合性能、高的疲劳强度以及耐磨性，从而有效地提高轴抵抗变形、断裂及磨损的能力。

根据所要设计的轴形状，结合生产设备、生产批量，对于形状较为简单的轴，可采用自由锻成形工艺；对于批量生产形状复杂的轴，则以模型锻造为主。其制造工艺路线一般为：

下料→锻造→正火→粗加工→调质→精车→表面淬火、低温回火→磨削。

②光轴采用轧制圆钢。

③形状复杂、尺寸较大的轴，可采用铸钢，如 ZG230－450，铸造成形。

④球墨铸铁铸造成形：用球墨铸铁铸造成形的轴如曲轴、凸轮轴等，热处理主要采用正火处理，为了提高轴的力学性能，也可采用调质或正火后进行表面淬火、等温淬火等工艺。球铁轴和锻钢轴一样均可经碳氮共渗处理，使疲劳极限和耐磨性大幅度提高，和锻钢轴相比，不同的是所得碳氮共渗层较浅，硬度较高。球墨铸铁制造的曲轴，一般制造工艺路线为：

铸造→正火（或正火十高温回火）→矫直→清理→粗加工→去应力退火→表面热处理→矫直→精加工。

工程应用典例

减速器传动轴（图 9－3）工作载荷基本平衡，材料 45 钢，小批量生产。由于该轴工作时不承受冲击载荷，工作性质一般，且各阶梯轴径相差不大，因此，可选用热轧圆钢作为毛坯。下料尺寸为 Φ45 ㎜×220 ㎜。

减速器传动轴的加工路线为：热轧棒料下料→粗加工→调质处理→精加工→磨削。

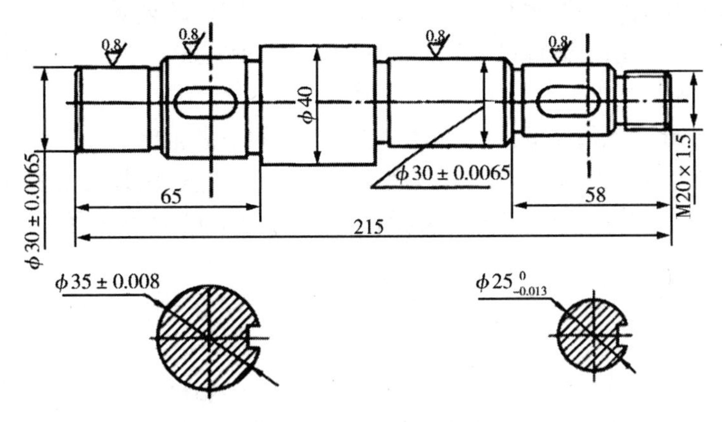

图 9－3　减速器传动轴

9.3.3.2　齿轮类零件

（1）工作条件

齿轮主要用来传递扭矩，换挡调速，改变运动方向，分度定位。

①齿根承受较大交变弯曲应力；

②齿面承受较大接触应力，强烈摩擦磨损；

③轮齿受到冲击。

（2）失效形式

①轮齿疲劳断裂与冲断；

②齿面接触疲劳麻点与磨损。

（3）性能要求

①高的弯曲疲劳强度与接触疲劳强度；

②齿面高硬度与耐磨性；

③轮齿心部有足够强度与韧性。

（4）材料选择

较为重要的齿轮，一般都用钢制造。对于由于传递功率大而承受较大接触应力、运转速度高且受较大冲击载荷的齿轮，如精密机床的主轴传动齿轮、走刀齿轮和变速箱的高速齿轮等，通常选择低碳钢或低碳合金钢，如 20Cr、20CrMnTi 等经锻造成形后，再经渗碳、淬火处理，最终表面硬度可达 56～62HRC，或调质后进行氮化处理，硬度将进一步提高。对于小功率齿轮，如机床的变速齿轮等，通常选择中碳钢，经过锻造成形，并经表面淬火和低温回火，最终表面硬度要求为 45～50HRC 或 52～58HRC。其中，硬度较低的用于转速较低的齿轮，而硬度较高的用于转速较高的齿轮。

形状复杂、受力大的大尺寸齿轮，选铸钢，如 ZG340－640；

受低应力、低冲击载荷齿轮，选用灰铸铁、球墨铸铁铸造成形，如 QT500－7、QT600－3、HT200、HT300 等；

受力不大、无润滑条件下工作的齿轮，选工程塑料，如尼龙、聚碳酸酯等，还可以用圆钢直接作齿轮坯，用铸-焊、锻-焊、型材-焊等组合工艺制作。

（5）成形工艺的选择

齿轮毛坯的选用常见有下列几种情况：在一些受力不大或无润滑条件下工作的齿轮，可选用高分子材料如尼龙、聚碳酸酯等来制造；一些低速运转且受力不大或者在多粉尘环境下运转的齿轮，也可用灰铸件做毛坯，如用 HT250、HT300、HT350、QT600－3、QT700－2 等材料通过铸造获得。

在单件或小批量生产条件下，直径 100 毫米以下的小齿轮也可以用圆钢自由锻造作毛坯。直径 500 毫米以上的大型齿轮，直接锻造比较困难，也可用焊接方式加工大型齿轮毛坯，或者使用锻造和焊接结合工艺。仪器仪表中的齿轮尺寸小，受力小，则可采用冲压件。

9.3.3.3 箱体类零件

（1）零件特点

箱体类零件如床头箱、变速箱、进结箱、溜板箱、内燃机的缸体等是机器中很重要的一类零件。由于箱体结构复杂，有复杂的内腔结构，重量从几千克到数十吨不等。由于要承受静压力作用，要求足够的强度和高的刚度。所以箱体类零件几乎都是由铸造合金浇铸而成。

（2）材料选择

对于个别受力较大，要求高强度、高韧性，甚至在高温下工作的箱体零件，如汽轮机机壳等，应选用铸钢；大多数情况下，受力不大而且主要是承受静力，不受冲击，这类箱体都选用灰铸铁。若该零件在工作时与其他件有相对运动，因为有摩擦、磨损存在，则应选用珠光体基体的灰铸铁；受力不大，要求自重轻，或要求导热好，这时可选用铸造铝合金制造，如汽车发动机的壳体；受力很小，要求自重轻，防静点干扰等，可考虑选用工程塑料制作，如电视机、一些仪表的壳体。

（3）成形工艺的选择

受力较大，但形状简单，这时可选用型钢和钢板焊接而成。焊接结构箱体类零件的刚度和减振性较差。如风机的壳体，焊接毛坯和铸造毛坯都有应用，但是，铸造毛坯所作的壳体，由于减振性好，产生的噪音小。如选用铸钢，为了消除粗大晶粒组织、成分偏析及铸造应力，应对铸钢进行完全退火或正火。对铸铁件一般要进行去应力退火。对铝合金应根据成分不同，进行退火或淬火时效等处理，消除应力，细化组织。

9.4　热处理工艺的应用

零件所选材料一般应预先制成与成品尺寸形状相近的毛坯，如锻件、铸件、焊接件等，然后再进行加工。零件的加工都是按一定的工艺路线进行的（图 9－4）。热处理是机械制造过程中的重要工序，正确理解热处理的技术条件、合理安排热处理在加工工艺路线中的工序位置，对于改善切削加工性能、保证零件质量具有重要意义。

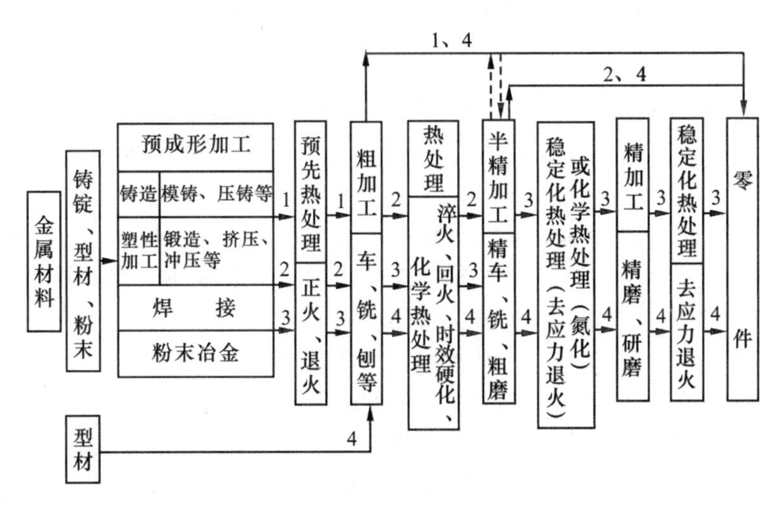

图 9－4　金属材料的加工工艺路线

9.4.1　热处理的技术条件

热处理技术条件的内容主要包括：工件最终的热处理方法、热处理后组织和应达到的力学性能、精度和工艺性能要求。

一般零件均以硬度作为热处理技术条件，但对于某些力学性能要求较高的重要零件，例如动力机械上的关键零件，如曲轴、连杆、齿轮等，还应标出强度、塑性、韧性指标，有的还应提出对金相显微组织的要求；对于渗碳件则还应标注出渗碳淬火、回火后表面和心部的硬度、渗碳的部位（全部或局部）、渗碳层深度等；对于表面淬火零件，在图样上应标出淬硬层的硬度、深度与淬硬部位，有的还应提出对显微组织及限制变形的要求如轴淬火后弯曲度、孔的变形量等。

9.4.2　热处理的图样标注

标注热处理技术条件时，可用文字和数字在图样上简要说明，可也用热处理工艺分类及代号来表示。热处理技术条件一般标注在零件图标题栏的上方。

（1）文字和数字说明

一般标注最终热处理方法及其达到的力学性能要求，通常标注硬度值。在标注硬度值时应允许有一个波动范围：一般布氏硬度范围在30~40，洛氏硬度范围在5左右，允许有一定范围，如调质220~250HBS。重要零件有时提出金相组织或强度、塑性要求，对于渗碳、渗氮件，则要标出渗碳、渗氮深度及淬火后回火的硬度值，表面淬火件还要标出淬硬层深度和硬度值。

（2）热处理代号

热处理代号一般由四位数字组成，有时在四位数字后加上分类工艺代号，如退火代号5111，其中，球化退火5111s、去应力退火5111e。正火代号5121，调质代号5151，淬火和回火代号5141，可参照国家标准（GB/T12603－1990）具体规定。

9.4.3　热处理的工序位置

根据热处理的目的和工序位置的不同，热处理可分为预先热处理和最终热处理两大类。其工序位置安排的一般规律如下：

（1）预先热处理

预先热处理为后续加工或后续热处理服务，包括退火、正火、调质等，其工序位置一般均紧接毛坯生产之后、切削加工之前（如退火、正火）；或粗加工之后、精加工之前（如调质）。

①退火、正火。主要作用是消除主坯的缺陷（内应力、晶粒粗大、组织不均匀等）。

通常都安排在毛坯生产之后、切削加工之前。对于精密零件，为了消除切削加工的残余应力，在切削加工工序之间还应安排去应力退火。

②调质。调质目的是提高综合力学性能，为后续热处理作组织准备，一般安排在粗加工之后、精加工或半精加工之前。调质零件的加工路线一般为：

下料→锻造→正火（退火）→切削粗加工→调质→切削精加工。

在实际生产中，灰铸铁件、铸钢件和某些钢轧件、钢锻件经退火、正火或调质后，往往不再进行其他热处理，这时上述热处理就是最终热处理。

（2）最终热处理

最终热处理包括各种淬火、回火及表面热处理等。零件经这类热处理后，获得所需的使用性能，因零件的硬度较高，除磨削加工外，不宜进行其他形式的切削加工，故最终热处理工序均安排在半精加工之后。

①淬火、回火。整体淬火、回火与表面淬火的工序位置安排基本相同。淬火件的变形及氧化、脱碳应在磨削中去除，故需留磨削余量。直径在200mm、长度在100mm以下的淬火件，磨削余量一般为0.35~0.75mm。表面淬火件的变形小，其磨削余量要比整体淬火件小。

A. 整体淬火零件的加工路线一般为：

下料→锻造→退火（正火）→粗切削加工、半精切削加工→淬火、回火（低、中温）→磨削。

B. 感应加热表面淬火零件的加工路线一般为：

下料→锻造→退火（正火）→粗切削加工→调质→半精切削加工→感应加热表面淬火→低温回火→磨削。

②渗碳。渗碳分整体渗碳和局部渗碳两种。当零件局部不允许渗碳处理时，应在图样上予以注明。

该部位可镀铜以防渗碳，或采取多留余量的方法，待零件渗碳后淬火前再切削掉该处渗碳层。

A. 整体渗碳件的加工路线一般为：

下料→锻造→正火→粗、半精切削加工→渗碳、淬火、低温回火→精切削加工（磨削）。

B. 局部渗碳件的加工路线一般为：

下料→锻造→正火→粗、半精切削加工→非渗碳部位镀铜（留防渗余量）→渗碳→淬火、低温回火→精加工（磨削）。

③渗氮。渗氮温度较低，变形小，渗层硬且薄，故渗氮后只宜精磨。调质主要使心部获得良好的综合力学性能。渗氮件的加工路线一般为：

下料→锻造→退火→粗加工→调质→半精切削加工→去应力退火→粗磨→渗氮→精磨。

9.4.4　零件工艺路线举例

（1）传动件、传力件

①车床主轴、塑料注射模、齿轮等。

选材：调质钢 45、40 Cr，较高强度，表面淬火后表层有好的耐磨性。

加工路线：下料→锻造→正火→粗加工→调质→半精加工→表面淬火+低温回火→磨削。

②汽车减速箱齿轮、模具导向柱、导向套等。

选材：渗碳钢 20、20 Cr、20 CrMnTi。

加工路线：下料→锻造→正火→粗加工→调质→渗碳→淬火+低温回火→磨削。

（2）工具、刀具、冷冲模具

选材：T10A、9SiCr、CrWMn，硬而耐磨。

加工路线：下料→锻造→球退→粗加工、粗精加工→淬火+低温回火→磨削。

（3）耐磨渗氮件、精密零件

选材：38CrMoAlA

加工路线：下料→锻造→正火→粗加工→调质→半精加工、精加工→渗氮→磨削。

（4）热加工模具、弹簧

选材：5CrMnMo、60Si2Mn、65。

加工路线：下料→锻造→完全退火→粗加工→淬火+中温回火→精加工。

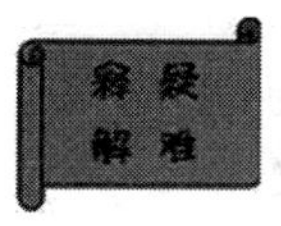

指出下列零件在选材和制定热处理技术条件中的错误，并提出改正意见。

（1）表面耐磨的凸轮，材料用 45 号钢，热处理技术条件：淬火+回火，60~50HRC；

（2）直径 300mm，要求良好综合力学性能的传动轴，材料用 40Cr，热处理技术条件 40~45HRC；

（3）弹簧（ϕ45mm），材料 45 钢，热处理技术条件：淬火+中温回火，55~50HRC；

（4）转速低，表面耐磨及心部要求不高的齿轮，材料用 45 钢，热处理技术条件：渗碳、淬火+低温回火，58~62HRC；

(5) 要求拉杆（φ70mm）截面上的性能均匀，心部 σ_b>900MPa，材料用 40Cr，热处理技术条件为：调质 200~300HB。

答题要点：(1) 45 钢经淬火+回火后硬度达不到 50~60HRC，可以在选材方面进行改进，选用渗碳钢，渗碳后经淬火+低温回火。(2) 对要求良好综合力学性能的直径 300mm 的传动轴，选用 40Cr 淬透性不够，应选择高淬透性的调质钢。另外，热处理技术条件 40~45HRC 也偏高，调质后的硬度应在 200~300HB。(3) 弹簧选用 45 钢不合适，应选用弹簧钢（如 65 钢、60Si2Mn）。(4) 材料选用 45 钢不合适，应选择渗碳钢（如 20 钢、20CrMnTi）。(5) 40Cr 的淬透性不够，经调质处理后，不能满足拉杆截面性能均匀的要求，应选择淬透性更好的材料（如 40CrMnMo 等）。

9.5 典型零件的选材及工艺范例分析

本节根据正确选择和合理使用材料的原则，主要运用所学的金属材料及其热处理等有关知识，结合人们比较熟悉而且又比较典型的零件，对几种常用的金属材料进行具体的用材分析。因为矛盾的共性存在于一切个性之中，如果我们掌握了常用材料的特点，学会了分析和选用材料的方法，那么对其他种类的材料也就容易理解。所以，学习本节的内容，主要是了解分析解决选材问题的思路和方法。

必须指出的是，不能用一成不变的眼光看待选材问题。随着科学技术的不断发展，同一个零件甚至不同牌号的机械也可使用不同的材料和工艺。关键问题是要对服役条件及对材料性能的要求进行正确的分析，对各种材料经不同的工艺处理后可能获得的性能有确切的了解。将上述两者结合起来，就可提出不止一种可供选择的方案。

9.5.1 汽车用材实例剖析

汽车是一种在复杂条件下工作的运输机械，承受着复杂多变的载荷，同时要在变化幅度很大的潮湿、阴雨、风沙环境中行驶，图 9-5 是汽车发动机和传动系示意图。

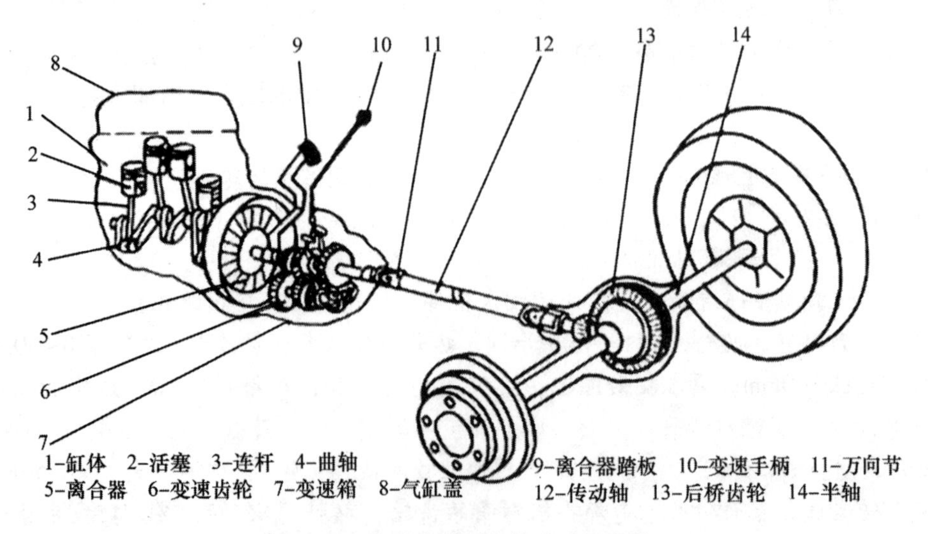

图 9-5 汽车发动机和传动系示意图

为了能够安全、经济、高效率地完成运输任务，就要求汽车具有以下最基本的使用性能：承载量、车速和性能、燃料消耗经济性、寿命、安全可靠性等。

9.5.1.1 汽车用材概况

汽车用材以金属材料为主，塑料、橡胶、陶瓷等非金属材料也占一定的比例。常用金属材料有调质钢、渗碳钢、铸铁、铸铝、轴瓦合金等。

一部汽车有成千种、近万个零件，不可能也没有必要逐个介绍其用材情况。下面仅简要介绍有代表性的几类零件，如汽车缸体、缸盖、缸套、活塞、连杆、气门、半轴、齿轮等的工况、性能要求、选材及工艺分析应用。

9.5.1.2 典型汽车零件选材与工艺分析

（1）缸体类零件

缸体材料应有足够的强度和刚度，好的铸造性和切削性，价格低廉。缸体常用的材料有灰铸铁和铝合金两种。

缸盖应选用导热性好、高温机械强度高、能承受反复热应力、铸造性能良好的材料来制造。目前使用的缸盖材料有两种：一是灰铸铁或合金铸铁；另一种是铝合金。

气缸工作面用耐磨材料，制成缸套镶入气缸。常用缸套材料为耐磨合金铸铁，主要有高磷铸铁、硼铸铁、合金铸铁等。为了提高缸套的耐磨性，可以用镀铬、表面淬火、喷镀金属钼或其他耐磨合金等办法对缸套进行表面处理。

（2）活塞组零件

活塞、活塞销和活塞环等零件组成活塞组，活塞组在工作中受周期性变化的高温、高压燃气（温度最高可达 2000℃，压力最高可达 13~15 MPa）作用，并在气缸内作高速往复运动（平均速度一般为 9~13 m/s），产生很大的惯性载荷。对活塞材料的要求是热强度高、导热性好、膨胀系数小、密度小，减摩性、耐磨性、耐蚀性和工艺性好等。

常用的活塞材料是铝硅合金。活塞销材料一般用 20 低碳钢或 20Cr、18CrMnTi 等低碳合金钢，活塞销外表面应进行渗碳或氰化处理，以满足外表面硬而耐磨、材料内部韧而耐冲击的要求。活塞环用合金铸铁或球墨铸铁，经表面处理后使用。镀铬后可使环的工作寿命提高 2~3 倍，其他表面处理的方法还有磷化、氧化、涂合成树脂等。

（3）齿轮零件选材

汽车齿轮主要分装在变速箱和差速器中，工作条件远比机床齿轮恶劣，特别是主传动系统中的齿轮，受力较大，超载与受冲击频繁，因此其耐磨性、疲劳强度、心部强度以及冲击韧性等均要求比机床齿轮高。由于弯曲与接触应力都很大，用高频淬火强化表面不能保证要求，所以汽车的重要齿轮都用渗碳、淬火进行强化处理。因此这类齿轮一般都用合金渗碳钢 20Cr 或 20CrMnTi 等制造，特别是后者在我国汽车齿轮生产中应用最广。为了进一步提高齿轮的耐用性，除了渗碳、淬火外，还可以采用喷丸处理等表面强化处理工艺。喷丸处理后，齿面硬度可提高 1~3HRC，耐用性可提高 7~11 倍。

例：北京牌吉普车后桥圆锥主动齿轮

材料：20CrMnTi 钢。

性能要求：齿面硬度 58~62HRC，心部硬度 33~48HRC，渗碳层深 1.2~1.6mm。

工艺路线：下料→锻造→正火→切削加工→渗碳、淬火及低温回火→喷丸→磨削加工

（4）气门选材

气门工作时，需要承受较高的机械负荷和热负荷，排气门工作温度高达 650℃ ~

850℃，气门头部还承受气压力及落座时因惯性力而产生的相当大的冲击。气门经常出现的故障有：气门座扭曲、气门头部变形、燃烧废气对气门座面的烧蚀。气门材料应选用耐热、耐蚀、耐磨的材料，进气门一般可用40Cr、35CrMo、38CrSi、42Mn2V等合金钢制造，排气门则要求用高铬耐热钢（如4Cr9Si2、4Cr10Si2Mo）制造。

（5）轴类零件选材

轴类零件工作时主要受交变弯曲和扭转应力的复合作用。此外，轴在高速运转过程中会产生振动，使轴承受冲击载荷；轴与轴上零件有相对运动，相互间存在摩擦和磨损；多数轴还会承受一定的过载载荷。轴类零件的失效方式为长期交变载荷下的疲劳断裂，或大载荷或冲击载荷作用引起的过量变形、断裂，或与其他零件相对运动时产生的表面过度磨损等。

轴类零件的选材应根据载荷大小、类型等决定：主要受扭转、弯曲的轴类零件，一般选用具有一定综合机械性能、对应力集中敏感性较小且价格低廉的碳钢，如35、40、45、50等，经正火、调质或表面淬火热处理改善性能；受轴向载荷的轴类零件，因心部受力较大并要限制轴的外形、尺寸和重量，或轴颈的耐磨性等要求高时采用具有较高淬透性的合金钢，既兼顾强度和韧性，又考虑疲劳抗力，如40Cr、40MnB、40CrNiMo、20Cr、20CrMnTi等。

至今仍然沿用着的曲轴的传统用材和工艺是：碳钢（如45钢）和合金钢先锻造成毛坯，正火后再经切削加工，然后对轴颈进行表面感应淬火。这种办法生产的曲轴成本高，生产周期长，而且需要大吨位的锻造设备。近代球墨铸铁的发展，为曲轴制造提供了新的材料。球墨铸铁曲轴比锻钢曲轴的工艺简单、生产周期短、切削加工余量少，所以成本只有锻钢曲轴的20%～40%。有趋势表明，一般内燃机曲轴越来越多地使用球墨铸铁制造。

例：130载重车半轴。

汽车半轴是典型的受扭矩的轴件，工作应力较大，且受相当大的冲击载荷。要求综合机械性能较高的零件，通常选用调质钢制造。为了提高淬透性，并在油中淬火防止变形和开裂，中、小型汽车的半轴一般用40Cr制造，重型卡车则采用性能更好的40CrMnMo钢。

材料：40Cr（或40MnB）。

性能要求：盘部外圆硬度24～34HRC，杆部和花键硬度37～44HRC。金相组织为回火索氏体和回火屈氏体；杆中部弯曲度不大于1.8mm，盘部跳动不大于2mm。

工艺路线：下料→锻造→正火→机械加工→调质→盘部钻孔→磨花键。

热处理工艺：锻造后正火，硬度为HB187～HB241，利于切削加工。调质处理是半轴获得良好综合机械性能的关键工序，如图9－6所示。由于杆部与盘部硬度要求不同，淬火时整体加热后，先将盘部油冷，自油槽中取出后自温回火，然后调头将杆部向下整体半轴淬入水中，选（420±10）℃回火，以保证杆部硬度要求（27～44HRC）。回火后需在水中冷却，防止产生第二类回火脆性，水冷还可增加半轴表面的压应力，对提高疲劳强度有好处。

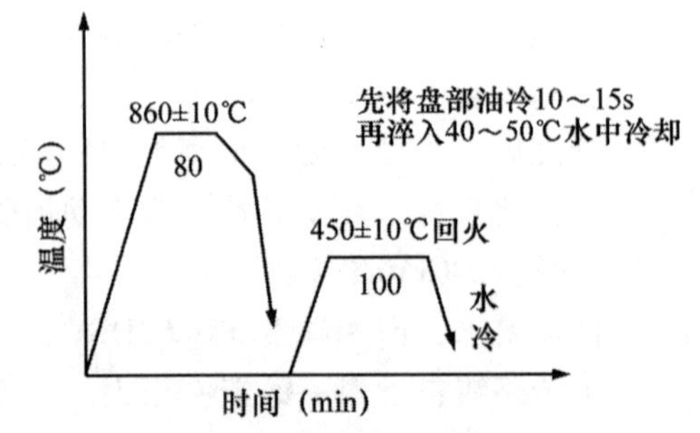

图9－6　半轴的调质处理

（6）冷冲压零件选材

汽车冷冲压零件种类繁多，如车身、纵梁、挡板等，占总零件数的50%～60%。汽车冷冲压零件用的材料有钢板和钢带，其中主要是钢板，包括热轧钢板和冷轧钢板，如钢板08、20、25和16Mn等。

（7）连杆选材

连杆连接着活塞和曲轴，其作用是将活塞的往复运动转变为曲轴的旋转运动，并把作用在活塞上的力传给曲轴以输出功率。连杆在工作中，除承受燃烧室燃气产生的压力外，还要承受纵向和横向的惯性力。因此，连杆在一个很复杂的应力状态下工作，既受交变的拉压应力，又受弯曲应力。连杆的主要损坏形式是疲劳断裂和过量变形。连杆的工作条件要求连杆既具有较高的强度和抗疲劳性能，又要求具有足够的刚性和韧性。连杆材料一般采用45钢、40Cr或40MnB等调质钢。

（8）汽车板簧选材

汽车板簧用于缓冲和吸振，在外力作用下压缩、拉伸、扭转时，承受很大的交变应力和冲击载荷的作用，需要高的屈服极限和疲劳强度。失效形式主要是在外载荷作用下，材料内部产生的弯曲应力或扭转应力超过材料本身的屈服应力后发生的塑性变形，或在交变应力作用下发生的疲劳断裂。

材料选择：轻型汽车板簧选用65Mn、60Si2Mn钢制造；中型或重型汽车板簧用50CrMn、55SiMnVB钢；重型载重汽车大截面板簧用55SiMnMoV、55SiMnMoVNb钢制造。

加工工艺路线：热轧钢带（板）冲裁下料→压力成型→淬火→中温回火→喷丸强化

热处理工艺：淬火温度为850℃~860℃（60Si2Mn钢为870℃），采用油冷，淬火后组织为马氏体。回火温度为420℃~500℃，组织为回火屈氏体。屈服强度σ_s不低于1100 MPa，硬度为42~47 HRC，冲击韧性α_k为250~300 KJ/m^2。

9.5.2 飞机用材实例剖析

9.5.2.1 飞机用材概况

航空航天材料服役的环境大大区别于一般机械或地面及水面的运载工具，最大的特点就是在空中运行。在飞行中既不能停下来修理，也不能更换零部件。历史经验表明，材料在服役中出现的毛病往往引起结构零件的损坏，导致严重的飞行事故，甚至机毁人亡。因此在航空航天飞行中，任何一个零部件的可靠性都提高到非常重要的地位，从而必然要求构成零部件的材料具有近于绝对的可靠性。

空中或空间飞行器与一般机械差异的另一个重要特点是要千方百计减轻重量。航空航天工程特别重视材料的比强度，即要求材料不但强度高而且密度小，这是飞行条件所决定的。航空航天工业中最为独特的一句口号是“为减轻每一克重量而奋斗”。可见，对航空航天结构材料不但要求强度高、刚度好，而且要求重量轻，这就产生了新的名词即“比强度”和“比刚度”，即单位重量的强度和刚度。

航空航天飞行器的工作条件十分复杂，而且彼此之间有很大的差异。就飞机而言，军用飞机要求提高机动性、近距格斗和全天候作战的能力；民用飞机则要求安全性、可靠性、舒适性、经济性，相应地要求发展大推比和长寿命的发动机以及先进的电子设备和仪表系统。所以，对航空材料的主要要求是耐高温、高比强度、高比刚度、抗疲劳、耐腐蚀、长寿命和低成本。

①强度高。所用材料不但是强度高，而且密度小，这样有利于减轻飞机的重量。

②抗疲劳性能好。飞机在起飞、降落、特技飞行中，各零部件都要反复承受激烈的冲

击力、扭力、剪力等，因此零件材料不仅要求抗拉强度高，而且要求有足够的冲击强度和疲劳强度。

事实说明，飞机发动机发生的失效事故中，无论是热应力还是机械应力的原因，所造成的零部件疲劳损伤是常见的，也是主要的失效形式。

③抗腐蚀性能优良。由于发动机的使用条件、飞行环境还会使飞机零部件受到腐蚀性气氛的侵蚀、应力腐蚀和化学腐蚀等，从而造成裂纹扩展，因此，要求零件有优良的抗腐蚀能力。

综上所述，安全可靠的、高效能的飞机和发动机都是用优质高性能的结构材料来保证，要求重量轻，即比强度和比刚度高，抗疲劳（应力与应变疲劳、热疲劳）、耐高温（高温强度、抗蠕变能力）。此外，还要求韧性好和具有良好的工艺性以及其他特定条件下的某些特殊性能要求。

9.5.2.2 航空零件热处理特点

为了满足这些特殊要求，材料选择是十分重要的，同时要进行适当的热处理，以获得需要的组织和性能，以充分发挥材料的潜力，提高零件的内部质量。金属热处理是重要的航空制造技术之一，对航空产品的性能、质量和寿命起着举足轻重的作用。为了适应航空产品减轻重量、提高使用性能的要求，绝大多数航空金属零件都要进行热处理，以获得高的比强度和良好的综合性能。安全可靠是航空产品追求的另一个目标，热处理质量对航空产品的安全可靠性将产生重大影响。因此，在航空工业生产中热处理占有极其重要的地位。

近年来，随着科学技术的发展，特别是物理冶金、新材料、新设备的发展，热处理技术也有了很大发展。在广泛应用钢铁材料的基础上，铝、镁、钛、铜合金及精密合金和贵金属合金的应用日益扩大。以物理冶金理论研究为基础，发展了等温淬火、形变热处理、磁场热处理、循环热处理等新工艺。热处理的技术进步充分利用了新的科学技术，在真空技术基础上发展了真空热处理和离子化热处理，在制氮技术基础上发展了氮基气氛热处理，在激光技术基础上发展了激光热处理和激光表面合金化，在计算机技术基础上发展了微机控制热处理技术等等，从而使热处理提高了质量和效能，降低了成本，节约了材料和能源，减少了污染和公害。

保护气氛热处理、真空热处理是航空热处理的发展方向。航空工业中，表面热处理应用较少，广泛采用化学热处理，强化工件表面，提高使用性能。真空热处理具有无氧化、无脱碳（贫化）、脱脂、除气和变形小等优点，是航空热处理的重要发展方向。目前航空工业中，真空热处理已由简单的真空退火、真空除气发展到真空油淬，并已用于飞机起落架等大型重要零件，正在研究和发展真空加压气淬和真空化学热处理。研究表明，几乎所有在常压下进行的热处理都可以在真空下进行，真空热处理时的相变规律与常压相同，因此常压下的热处理原理也适用于真空热处理。真空热处理与普通热处理的不同之处在于选择合适的真空度、保温时间及加热和冷却方式等。保护气氛热处理是减少氧化脱碳的简便易行的工艺方法，航空工业中目前应用的主要是单一气体保护热处理，如不锈钢、高温合金、钛合金、精密合金等零件的氩气保护热处理，镁合金热处理用 CO_2 或 SO_2 气氛保护，磁性合金的氢气保护热处理等。采用吸热式气氛或放热式气氛极少，有些工厂采用甲醇裂解气、乙醇+水裂解气或保护涂料进行高强度钢热处理保护加热。近年来，由于制氮技术的迅速发展，氮气和氮基气氛应用不断扩大，可能成为航空热处理的主要气源。

在航空工业中化学热处理除传统的渗碳（含碳氮共渗）和渗氮（含氮碳共渗）之外，渗金属是提高航空零件抗高温氧化和热腐蚀性能的重要手段，真空化学热处理和高能量密度表面热处理也有很好的应用前景。

渗金属主要是渗铝及铝与其他元素的多元渗（如 A1-Cr、Al-Si 等），用于发动机的热端部件防护。渗铝工艺常用的有粉末法、气体法、料浆法、物理气相沉积法，以及热浸法、熔盐电解渗法等，选择依据主要是零件特点和技术要求。

综上所述，航空零件热处理主要特点有：

①大量采用调质处理以承受由复杂震动而引起的交变应力，由弯矩与扭矩产生的拉伸、压缩和剪切应力，由离心力而产生的拉应力等；

②对于合金结构钢广泛地应用贝氏体等温淬火，以获得较好的综合性能，即高强度和高韧性，并减小淬火畸变；

③为了获得高耐磨性和疲劳强度，广泛采用渗碳、渗氮、碳氮共渗等化学热处理工艺；

④采用了渗金属（如渗铝、渗铬等）工艺，满足抗高温氧化，抗腐蚀的性能要求。

总之，航空热处理的特点是工艺种类多、生产数量大、技术要求高、质量管理严。根据航空工业对热处理的特殊要求，航空热处理技术发展的方向是少或无氧化脱碳（贫化），减少变形，精确控制，优质高效，节约能源。因此，应重点发展真空热处理、保护气氛热处理、可控化学热处理、高能量密度热处理，采用有机淬火介质和新的冷却技术等。

9.5.2.3　常用的航空材料

航空航天器用材很广泛，工程塑料、橡胶、陶瓷材料和各种金属，主要有高强度铝合金、钛合金、超高强度合金结构钢和高温合金等。这些材料或是比强度高，或是具有满意的使用性能，如较好的热强性、抗氧化性和耐蚀性。

（1）中碳调质钢

30CrMnSiA、30CrMnSiNi2A、40CrMnSiMoVA 等 Cr-Mn-Si 钢，及 40CrNiMoA、34CrNi3MoA 等超高强度钢可用于火箭发动机外壳、喷气涡轮机轴、喷气式客机的起落架、超音速喷气机机体等。

（2）高合金耐热钢

1Cr13、2Cr25Ni、0Cr25Ni20、0Cr12Ni20Ti3AlB 等合金耐热钢用于制造涡轮泵及火箭发动机与航空发动机转子和其他零件。

（3）高温合金

TD-Ni、TD-NiCr（在镍或镍-20% 铬基体中加入 2% 左右的弥散分布的氧化钍 ThO_2 颗粒，产生弥散强化效果的高温合金），主要用于制造燃气涡轮发动机的燃烧室等高温工作构件和航天飞机的隔热材料。K403（Ni-11Cr-5. 25Co-4. 65W-4. 3Mo-5. 6Al）等铸造镍基合金主要用于制造涡轮工作叶片和导向器叶片。

铁基高温合金 GH2018（Fe-42Ni-19. 5Cr-2. 0W-4. 0Mo-0. 55Al-2. 0Ti）主要用于制造在 500℃ ~700℃ 下承受较大应力的构件，如机匣、燃烧室外套等。

（4）镍基耐蚀合金

镍与镍基耐蚀合金是耐高温、高压、高浓度或混有不纯物等各种苛刻腐蚀环境的结构材料。锻造镍（镍 200、镍 201）韧性、塑性优良，能适应多种腐蚀环境，可用来制造航天器及导弹元件。镍基耐蚀合金具有优良的力学性能，强度与硬度较高，用于制造泵轴、涡轮等航空发动机零部件。

(5) 铝及其合金

LF5、LF11、LF21 用于焊接油箱、油管，制造铆钉和中载零件制品。

LY11 用于制造骨架、模锻的固定接头、支柱、螺旋桨叶片、局部镦粗的零件、蒙皮、隔框、肋、梁、螺栓和铆钉等中等强度的结构零件。

LC4、LC6 适宜制造飞机大梁、桁架、加强框、蒙皮接头及起落架等结构中的主要受力件。

LD5 适宜制造形状复杂、中等强度的锻件和模锻件。

LD7、LD10 适合制造高温下工作的复杂锻件，板材可做高温下工作的结构件。

ZL101、ZL104 可铸造飞机零件、壳体、汽化器、发动机机匣、气缸体等。

ZL109、ZL201 用于制造较高温度下工作的零件，如活塞、支臂、挂架梁等。

ZL301、ZL401 用于铸造在大气中工作的零件，承受大震动载荷，工作温度不超过 200 ℃、结构形状复杂的飞机零件。

(6) 镁合金

镁的熔点为 651 ℃，密度仅为 1.74 g/cm^3，比铝还轻。镁合金具有较高的比强度和比刚度，并具有高的抗震能力，能承受比铝及其合金更大的冲击载荷，切削加工能力优良，易于铸造和锻压，所以在航天航空工业中获得较大应用，铸造高强镁合金 ZM1（Mg－4.5Zn－0.75Zr）和变形耐热镁合金 MB8（Mg－2.0Mn－0.2Ce）应用较多。

(7) 钛及其合金

TA7 钛合金用于制造机匣、压气机内环等。

TC4、TC10 合金主要用于制造中央翼盒、机翼转轴、进气道框架、机身桁条、发动机(壳体、支架、机匣、喷管延伸段)、压气机盘、叶片、压力容器、储箱、卫星蒙皮、构架、航天飞机机身、机翼上表面、尾翼、梁、肋等。

(8) 钨、钼、铌及其合金

钨、钼及其合金可作为火箭发动机喷管材料，铌为航天方面优先选用的热防护材料和结构材料。

(9) 复合材料

玻璃纤维增强尼龙、玻璃纤维增强聚苯乙烯、玻璃纤维增强聚乙烯等复合材料广泛应用于直升机机身、机翼，各种航天器内置结构件，如仪表盘、底盘、仪器壳体等。碳纤维树脂复合材料和硼纤维树脂复合材料是制造宇宙飞船、人造卫星壳体的重要材料。

9.5.2.4 典型飞机零件选材与工艺分析

(1) 蒙皮

①工作条件及性能要求。蒙皮的作用是维持飞机外形，使之具有很好的空气动力特性。蒙皮承受空气动力作用后将作用力传递到相连的机身机翼骨架上，受力复杂，加之蒙皮直接与外界接触，所以不仅要求蒙皮材料强度高、塑性好，还要求表面光滑，有较高的抗蚀能力。

②材料选择：LY12。

③技术要求：$\sigma_b = 390 \sim 410$MPa，$\sigma_{0.2} = 255 \sim 265$Mpa $_{\delta 5} \geq 15\%$。

④工艺流程：轧板→退火→清理→固溶处理→拉伸成形→时效→机械加工→表面处理。

⑤热处理工艺：495～503℃，0.4h 水冷，室温 96h 以上。热处理工艺曲线如图 9－7 所示。

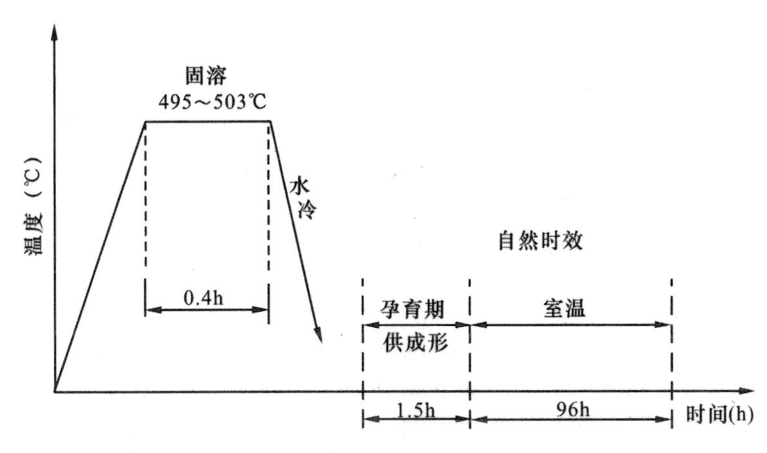

图 9－7　蒙皮的热处理工艺曲线

（2）飞机主梁

①工作状况。飞机主梁是机翼与机身连接的主要承力零件。机翼上的载荷通过主梁而传至机身，其主要负荷有：飞行时的空气动力（升力、阻力），机动飞行时产生的惯性力，着落时起落架的冲击力等。这些巨大的负荷使主梁承受弯曲和剪切，同时由于机翼振动产生交变应力还能引起主梁的疲劳。

②材料选择：30CrMnSiNi2A。在 30CrMnSiA 钢的基础上加入 1.6% 的镍，由于镍的加入，增加了钢的强度和韧性，也提高了淬透性。30CrMnSiNi2A 是飞机结构中应用最广的钢材，故得名飞机钢。这种钢不含贵重金属，价格较便宜。30CrMnSiNi2A 的性能大大优于 30CrMnSiA 钢，常用作飞机上一些负荷很大和很重要的零件，如起落架的支柱、轮叉、机翼主梁等。

③工艺流程。模锻→正火+不完全退火→机加工→等温淬火及低温回火→精加工→低温回火→表面处理→装配。

④热处理工艺。毛坯模锻后晶粒粗大，为了细化晶粒，降低硬度，故采用正火+不完全退火（加热至 AC_1 以上 20℃～50℃，保温后缓冷）。

主梁淬火变形是热处理的关键，此零件重量大（约 60 千克），各部分厚薄相差悬殊，强度要求又高，因此工厂采用等温淬火及低温回火。

30CrMnSiNi2A 在静载荷下对应力集中有很高的敏感性，为消除加工应力，在精加工之后，再进行一次低温回火。

（3）航空发动机齿轮

一般齿部受压小，转速低的齿轮可用 20 钢（或 45 钢）制造；工作条件较繁重的齿轮可采用 20Cr、12CrNi3A、20CrMnTi（或 40Cr）等制造；尺寸大而工作条件又十分繁重的齿轮，则可用 12Cr2Ni4A、18Cr2Ni4WA 等高级渗碳钢来制造。

①选用材料：12Cr2Ni4A。12Cr2Ni4A 钢合金元素的含量高于 5%，这种钢具有很高的强度、韧性和淬透性，是航空工业上应用较广的一种渗碳钢。

②技术要求：齿牙—渗碳层 0.7～0.9mm，渗碳淬火后硬度 HRC≥60；

心部—31～41HRC；

变形—齿间对基准面的跳动量不大于 0.06mm。

③工艺流程：模锻→正火+高温回火→机加工→渗碳、淬火及低温回火→精加工→表面处理→检验装配。

④热处理工序。12Cr2Ni4A 淬透性极好，在空气中也能获得马氏体组织，使钢具有很高的强度与韧性。为了更好改善切削加工性、均匀组织、消除内应力，航修工厂对 12Cr2Ni4A 钢的预备热处理采用正火（860℃空冷）+高温回火（600℃）进行软化，使 HB=207~321。

渗碳（930℃）、淬火（810℃）及低温回火（150℃），保证齿面硬度 HRC≥60，心部 31HRC~41 HRC。

（4）油泵活门

①工作条件。分油活门与套筒组成的液压式放大元件用于直接接受各类传感器发出的信号并将其放大，用以操纵液压执行元件。分油活门通常起分流作用，其结构如图 9－8 所示。

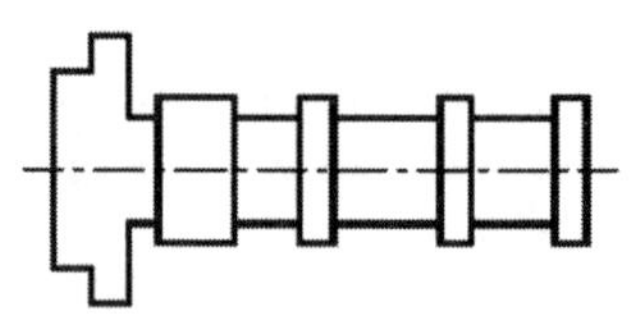

图 9－8　分油活门结构图

②使用材料及技术要求：9Cr18，硬度 HRC≥55。

③工艺流程：下料→预备热处理→机械加工→淬火+冰冷处理+回火→精加工→消除应力回火。

④热处理工艺：1070±10℃，0.5~1h 油淬；－75℃，30min 空冷；160±10℃，2~3h 空冷。

分油活门热处理工艺曲线如图 9－9 所示。

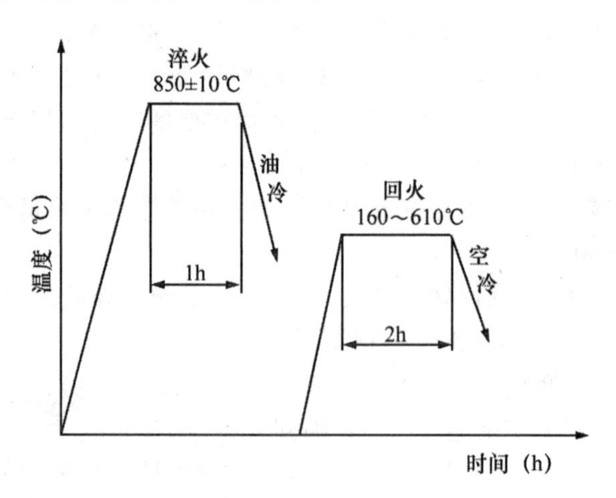

图 9－9　分油活门热处理工艺曲线

9.5.3　刃具用材实例剖析

9.5.3.1　刃具的材料概况

切削加工使用的车刀、铣刀、钻头、锯条、丝锥、板牙等工具统称为刃具。刃具切削材料时，受到被切削材料的强烈挤压，刃部受到很大的弯曲应力与扭转应力作用。刃具刃部与被切削材料强烈摩擦，刃部温度可升到 500~600℃，另外，机用刃具往往承受较大的冲击与震动。刃具的失效形式主要是刃部磨损、刃具在冲击力及震动的作用下折断或崩刃以及红硬性低导致的刃部硬度显著下降。

刀具的材料有碳素工具钢、低合金刀具钢、高速钢、硬质合金和陶瓷等，根据刀具的使用条件和性能要求不同进行选用。

（1）简单的手用刀具

手锯锯条、锉刀、木工用刨刀、凿子等简单、低速的手用刀具，红硬性和强韧性要求不高，主要的使用性能是高硬度与高耐磨性，因此可用碳素工具钢制造，如 T8、T10、T12 钢等。碳素工具钢价格较低，但淬透性差。

（2）低速切削、形状较复杂的刀具

丝锥、板牙、拉刀等可用低合金刀具钢 9SiCr、CrWMn 制造。因钢中加入了 Cr、W、Mn 等元素，使钢的淬透性和耐磨性大大提高，耐热性和韧性也有所改善，可在<300℃的温度下使用。

（3）高速切削用的刀具

①用高速钢（W18Cr4V、W6Mo5Cr4V2 等）制造。高速钢具有高硬度、高耐磨性、高的红硬性、好的强韧性和高的淬透性的特点，因此在刀具制造中广泛使用，用来制造车刀、铣刀、钻头和其他复杂、精密刀具。高速钢的硬度为 62～68HRC，切削温度可达 500℃～550℃，价格较贵。

②用硬质合金制造。硬质合金是由硬度和熔点很高的碳化物（TiC、WC）和金属用粉末冶金方法制成，常用硬质合金的牌号有 YG6、YG8、YT6、YT15 等。硬质合金的硬度很高（89～94HRA），耐磨性、耐热性好，使用温度可达 1000℃，切削速度比高速钢高几倍。硬质合金制造刀具时的工艺性比高速钢差。一般制成形状简单的刀头，用钎焊的方法将刀头焊接在碳钢制造的刀杆或刀盘上。硬质合金刀具用于高速强力切削和难加工材料的切削。但硬质合金的抗弯强度较低，冲击韧性较差，价格贵。

③用陶瓷制造。陶瓷硬度极高、耐磨性好、红硬性极高，也用来制造刀具。热压氮化硅（Si3N4）陶瓷显微硬度为 5000 HV，耐热温度可达 1400℃。立方氮化硼的显微硬度可达 8000～9000 HV，允许的工作温度达 1400℃～1500℃。陶瓷刀具一般为正方形、等边三角形的形状，制成不重磨刀片，装在夹具中使用。用于各种淬火钢、冷硬铸铁等高硬度难加工材料的精加工和半精加工。但陶瓷刀具抗冲击能力较低，易崩刃。

9.5.3.2　典型刀具选材与工艺分析

（1）手用丝锥

丝锥是一种加工内螺纹的刀具，可分手用丝锥和机用丝锥两种。机用丝锥由于切削速度较大，对材料红硬性要求高，故不用碳素工具钢制造。手用丝锥的形状如图 9－10 所示，一般采用碳素工具钢制造。

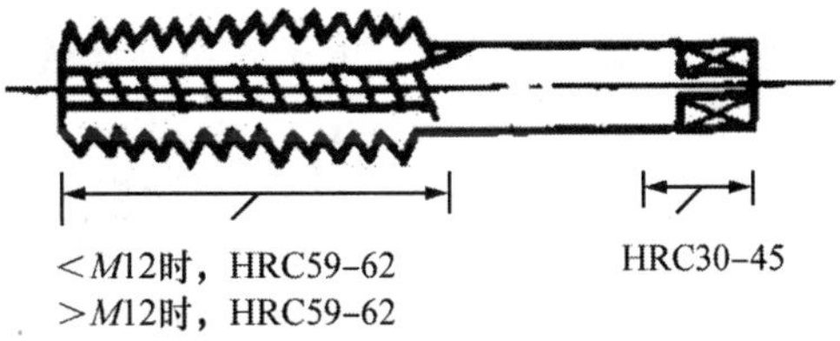

<M12时，HRC59-62
>M12时，HRC59-62
HRC30-45

图 9－10　T12 钢手用丝锥

①材料：T12 钢。

②技术要求：<M12 时，刃部硬度 59～62 HRC；>M12 时，刃部硬度 61～63 HRC。柄部硬度 30～45 HRC。

③工艺流程：下料→锻造→球化退火→机加工→淬火→低温回火。

④热处理工艺（图 9－11）：手用丝锥的齿部作为切削刃使用，故要求较高的硬度和耐磨性，心部要求有一定的韧性和强度，以防止使用中扭断，柄部硬度不宜过高。手用丝锥变形要求严格，并要求保证齿部不脱碳。

手用丝锥通常采用普通球化退火工艺，细化组织，降低硬度，改善切削加工性能。将毛坯加热到760℃~770℃，保温2~4h，然后以30℃/h~50℃/h的速度冷却到550℃~600℃，出炉后空冷。处理后组织为球状珠光体，硬度为180~200 HB。

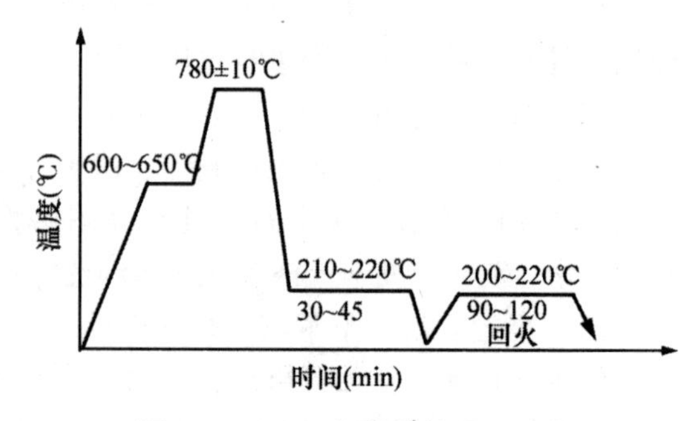

图9－11　T12钢丝锥热处理工艺

为了减少淬火变形，并使心部有一定的韧性，丝锥可采用等温淬火方法：工件先在600℃左右预热，然后转入加热温度为780℃的盐溶炉内进行加热，取出后即在温度为210℃~220℃的硝盐炉内等温，保温时间30~45min，等温结束后，空冷到室温，接着进行柄部处理。柄部的较低硬度是通过快速回火来达到的，具体方法是把等温淬火后的丝锥倒挂，使柄部的1/3~1/2浸入580℃~620℃盐溶中进行柄部高温回火，按规格大小不同加热15~30s，然后迅速水冷，以防止热量上升影响刃部硬度。

丝锥淬火还可采用分段加热淬火：先淬柄部，在780℃~800℃加热后浸入油中冷却，使硬度达到30~45HRC，然后再淬刃部，把刃部放入770℃~780℃的盐溶中加热，保温后采用水淬油冷，使表面层淬硬而心部具有较高的韧性。冷却后整体进行低温（180℃~200℃）回火，时间1~2h。用这种方法处理，柄部靠近刃部处有一部分不淬火，具有一定的韧性，有利于淬火变形的校直，但这种方法操作较复杂。

（2）高速钢车刀

车刀是连续切削刀具，在一般使用条件下刀刃切削面与工件和铁屑剧烈摩擦，产生高热。因此车刀应具有高的硬度、高的红硬性和高的耐磨性。由于其形状较简单，刀体厚实且承受冲击力不太大，因此对强度和韧性的要求不太严格。

①材料：W18Cr4V。

②技术要求：规格为12×12×200mm，硬度HRC≥62，晶粒度为8~9.5级。热处理前材料经锻造，碳化物不均匀度≤5级。

③工艺流程：热轧棒材下料→锻造→退火→机加工→淬火→回火→精加工→表面处理。

④热处理工艺（图9－12）。W18Cr4V钢的始锻温度为1150℃~1200℃，终锻温度为900℃~950℃。锻造的目的一是成形，二是破碎、细化碳化物，使碳化物均匀分布，防止成品刀具崩刃和掉齿。由于高速钢淬透性很好，锻后在空气中冷却即可得到淬火组织，因

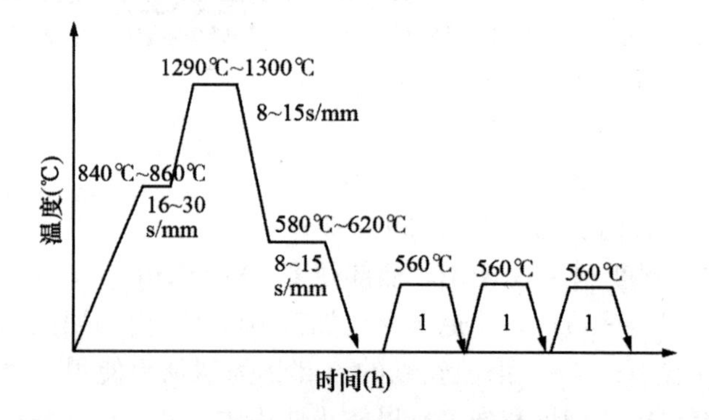

图9－12　W18Cr4V钢车刀热处理工艺

此锻后应慢冷。

退火温度为 870℃～880℃，退火后的组织为索氏体基体和在其中均匀分布的细小粒状碳化物。目的是便于机加工，并为淬火作好组织准备。

高速钢车刀为保证高硬度和高热硬性，淬火加热温度应取上限。所以晶粒较一般刀具稍大。由于淬火温度较高，所以淬火保温时间不可太长，以免引起氧化、脱碳和晶粒过分长大，或过烧而造成车刀力学性能急剧下降，寿命降低。车刀形状较简单，一般采取一次预热即可，淬火加热在盐浴炉中进行。

淬火冷却通常采用在 580℃～620℃一次分级冷却，如果对变形要求不严格，也可在 40℃～60℃油中冷至 300℃左右，取出空冷。为了减少弯曲，车刀应垂直装夹，细长车刀可在油冷或一次分级冷却后进行校直。

采用 560℃回火三次，每次保温 1h，装炉量大时可适当延长回火时间。处理后车刀硬度大于 60HRC，晶粒度等均符合技术要求。

精加工包括磨孔、磨端面、磨齿等磨削加工，精加工后刀具可直接使用。为了提高其使用寿命，还可进行表面处理，如硫化处理、硫氮共渗、离子氮碳共渗-离子渗硫复合处理，表面涂覆 TiN、TiC 涂层等。

本章小结

本章阐述了机械零件选材的原则和选材方法、零件热处理工序位置及热处理技术条件的标注、典型零件材料的选用及工艺分析；着重讲述机械零件失效方式及原因、热处理工序安排；结合实例，分析给出零件的工作条件、失效形式、性能要求，作出选材判定，确定热处理工序及其在加工路线中的位置，并编制出工艺路线。

复习思考题（九）

1. 直径为 25mm 的 40CrNiMo 棒料毛坯，经正火处理后硬度高很难切削加工，这是什么原因？设计一个最简单的热处理方法以提高其机械加工性能。

2. 常用的毛坯形式有哪几类？选择毛坯应遵循的基本原则是什么？

3. 影响毛坯生产成本的主要因素有哪些？根据不同的生产规模，如何降低毛坯的生产成本？

4. 某工厂生产一种柴油机的凸轮，其表面要求具有高硬度（HRC>50），而零件心部要求具有良好的韧性（a_K>50J/cm^2），本来是采用 45 钢经调质处理后再在凸轮表面上进行高频淬火，最后进行低温回火。现因工厂库存的 45 钢已用完，只剩下 15 钢，试说明以下几个问题：

①原用 45 钢，各热处理工序的目的；

②改用 15 钢后，仍按 45 钢的上述工艺路线进行处理，能否满足性能要求？为什么？

③改用 15 钢后，应采用怎样的热处理工艺才能满足上述性能要求？为什么？

5. 经固溶处理的 LY12 合金在室温下成形为形状复杂的零件，该零件要求具有高的抗拉强度。问：下述两种热处理方案哪个较为合理？

①成形后的零件随后进行高于室温的热处理；

②成形后的零件随后不进行高于室温的热处理。

6. 某航修厂的机加车间有一台 C618 车床，变速箱里有一个齿轮在工作过程中发生了断齿现象，不能正常工作。问：如何解决这个问题？说出解决问题的思路。

7. 用 40Cr 钢制造模数为 3 的齿轮，其工艺路线为：下料（棒料）→锻造毛坯→正火→粗加工→调质→精加工→表面淬火→低温回火→粗磨。请说明正火、调质、表面淬火和低温回火的目的、工艺条件（只要求写明加热条件及冷却方法，不要求具体温度）和组织。

8. 拟用 T12 钢制成锉刀，其工艺路线如下：锻打→热处理→机械加工→热处理→精加工。试写出各热处理工序的名称，并制定最终热处理工艺。

参考文献

[1] 胡赓祥. 材料科学基础. 上海：上海交通大学出版社，2004.
[2] 曲彦平，张义顺. 材料工程导论. 北京：机械工业出版社，2001.
[3] 耿洪滨. 新编工程材料. 哈尔滨：哈尔滨工业大学出版社，2000.
[4] 邓文英. 金属工艺学. 北京：高等教育出版社，1990.
[5] 王笑天. 金属材料学. 北京：机械工程出版社，1987.
[6] 邓至谦. 金属材料及热处理. 长沙：中南工业大学出版社，1989.
[7] 李瑞昌. 热加工工艺基础. 长沙：中南工业大学出版社，1991.
[8] 戈晓岚，杨兴华. 金属材料与热处理. 北京：化学工业出版社工业装备与信息工程出版中心，2004.
[9] 丁德全. 金属工艺学. 北京：机械工业出版社，2003.
[10] 司乃钧. 机械加工工艺基础. 北京：高等教育出版社，1992.
[11] 马永杰. 热处理工艺方法600种. 北京：化学工业出版社，2008.
[12] 王运炎，叶尚川. 机械工程材料. 北京：机械工业出版社，2000.
[13] 侯旭明. 工程材料及成型工艺. 北京：化学工业出版社，2003.
[14] 凌爱林. 工程材料及成型技术基础. 北京：机械工业出版社，2005.
[15] 成大先. 机械设计手册. 北京：化学工业出版社，2002.
[16] 北京航空材料研究所. 航空材料学. 上海：上海科学技术出版社，1985.
[17] 清华大学金工教研组. 金属工艺学实习教材. 北京：高等教育出版社，1982.
[18] 王运炎. 金属材料与热处理. 北京：机械工业出版社，1989.
[19] 郭炯凡. 机械工程材料工艺学. 北京：高等教育出版社，1995.
[20] 廖景娱. 金属构件失效分析. 北京：化学工业出版社，2003.
[21] 王雅然. 金属工艺学. 北京：机械工业出版社，1999.
[22] 王正品. 金属功能材料. 北京：化学工业出版社，2004.
[23] 郑明新. 工程材料. 北京，清华大学出版社，1983.
[24] 张云新. 金工实训. 北京：化学工业出版社，2005.
[25] 孙学强. 机械制造基础. 北京：机械工业出版社，2004.
[26] 邵刚. 金工实训. 北京：电子工业出版社，2004.
[27] 司乃钧，许德珠. 金属工艺学. 北京：高等教育出版社，2001.
[28] 韩永生. 工程材料性能与选用. 北京：化学工业出版社，2004.
[29] 李成功. 当代社会经济的先导——新材料. 北京：新华出版社，1992.
[30] 肖纪美. 材料的应用与发展. 北京：宇航出版社，1991.